JN271409

経時データ解析

船渡川伊久子
船渡川　隆　［著］

統計解析
スタンダード
国友直人
竹村彰通
岩崎　学
［編集］

朝倉書店

はじめに

　複数の対象者に対し，ある反応変数を時間の経過とともに繰り返し測定あるいは観察したデータを経時データ（longitudinal data）という．経時的変化や要因による変化の違いなどが興味の対象となる．同一対象者内の測定値間には相関があるため，相関あるいは分散共分散を考慮した解析手法が開発されてきた．反応が連続型変数の場合，個体の違いを変量とした線形混合効果モデルが頻繁に用いられる．これは，相関を考慮する一つのアプローチである．1980年代には，線形混合効果モデルに関するいくつかの基本的な論文が発表された．1990年代には，いくつかの教科書的な書籍が出版され，ソフトウェアの普及が進んだ．現在も医学統計分野では多数の論文が発表され，書籍の出版も相次いでいる．

　一方，経済学分野ではパネルデータ分析と呼ばれ，時系列データ解析の影響を強く受け，異なる発展を辿ってきた．社会学分野でも書籍の出版が相次いでいる．本書では，医学分野を中心とし，反応が連続型変数の場合の経時データ解析についての基本といくつかの研究トピックスを，実例を交えながら紹介する．これから研究を始める方々や，他分野の研究者の方々に，医学分野でどのようなことが話題となっているかの参考となり，より学際的な研究の発展につながればと思う．また，ここで取り上げた以外にも多くの興味深いテーマがある．

　医学における統計学者の貢献は統計手法よりもむしろ研究デザインであるといわれる．経時データ解析においても，研究デザインが無作為化比較試験（randomized controlled trial：RCT）であるか，無作為化あるいは比較群を伴わない介入研究か，観察研究かといった違いは重要である．医学分野では，フィッシャーの実験計画法を基礎に，英国で1940年代よりRCTが始まり，新薬開発の検証試験では例外を除き無作為化が必須である．無作為割り付けにより，比較可能性が保証される．特に，未知の交絡因子に関しても群間で分布が等しくなると期待される点が重要である．共変量の調整は精度の向上（検出力の向上）の側面が強い．ただし，RCTあるいはそれを統合するメタアナリシスはエビデンスが高いといわれるが，一般化可能性を保証するわけではない．また，RCTで検証できる研究テーマは限られる．臨床試験では事前に試験実施計画書（プロトコール）

と解析計画書を作成し，統計解析の方法を記載する．解析の目的が検証的な場合，データをみてからあるいは割り付け情報を開示してから解析手法を変えない．また，欠測や脱落も頻繁に生じる．こういった点も他分野からはわかりにくく，選択される手法の違いに関係しているのかもしれない．

一方，疫学では観察研究の一種である前向きコホート研究がしばしば用いられる．研究開始時からある事象の発症をみることが多く，経時的研究とも呼ばれる．発症までの時間を反応とした場合は生存時間解析が，発症したかどうかを反応とした場合は2値データの解析が行われる．リスク因子と反応の関係をみるとき，共変量の調整が重要となる．調整を行う際には仮定がおかれるが，必ずしも仮定が成り立っているとは限らない．また，未知の交絡因子は調整ができず，注意深く結果を検討し，解釈する必要がある．

予防医学では，人生初期の経験が高齢での健康に影響している可能性が考えられる．この場合，長期的視点が重要である．経時的研究で得られる加齢変化と横断的研究で得られる加齢変化が乖離する例がみられる．無作為抽出による繰り返し横断調査（継続調査）は，医学系の研究デザインではあまり紹介されないが，60年以上続く調査が存在し，長期動向を知るには大変優れており，今後重要となってくるだろう．繰り返し横断調査は社会学などでよく用いられる．一般化可能性，つまり得られた情報をどこに適用できるかの評価が重要であるが，そのための情報が欠けていることも多い．しばしば，国や人種，地域による違いが強調されるが，一国の中でも世代（ジェネレーション，出生コホート）による急な変化や単調でない変化がみられ，こういった情報を得るにも繰り返し横断調査のような長期的視点での持続的な研究デザインが必要である．

医学，経済学，社会学，工学といった大きな分野の違いだけでなく，医学の中でも臨床試験の分野を多く経験している者と観察研究の分野を多く経験している者では考え方が大きく異なると考えられる．筆者らは臨床試験と記述疫学の分野での経験が多く，本書の内容や事例もそのような経験に即している．また，観測時点数の限られている経時データ解析は観測時点数の多い時系列データ解析とも異なる．

医学の総合雑誌に論文投稿する際には，ジャーゴン（jargon，仲間内の専門用語）を使わず平易な用語で，限られた文字数での執筆が求められる．これにより多くの関係者が理解できる．本書でもできるだけ平易な用語を用い，図を活用するよう心掛けた．

本書の執筆中に筆者の1人は統計数理研究所の勤務となった．統計数理研究所では，本書とも関連する状態空間表現や非線形事象，データ可視化の研究，繰り返し横断調査などが行われている．本書は，ある程度の統計の知識を前提としているが，付録として第9章に特に本書と関わりの深い，確率変数ベクトル，正規分布，対数と指数などの統計の基礎的内容，および統計ソフトウェアSASのプログラム例を記載した．プログラム例は朝倉書店Webサイト（http://www.asakura.co.jp）の本書サポートページから入手することができる．

　2015年9月

船渡川伊久子
船渡川　隆

目 次

1. **線形モデルと関連モデル** ……………………………………… 1
   1.1 データの種類 ……………………………………………… 1
   1.2 経時データ ………………………………………………… 3
   1.3 線形モデル ………………………………………………… 3
   1.4 平均値の推定と2群の平均値の比較 …………………… 6
   1.5 回帰分析 …………………………………………………… 11
   1.6 分散分析 …………………………………………………… 13
   1.7 共分散分析 ………………………………………………… 15
   1.8 各種のモデルの関係 ……………………………………… 17
   1.9 関連文献と出典 …………………………………………… 19

2. **線形混合効果モデル** ………………………………………… 20
   2.1 線形混合効果モデル ……………………………………… 20
   2.2 平均構造と分散共分散構造 ……………………………… 25
   2.3 推 測 ……………………………………………………… 29
   2.4 多変量経時データ解析 …………………………………… 34
   2.5 ベクトル表現 ……………………………………………… 36
   2.6 例 題 ……………………………………………………… 37
   2.7 関連文献と出典 …………………………………………… 45

3. **非線形混合効果モデル** ……………………………………… 47
   3.1 非線形曲線 ………………………………………………… 47
   3.2 非線形混合効果モデル …………………………………… 59
   3.3 母集団薬物動態解析 ……………………………………… 62
   3.4 関連文献と出典 …………………………………………… 69

4. 自己回帰線形混合効果モデル ……………………………………… 71
- 4.1 自己回帰モデル・遷移モデル ……………………………………… 71
- 4.2 自己回帰線形混合効果モデル ……………………………………… 74
- 4.3 自己回帰線形混合効果モデルの推定 ……………………………… 83
- 4.4 多変量自己回帰線形混合効果モデル ……………………………… 84
- 4.5 諸分野での自己回帰モデル ………………………………………… 90
- 4.6 状態空間表現 ………………………………………………………… 91
- 4.7 関連文献と出典 ……………………………………………………… 98

5. 介入前後の2時点データ ……………………………………………… 100
- 5.1 介入前後の比較 ……………………………………………………… 100
- 5.2 介入前後のデータの2群比較 ……………………………………… 102
- 5.3 無作為化比較試験での介入前後のデータ ………………………… 104
- 5.4 無作為化比較試験での共分散分析 ………………………………… 108
- 5.5 無作為化比較試験での共分散分析の数理 ………………………… 110
- 5.6 関連文献と出典 ……………………………………………………… 113

6. 経時データ解析のトピックス ………………………………………… 114
- 6.1 繰り返し測定分散分析モデル・多変量分散分析モデル ………… 114
- 6.2 欠測および脱落 ……………………………………………………… 115
- 6.3 経時データ解析の検証的使用 ……………………………………… 118
- 6.4 時間依存性共変量 …………………………………………………… 119
- 6.5 クロスオーバー試験 ………………………………………………… 123

7. 無作為抽出による繰り返し横断調査 ………………………………… 128
- 7.1 研究デザインと無作為抽出による繰り返し横断調査 …………… 128
- 7.2 身長・体重・BMI …………………………………………………… 130
- 7.3 喫煙指標と肺癌死亡率の加齢変化 ………………………………… 136
- 7.4 age-period-cohort モデル …………………………………………… 142
- 7.5 関連文献と出典 ……………………………………………………… 142

8. 離散型反応の経時データ解析 ……………………………… 144
- 8.1 一般化線形モデル ……………………………… 144
- 8.2 一般化推定方程式 ……………………………… 146
- 8.3 一般化線形混合効果モデル ……………………………… 149
- 8.4 周辺モデルと混合効果モデル ……………………………… 150
- 8.5 関連文献と出典 ……………………………… 151

9. 付　　　録 ……………………………… 152
- 9.1 連続型データの要約 ……………………………… 152
- 9.2 推定，検定，サンプルサイズ設定 ……………………………… 153
- 9.3 一般化逆行列 ……………………………… 155
- 9.4 確率変数ベクトル ……………………………… 156
- 9.5 正規分布 ……………………………… 157
- 9.6 最小二乗法，一般化最小二乗法，最尤法 ……………………………… 159
- 9.7 対数と指数 ……………………………… 160
- 9.8 定常と非定常 ……………………………… 161
- 9.9 収束の速さ ……………………………… 161
- 9.10 プログラム ……………………………… 162

参考文献 ……………………………… 168
索　引 ……………………………… 179

Chapter 1
線形モデルと関連モデル

　この章では，複数の対象者に対し，ある反応変数を時間の経過とともに繰り返し測定する経時データを扱う前に，より単純な，各対象者に対し，ある反応変数を1回だけ測定する場合の統計モデルを考える．1.1 節でデータの種類，1.2 節で経時データ，1.3 節から 1.7 節で各種の線形モデルについて述べる．なお，経時は継時，線形は線型とも記載される．線形モデルには 2 群の平均の比較，回帰分析，分散分析，共分散分析などが含まれる．第 2 章以降で述べるモデルは線形モデルの拡張であり，この章で出てくる概念はより複雑なモデルでも用いられる．1.8 節では第 2 章以降で述べる各種のモデルの関係を述べる．

1.1　データの種類

　データの種類によって標準的な要約方法や解析手法が異なってくる．本書で主に扱うのは反応変数が連続型（continuous）のデータである．連続型データは，身長や血圧などで，連続量ともいう．2 値（binary）データは，男・女，有効・無効，生・死など，二つのうちのいずれかの値をとる．順序（ordinal）データは，改善・不変・悪化，反対・中立・賛成など，順序がある．名義（nominal）（あるいは多値）データは，血液型の O・A・B・AB など順序が意味をなさない．2 値，順序，多値データはカテゴリカルあるいは質的（qualitative）データという．カウント（count，頻度，計数）データは，喘息発作の回数などである．2 値，順序，多値，カウントデータは離散型（discrete）データという．連続型およびカウントデータは量的（quantitative）データともいう．生存時間データは，臨床試験開始から死亡などのイベント（event）が生じるまでの時間で連続量であるが，イベントが生じないうちに観察終了となる打ち切り（censoring）の存在が特徴である．打ち切りまではイベントが生じなかったという情報が解析に反映される．データは連続型であるイベントあるいは打ち切りまでの時間と，

2値であるイベント発生か打ち切りかの指示変数の組であり,生存時間解析 (survival analysis) が行われる.

研究デザインによっても解析手法は異なる.例えば,血圧の測定値が100個あったとする.100人から1回ずつ測定した場合,20人から時間経過とともに5回ずつ測定した場合(経時データ:longitudinal data),1人から100回測定した場合(時系列データ:time series data)では,それぞれ研究目的も,データの解析方法や解釈も異なる.一つ目の例はt検定や回帰分析が行われる場合である.反応変数は互いに独立(independent)であると仮定(assumption)をおく.一方,経時データでは個体内の観測は独立でない.

医学分野の経時データは,個体数はある程度あり,時点数は限られていることが多い.データ数が十分大きいときに近似的に成り立つ漸近的(asymptotic)な議論も個体数に関する場合が多い.一方,時系列データの解析では漸近的な議論は時点数に関して行われる.実際には個体数と時点数の両方が大きいデータ,あ

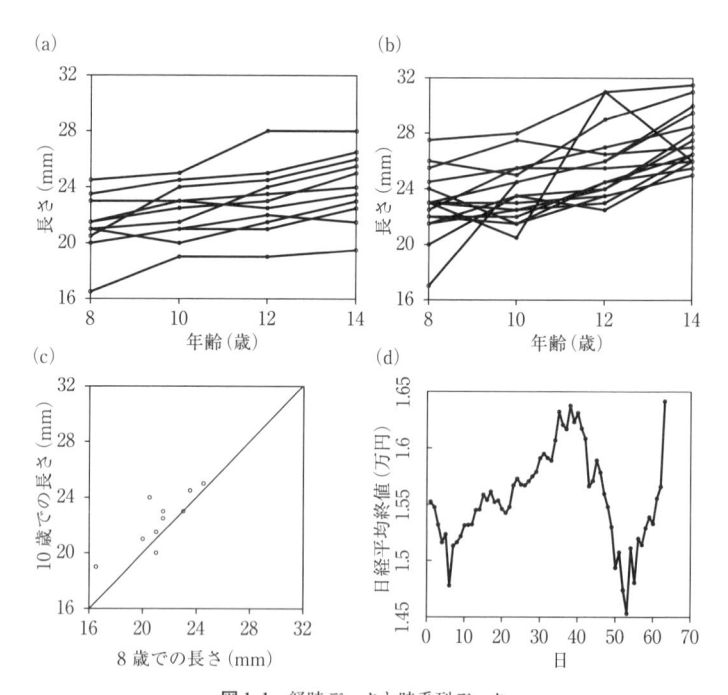

図1.1 経時データと時系列データ
(a)少女の成長の経時データ,(b)少年の成長の経時データ,(c)少女の8歳と10歳での散布図,(d)日経平均終値の時系列データ.

1.2 経時データ

経時データの例として有名な成長データを図 1.1(a)(b) に示す．図 (a) は 11 人の少女，図 (b) は 16 人の少年の下垂体の中心から上顎骨までの長さを 8 歳から 14 歳まで 2 年ごと測定し，成長をみたデータである．この図では対象者ごとに測定値を線でつないでいる．はじめに長さの長い子供はその後も長い傾向がみられ，同一対象者のデータには正の相関がある．また，年齢が上がっているのに長さが減少する場合があり，誤差的変動があり，測定誤差（measurement error）が疑われる．このような対象者ごとの推移がわかる図は，推移パターン，個体差および誤差的変動の把握ができ，平均構造および分散共分散構造のモデル化に役立つ．図 (c) は少女の 8 歳と 10 歳でのデータの散布図であり，これからも同一対象者のデータに正の相関があることがわかる．図 (d) に時系列データの例として日経平均の終値の推移を示した．数時点の測定が行われる経時データとは異なる．

1.3 線形モデル

1 人の対象者に対して反応を一つだけ測定する場合の統計モデルを考える．反応変数は連続型とする．i 番目 ($i=1,\cdots,N$) の対象者の反応を Y_i，p 個の説明変数を $x_{1i},\cdots,x_{pi}$ とする．反応変数は従属変数，観測変数，目的変数，結果変数，応答変数ともいう．説明変数は独立変数，予測変数ともいう．一つの連続型の反応変数と一つあるいは複数の説明変数の関係を表す次のモデルを考える．

$$Y_i = \beta_0 + \beta_1 x_{1i} + \cdots + \beta_p x_{pi} + \varepsilon_i \tag{1.1}$$

$\beta_0, \beta_1, \cdots, \beta_p$ は $p+1$ 個の未知の回帰係数，ε_i は誤差項である．β_0 は切片（intercept）という．ε_i は互いに独立に平均 0，分散 σ^2 の同一の正規分布（normal distribution）に従うと仮定する．$\varepsilon_i \sim N(0, \sigma^2)$ と表す．平均構造に関する $\beta_0, \beta_1, \cdots, \beta_p$ および分散共分散構造に関する分散 σ^2 が未知パラメータである．ベクトルと行列を用いて，(1.1) 式は次のように表される．

$$\mathbf{Y} = \mathbf{X}\boldsymbol{\beta} + \boldsymbol{\varepsilon} \tag{1.2}$$

ここで，$\mathbf{Y}=(Y_1,\cdots,Y_N)^T$ は $N\times 1$ の反応ベクトル，$\boldsymbol{\beta}=(\beta_0,\beta_1,\cdots,\beta_p)^T$ は $(p+1)\times 1$ の未知パラメータベクトル，$\mathbf{X}_i=(1,x_{1i},\cdots,x_{pi})^T$ とし，$\mathbf{X}=(\mathbf{X}_1,\cdots,\mathbf{X}_N)^T$ は

$N\times(p+1)$ の計画行列,$\varepsilon=(\varepsilon_1,\cdots,\varepsilon_N)^{\mathrm{T}}$ は $N\times 1$ の誤差ベクトルである.上付きの T は転置(transpose)を表す.この式を要素で示すと次のようになる.

$$\begin{pmatrix} Y_1 \\ Y_2 \\ \vdots \\ Y_N \end{pmatrix} = \begin{pmatrix} 1 & x_{11} & \cdots & x_{p1} \\ 1 & x_{12} & \cdots & x_{p2} \\ \vdots & \vdots & & \vdots \\ 1 & x_{1N} & \cdots & x_{pN} \end{pmatrix} \begin{pmatrix} \beta_0 \\ \beta_1 \\ \vdots \\ \beta_p \end{pmatrix} + \begin{pmatrix} \varepsilon_1 \\ \varepsilon_2 \\ \vdots \\ \varepsilon_N \end{pmatrix}$$

誤差 ε は平均ベクトル $\mathbf{0}$,分散共分散行列が独立等分散の多変量正規分布(multivariate normal distribution)に従うと仮定しており,$\varepsilon\sim \mathrm{MVN}(\mathbf{0},\sigma^2\mathbf{I})$ と表す.$\mathbf{I}$ は $N\times N$ の単位行列で,対角要素が 1 で非対角要素が 0 である.行列の大きさがわかるように $\mathbf{I}_N$ あるいは $\mathbf{I}_{N\times N}$ とも記載する.(1.2)式で表されるモデルを線形モデル(linear model)といい,$\mathbf{X\beta}$ はパラメータの線形結合で,誤差 ε は加法的である.なお,切片 β_0 はモデルに含まなくてもよい.

誤差がこのように独立等分散の場合,$\mathbf{\beta}=(\beta_0,\beta_1,\cdots,\beta_p)^{\mathrm{T}}$ の最小二乗法および最尤法による推定量(estimator)は次式となる.

表1.1 線形モデルの例

		モデル	ダミー変数を用いた表記
(a)	平均	$Y_i=\mu+\varepsilon_i$	
(b)	2群比較	$Y_{gi}=\mu_g+\varepsilon_{gi}$	$Y_{gi}=\beta_0+\beta x_{gi}+\varepsilon_{gi}$ $g=1,2$ の x_{gi} は 0, 1.
(c)	分散分析 一つの要因	$Y_{gi}=\mu_g+\varepsilon_{gi}$ $Y_{gi}=\mu+\alpha_g+\varepsilon_{gi},\ \sum\alpha_g=0$	$Y_{gi}=\beta_0+\beta_1 x_{1gi}+\beta_2 x_{2gi}+\varepsilon_{gi}$ $g=1,2,3$ の (x_{1gi},x_{2gi}) は $(0,0),(1,0),(0,1)$.
(d)	分散分析 二つの要因 主効果のみ	$Y_{ghi}=\mu+\alpha_g+\gamma_h+\varepsilon_{ghi},\ \sum\alpha_g=0,$ $\sum\gamma_h=0$	$Y_{ghi}=\beta_0+\beta_1 x_{1ghi}+\beta_2 x_{2ghi}+\beta_3 x_{3ghi}+\varepsilon_{ghi}$ $g=1,2$ の x_{1ghi} は 0, 1. $h=1,2,3$ の (x_{2ghi},x_{3ghi}) は $(0,0),(1,0),(0,1)$.
(e)	分散分析 二つの要因 交互作用有	$Y_{ghi}=\mu+\alpha_g+\gamma_h+(\alpha\gamma)_{gh}+\varepsilon_{ghi},$ $\sum\alpha_g=0,\ \sum\gamma_h=0,\ \sum_{gh}(\alpha\gamma)_{gh}=0$ $Y_{ghi}=\mu_{gh}+\varepsilon_{ghi}$	$Y_{ghi}=\beta_0+\beta_1 x_{1ghi}+\beta_2 x_{2ghi}+\beta_3 x_{3ghi}$ $+\beta_4 x_{1ghi}x_{2ghi}+\beta_5 x_{1ghi}x_{3ghi}+\varepsilon_{ghi}$ 説明変数はモデル(d)と同じ.
(f)	単回帰分析	$Y_i=\beta_0+\beta_1 x_i+\varepsilon_i$	
(g)	重回帰分析 主効果のみ	$Y_i=\beta_0+\beta_1 x_{1i}+\beta_2 x_{2i}+\varepsilon_i$	
(h)	重回帰分析 交互作用有	$Y_i=\beta_0+\beta_1 x_{1i}+\beta_2 x_{2i}+\beta_{12} x_{1i} x_{2i}+\varepsilon_i$	
(i)	共分散分析 等しい傾き	$Y_{gi}=\alpha_g+\gamma x_{gi}+\varepsilon_{gi}$	$Y_{gi}=\beta_0+\beta_1 x_{1gi}+\beta_2 x_{gi}+\varepsilon_{gi}$ $g=1,2$ の x_{gi} は 0, 1.
(j)	共分散分析 異なる傾き	$Y_{gi}=\alpha_g+\gamma_g x_{gi}+\varepsilon_{gi}$	$Y_{gi}=\beta_0+\beta_1 x_{1gi}+\beta_2 x_{gi}+\beta_3 x_{1gi} x_{gi}+\varepsilon_{gi}$ $g=1,2$ の x_{gi} は 0, 1.

添字は本文参照

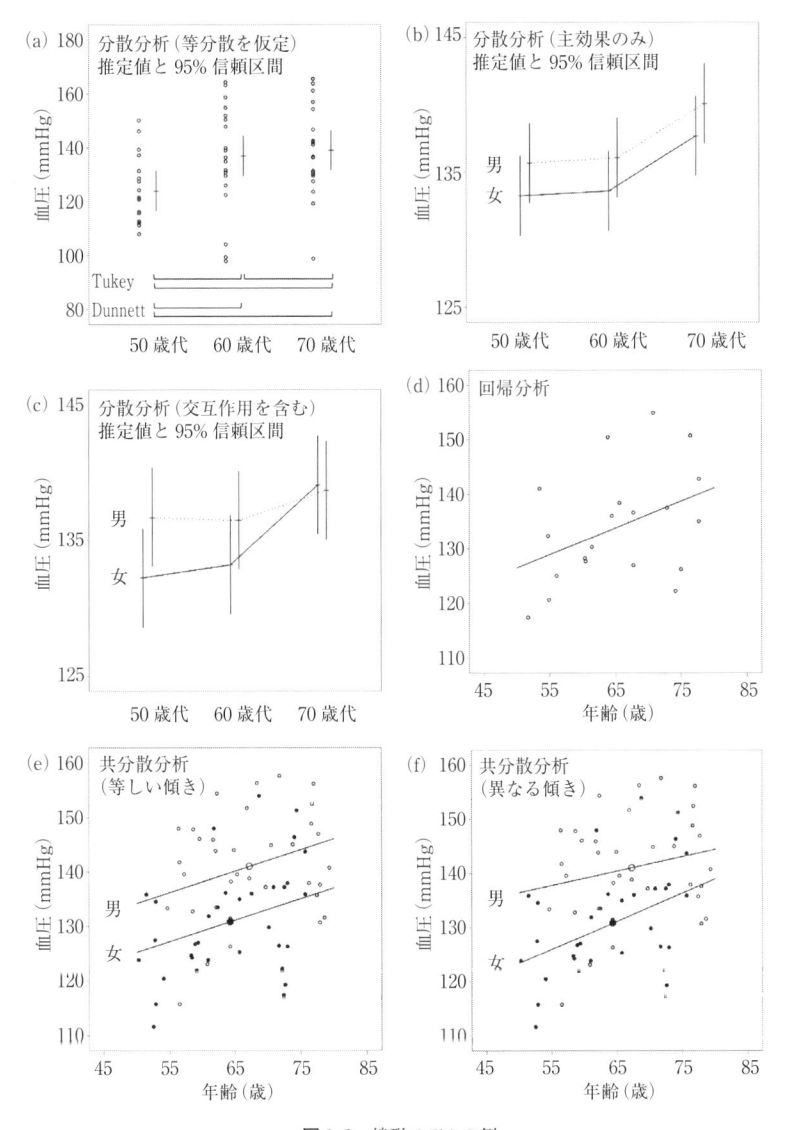

図 1.2 線形モデルの例
(a) 分散分析 (一つの要因), (b) 分散分析 (二つの要因, 主効果のみのモデル), (c) 分散分析 (二つの要因, 交互作用を含むモデル), (d) 単回帰分析, (e) 共分散分析 (傾きの等しいモデル, 狭義の共分散分析), (f) 共分散分析 (傾きの異なるモデル, 交互作用を含むモデル).

$$\hat{\boldsymbol{\beta}} = (\mathbf{X}^\mathrm{T}\mathbf{X})^{-1}\mathbf{X}^\mathrm{T}\mathbf{Y}$$

$\hat{\boldsymbol{\beta}}$ の記号 ˆ（ハット）は推定量を表す．一方，分散パラメータ σ^2 の推定量は二つの推定方法で異なる．最小二乗法と最尤法について 9.6 節に記す．

表 1.1，図 1.2 に線形モデルの例を示した．これらのモデルについて以降に述べる．

1.4　平均値の推定と 2 群の平均値の比較

はじめに，1 群の平均値の推定を考える．母集団分布は平均 μ，分散 σ^2 の正規分布 $N(\mu, \sigma^2)$ であると仮定する．分散 σ^2 およびその平方根である標準偏差（standard deviation：SD）σ はばらつきを表す．正規分布では，平均 $\pm 1.96\,\mathrm{SD}$ の間に 95% のデータが含まれる．係数 1.96 は，正規分布の 97.5% 点で，より正確には $1.95996\cdots$ である．標本（サンプル）から母集団の平均 μ と分散 σ^2 の推定を行う．i 番目（$i=1,\cdots,N$）の対象者の反応を Y_i とし，反応は次式で表される．

$$Y_i = \mu + \varepsilon_i$$

平均と分散の推定量として次式が一般に用いられる．ここで，$\overline{Y}$ は算術平均（arithmetic mean）を表す．

$$\hat{\mu} = \frac{\sum_{i=1}^N Y_i}{N} \equiv \overline{Y}$$

$$\hat{\sigma}^2 = \frac{\sum_{i=1}^N (Y_i - \overline{Y})^2}{N-1}$$

これらの推定量の期待値は μ と σ^2 であり，偏り（バイアス，bias）のない不偏推定量（unbiased estimator）である．

標準誤差（standard error：SE）は平均値など推定値のばらつき，つまり推定精度を表す．平均値の分散およびその平方根である標準誤差は次式で表される．

$$\mathrm{Var}\left(\frac{\sum_{i=1}^N Y_i}{N}\right) = \frac{\sum_{i=1}^N \sigma^2}{N^2} = \frac{\sigma^2}{N}$$

$$\mathrm{SE} = \frac{\sigma}{\sqrt{N}} = \frac{\mathrm{SD}}{\sqrt{N}}$$

これより，データ数 N が大きく，データのばらつき SD が小さいほど，平均値の SE は小さくなり，推定精度が良い．平均 $\pm 1.96\,\mathrm{SE}$ は平均値の 95% 信頼区

間(confidence interval：CI)である．より正確には，標準偏差は未知でデータから推定するため，正規分布ではなくt分布を用いる．t分布は自由度(degree of freedom：df)に依存する．例えば，$N=10$ のとき，自由度は $10-1=9$ で，係数は2.262，自由度100で係数は1.980，自由度無限大では正規分布と一致する．少数データほど係数が1.96より大きくなる．標準偏差はデータのばらつきを表し，同じ母集団分布からの標本であればデータ数によらないが，標準誤差は推定精度を表し，データ数が大きいほど小さくなる．連続型データの要約について9.1節に，正規分布について9.5節に記載する．

次に2群の平均値の比較を考える．群 g ($g=1,2$) の i 番目 ($i=1,\cdots,n_g$) の対象者の反応を Y_{gi} とする．Y_{1i}, Y_{2i} はそれぞれ，平均が異なり分散が等しい正規分布 $N(\mu_1, \sigma^2)$, $N(\mu_2, \sigma^2)$ に従うと仮定する．次の線形モデルを考える．

$$Y_{gi} = \mu_g + \varepsilon_{gi}$$

この式を要素で示すと次のようになる．

$$\begin{pmatrix} Y_{11} \\ \vdots \\ Y_{1n_1} \\ Y_{21} \\ \vdots \\ Y_{2n_2} \end{pmatrix} = \begin{pmatrix} 1 & 0 \\ \vdots & \vdots \\ 1 & 0 \\ 0 & 1 \\ \vdots & \vdots \\ 0 & 1 \end{pmatrix} \begin{pmatrix} \mu_1 \\ \mu_2 \end{pmatrix} + \begin{pmatrix} \varepsilon_{11} \\ \vdots \\ \varepsilon_{1n_1} \\ \varepsilon_{21} \\ \vdots \\ \varepsilon_{2n_2} \end{pmatrix}$$

この式は，ダミー変数 x_{gi} を用いて，次式でも表せる．$g=1,2$ のそれぞれで $x_{gi}=0,1$ とする．

$$Y_{gi} = \beta_0 + \beta_1 x_{gi} + \varepsilon_{gi}$$

この式を要素で示すと次のようになる．

$$\begin{pmatrix} Y_{11} \\ \vdots \\ Y_{1n_1} \\ Y_{21} \\ \vdots \\ Y_{2n_2} \end{pmatrix} = \begin{pmatrix} 1 & 0 \\ \vdots & \vdots \\ 1 & 0 \\ 1 & 1 \\ \vdots & \vdots \\ 1 & 1 \end{pmatrix} \begin{pmatrix} \beta_0 \\ \beta_1 \end{pmatrix} + \begin{pmatrix} \varepsilon_{11} \\ \vdots \\ \varepsilon_{1n_1} \\ \varepsilon_{21} \\ \vdots \\ \varepsilon_{2n_2} \end{pmatrix}$$

ここで，$\mu_1=\beta_0$, $\mu_2=\beta_0+\beta_1$ である．$\beta_1=\mu_2-\mu_1$ は平均値の差を表す．$\mu_1=\mu_2$ あるいは $\beta_1=0$ を帰無仮説とし，t検定により2群の平均値に差があるかをみる．スチューデントのt検定(Student's t-test)ともいう．各群の算術平均を $\overline{Y_1}$,

$\overline{Y}_2$とし,次の検定統計量を用いる.

$$t=\frac{\overline{Y}_1-\overline{Y}_2}{\sqrt{\hat{\sigma}^2\left(\frac{1}{n_1}+\frac{1}{n_2}\right)}}$$

$$\hat{\sigma}^2=\frac{\sum(Y_{1i}-\overline{Y}_1)^2+\sum(Y_{2i}-\overline{Y}_2)^2}{n_1+n_2-2}$$

これは帰無仮説のもと自由度 n_1+n_2-2 の t 分布に従うことから,P 値(P value)を算出する.このように,t 統計量は分子が平均値の差,分母が平均値の差の SE である.分子がシグナル(S),分母がノイズ(N)を表す SN 比になっている.シグナルがノイズに比べて十分大きければ有意な差であると判断する.9.2 節に推定,検定,サンプルサイズ設定の一般的な内容を述べる.

不等分散を仮定する場合には,Y_{1i},Y_{2i} はそれぞれ,正規分布 $N(\mu_1,\sigma_1^2)$, $N(\mu_2,\sigma_2^2)$ に従うと仮定し,次の検定統計量を用いる.

$$t=\frac{\overline{Y}_1-\overline{Y}_2}{\sqrt{\frac{\hat{\sigma}_1^2}{n_1}+\frac{\hat{\sigma}_2^2}{n_2}}}$$

$$\hat{\sigma}_1^2=\frac{\sum(Y_{1i}-\overline{Y}_1)^2}{n_1-1}$$

$$\hat{\sigma}_2^2=\frac{\sum(Y_{2i}-\overline{Y}_2)^2}{n_2-1}$$

不等分散を仮定した場合,サタスウェイトの自由度調整(Satterthwaite approximation)とともに用い,ウェルチの検定(ウェルチの t 検定)ということがある.少し異なる自由度調整もある(ウェルチの自由度調整).広義にはどれも t 検定である.ウェルチは t 分布による近似ではない検定(Welch test, Aspin-Welch test)も示している.2 群のデータ数が等しく $n_1=n_2=n$ である場合,等分散を仮定しても不等分散を仮定しても平均の差の SE は次式のように等しくなる.SE の 2 乗で示した.

$$\hat{\sigma}^2\left(\frac{1}{n}+\frac{1}{n}\right)=\frac{\sum(Y_{1i}-\overline{Y}_1)^2+\sum(Y_{2i}-\overline{Y}_2)^2}{n+n-2}\left(\frac{1}{n}+\frac{1}{n}\right)$$

$$=\frac{\sum(Y_{1i}-\overline{Y}_1)^2}{(n-1)n}+\frac{\sum(Y_{2i}-\overline{Y}_2)^2}{(n-1)n}$$

$$=\frac{\hat{\sigma}_1^2}{n}+\frac{\hat{\sigma}_2^2}{n}$$

これより,データ数が等しいときは,等分散を仮定しても不等分散を仮定しても

上述の t 値は等しい．しかしながら，自由度が異なる．このため，漸近的，つまりデータ数が十分大きい場合には，自由度の違いが影響しなくなり，2 群のデータ数が等しいときには不等分散のデータに等分散を仮定した t 検定を用いて良い．2 群のデータ数が異なり不等分散の場合の t 検定および共分散分析の性質については 5.4 節に述べる．

2 群の平均値の差の 95%信頼区間は平均値の差±1.96×差の SE である．差の SE は上述の t 検定の検定統計量の分母に等しい．より正確には 1.96 ではなく，平均値の 95%信頼区間と同様，t 分布より係数を求める．差の 95%信頼区間が 0 を含んでいなければ，2 群に差があると解釈できる．等分散性の仮定などが同じ場合，平均値の差の 95%信頼区間が 0 を含まないことと，t 検定で有意であることは対応している．しかし，一般に用いる手法において，推定結果と検定結果の一致は必ずしも成り立たず，不一致が生じる例を 9.2 節に示す．

2 群の分散が等しいか否かの判断に分散比の F 検定を用いる場合がある．F 検定の結果に基づいて，t 検定で等分散を仮定するかあるいは不等分散を仮定するかを決定する．このような予備検定としての F 検定では有意水準をしばしば 20%あるいは 25%とする．P 値が有意水準よりも小さいときには，分散は等しいという帰無仮説を棄却し，不等分散とみなす．逆に，P 値が有意水準よりも大きいときには，帰無仮説を棄却せず，等分散とみなす．ただし，検定に基づいて等分散を積極的にはいえない．

t 検定は正規分布を前提としているため，連続変数のデータの正規性の確認がしばしば議論される．しかしながら，t 検定は多少の正規性のずれであれば，平均値の漸近正規性によりさほど影響を受けない．外れ値などにより正規分布から大きくずれる場合は，ノンパラメトリック検定，つまり特定の分布を仮定しない検定を行う．ウィルコクソン順位和検定（Wilcoxon rank sum test）は，データを値の小さい順の順位になおし，両群での平均順位の情報を用いて分布の違いを検討するノンパラメトリック検定である．これはマン-ホイットニー検定（Mann-Whitney test）と同値でウィルコクソン-マン-ホイットニー検定ともいう．データ数の大きい漸近的な場合に，正規分布に従うデータにおいてもウィルコクソン順位和検定は t 検定に比べてさほど検出力が劣らず，分布の裾が重い場合には検出力が優っている．しかし，データ数が小さい場合は必ずしも成り立たない．特に，サンプルサイズが $n_1=n_2=3$ の場合には，検定結果が有意になることはない．また，ウィルコクソン順位和検定は，同じ形状の分布で位置だけが異

なること（分布のシフト）を仮定して検定が構成されている．このため，2群間で不等分散であるときは，分布のシフトの仮定が成り立っていない．

有意差の有無をみる検定だけではなく，群間差あるいは比などの効果の大きさ（effect size）とその信頼区間をみる推定が重要である．推定の重要性は，ICMJE（International Committee of Medical Journal Editors，医学雑誌編集者国際委員会）の recommendations でも強調されている（ICMJE, 2013）．これは，以前は生物医学雑誌への統一投稿規定（uniform requirement）と呼ばれていたものである．また，多くの著名な医学雑誌に支持されているCONSORT（consolidated standards of reporting trials，臨床試験報告に関する統合基準）でも，効果の大きさの推定値と95%信頼区間などの精度は記載すべき項目とされている．t検定に対応した効果の指標は平均値の差である．一方，ウィルコクソン順位和検定に対応した推定における効果の指標は次式である．Pr( )は確率（probability）を表す．

$$p=\Pr(Y_1<Y_2)+\frac{1}{2}\Pr(Y_1=Y_2)$$

ここで，二つの群 $g(g=1,2)$ から一つずつ抽出したそれぞれを Y_1 と Y_2 としたとき，p は Y_1 と Y_2 の大きさを比較した指標である．しかし，この指標は必ずしも一般に用いられていない．正規分布から大きくずれる場合にはしばしば，ウィルコクソン順位和検定を用い，要約指標として中央値を併記するが，分布のシフトを仮定しない場合，ウィルコクソン順位和検定は中央値を比較する検定ではない．また，中央値を比較する検定は検出力が低い．分布のシフトを仮定した2群の差のノンパラメトリックな推定としてホッジス-レーマン推定量（Hodges-Lehmann estimator）がある．これは，2群からの全てのペアの差の中央値である．

変数変換により正規分布とみなせる場合は，変換後の変数でt検定を行うことも考えられる．特に，正の値しかとらず右裾を引く分布の場合は，対数変換がよく用いられる．対数スケールでの算術平均を指数変換によりもとのスケールの単位に戻した値は，もとのスケールでの幾何平均（geometric mean）であり，次式で表される．

$$\exp\left(\frac{\sum_{i=1}^{N}\log Y_i}{N}\right)=\exp(\overline{\log Y})$$
$$=\sqrt[N]{\prod_{i=1}^{N}Y_i}$$

また，対数スケールでの算術平均の差を指数変換した値は，実スケールでは，次式のように幾何平均の比として解釈できる．

$$\exp(\overline{\log Y_1} - \overline{\log Y_2}) = \frac{\sqrt[n_1]{\prod_{i=1}^{n_1} Y_{1i}}}{\sqrt[n_2]{\prod_{i=1}^{n_2} Y_{2i}}}$$

対数（logarithm）と指数（exponential）に関して9.7節に記載する．対数変換を用いた例を6.5節に示す．他の変数変換については2.2.1項および3.1節に記載する．

1.5 回帰分析

説明変数が連続変数の場合，回帰分析（regression analysis）が用いられる．例えば，血圧を測定し，年齢によって血圧がどれだけ違うかをみる．説明変数が一つだけの場合を単回帰分析，説明変数が複数ある場合を重回帰分析という．連続変数だけでなく質的な説明変数をモデルに含む場合も，広義に重回帰分析という．図1.2(d)に単回帰分析の例を示した．i番目（$i=1,\cdots,N$）の対象者の反応をY_i，説明変数の値をx_iとすると，単回帰モデルは次式で表せる．

$$Y_i = \beta_0 + \beta_1 x_i + \varepsilon_i$$

ε_iは誤差で，互いに独立に同一の正規分布$N(0, \sigma^2)$に従うと仮定する．この式を要素で示すと次のようになる．

$$\begin{pmatrix} Y_1 \\ \vdots \\ Y_N \end{pmatrix} = \begin{pmatrix} 1 & x_1 \\ \vdots & \vdots \\ 1 & x_N \end{pmatrix} \begin{pmatrix} \beta_0 \\ \beta_1 \end{pmatrix} + \begin{pmatrix} \varepsilon_1 \\ \vdots \\ \varepsilon_N \end{pmatrix}$$

$\beta_0, \beta_1, \sigma^2$は母集団に関する未知パラメータで，データから推測する．β_0は切片，β_1は回帰係数あるいは傾き（slope）という．このモデルは直線関係を仮定しており，β_1はx_iが1単位増えたとき，Y_iがどれだけ変化するかを表す．例えば，年齢が1歳高いと，血圧が何mmHg変化するかである．β_0とβ_1の推定値を$\hat{\beta}_0$と$\hat{\beta}_1$とし，$Y = \hat{\beta}_0 + \hat{\beta}_1 x$で表される直線を回帰直線，$x_i$を代入した$\hat{\beta}_0 + \hat{\beta}_1 x_i$を$Y_i$の予測値という．観測値と予測値の差を残差という．残差の2乗和が最小になるようにαとβを推定する方法が最小二乗法である．傾きβが0でなければ，反応Yが説明変数xによって説明されることを意味する．帰無仮説$\beta = 0$のもと，$\hat{\beta}$をその標準誤差で割った値は自由度が$n-2$のt分布に従うことから，

$\beta=0$ かを検定する. β とその 95% 信頼区間を推定することも重要である. 9.6 節に最小二乗法, 一般化最小二乗法, 最尤法について述べる.

二つの連続変数の関連の強さを測る指標の一つが相関係数（correlation coefficient）である. x_i と Y_i それぞれの算術平均を $\bar{x}$ と $\bar{Y}$ とし, ピアソンの相関係数は次式で表される.

$$\hat{\rho}=\frac{\sum(x_i-\bar{x})(Y_i-\bar{Y})}{\sqrt{\sum(x_i-\bar{x})^2\sum(Y_i-\bar{Y})^2}}$$

相関係数は -1 から 1 の値をとり, 相関係数が正の値の場合, 一方の値が増えると他方の値も増え, 正の相関があるという. 負の値の場合, 一方の値が増えると他方の値は減り, 負の相関があるという. 0 の場合は無相関である. ピアソンの相関係数は積率相関係数ともいい, 直線的な関連の強さを表す. スピアマンの相関係数は反応を順位変換して相関係数を求めており, 直線的な関連でなくとも良く, 外れ値の影響を受けにくい. 回帰分析では反応変数と説明変数を区別するが, 相関にはそのような変数間の区別はない. ピアソンの相関係数が 0 という帰無仮説の検定は単回帰分析での $\beta=0$ の検定と同値であり, P 値は一致する.

説明変数が複数ある場合を重回帰分析という. 説明変数が x_{1i} と x_{2i} の二つの場合は次式となる.

$$Y_i=\beta_0+\beta_1 x_{1i}+\beta_2 x_{2i}+\varepsilon_i$$

ここで, β_0 は切片, β_1 と β_2 を回帰係数あるいは偏回帰係数という. 例えば, 血圧（mmHg）Y_i を年齢（歳）x_{1i} と体重（kg）x_{2i} へ回帰した場合, β_1 は体重が同じで年齢が 1 歳高いと, 血圧が何 mmHg 変化するかを表す. β_2 は年齢が同じで体重が 1 kg 大きいと, 血圧が何 mmHg 変化するかを表す. 標準偏回帰係数は説明変数の値を 1 標準偏差増やしたときに反応が標準偏差に対して何単位分変化するかを表し, もとの単位によらない係数である.

上式は各説明変数の主効果のみのモデルであるが, 一方の説明変数の値によって, もう一方の説明変数の反応変数への影響が異なる場合, 交互作用 (interaction) があるといい, 交互作用項 $x_{1i}x_{2i}$ を含めた次式を検討する.

$$Y_i=\beta_0+\beta_1 x_{1i}+\beta_2 x_{2i}+\beta_{12}x_{1i}x_{2i}+\varepsilon_i$$

この式を要素で示すと次のようになる.

$$\begin{pmatrix}Y_1\\ \vdots\\ Y_N\end{pmatrix}=\begin{pmatrix}1 & x_{11} & x_{21} & x_{11}x_{21}\\ \vdots & \vdots & \vdots & \vdots\\ 1 & x_{1N} & x_{2N} & x_{1N}x_{2N}\end{pmatrix}\begin{pmatrix}\beta_0\\ \beta_1\\ \beta_2\\ \beta_{12}\end{pmatrix}+\begin{pmatrix}\varepsilon_1\\ \vdots\\ \varepsilon_N\end{pmatrix}$$

β_{12} が 0 でなければ，交互作用がある．x_{2i} の係数は $(\beta_2+\beta_{12}x_{1i})$ である．年齢 x_{2i} が 1 歳高いときの血圧の変化は体重 x_{1i} の値によって異なる．表 1.1 の (f), (g), (h) にこれまで述べた回帰モデルの例を示した．

反応の観測値と予測値の相関係数を重相関係数という．重相関係数の 2 乗を寄与率（あるいは決定係数）といい，記号 R^2 で表す．寄与率は予測値の分散と観測値の分散の比であり，観測値の総変動のうちの何パーセントが説明変数によって説明されるかを表す．偏相関係数は他の変数の影響を除いた相関を表す．

回帰分析で仮定している線形性，等分散，独立な誤差，誤差の正規性が正しいかの検討は重要であり，残差と説明変数の散布図や残差と予測値の散布図などを用いた残差分析が行われる．また，少数のデータが解析結果に大きく影響する場合があり，結果の頑健性（robustness）に注意が必要である．説明変数間の相関が大きいとき，偏回帰係数の推定は不安定となり推定精度が悪くなる．この現象を多重共線性（multicollinearity）という．

1.6 分散分析

分散分析（analysis of variance：ANOVA）は説明変数が質的変数のみの場合に用いられる．例えば，連続変数である血圧が年齢層（50 歳代・60 歳代・70 歳代）によって異なるかをみる．図 1.2(a) に例を示した．このように要因（factor）が一つだけのときを 1 元配置分散分析という．分散分析では説明変数のことを要因という．要因の値を水準（level）といい，例では，年齢層が要因で，50 歳代，60 歳代，70 歳代の三つの水準がある．要因が 2 水準（2 値変数）の場合の平均値の比較には，1.4 節の t 検定を用いるが，要因が 3 水準以上の場合の平均値の比較には，分散分析を用いる．群 g の i 番目の対象者の反応を Y_{gi} とすると，次式でこのモデルを表すことができる．

$$Y_{gi}=\mu_g+\varepsilon_{gi}$$

誤差 ε_{gi} は，独立に同一の正規分布に従い，通常その分散は水準間で等しいと仮定する．この式は，パラメータの制約とともに次のように表すこともできる．

$$Y_{gi}=\mu+\alpha_g+\varepsilon_{gi}, \quad \sum \alpha_g=0$$

ここで，μ_g あるいは $\mu+\alpha_g$ は水準 g の母平均である．この式は，切片と水準数 -1 個のダミー変数を用いて次のように表すこともできる．3 水準の場合を考え，$g=1,2,3$ のそれぞれで (x_{1gi},x_{2gi}) は $(0,0)$, $(1,0)$, $(0,1)$ とする．

$$Y_{gi} = \beta_0 + \beta_1 x_{1gi} + \beta_2 x_{2gi} + \varepsilon_{gi}$$

ここで，$\beta_0 = \mu_1$，$\beta_1 = \mu_2 - \mu_1$，$\beta_2 = \mu_3 - \mu_1$ である．表 1.1 の (c) にこれらの式を示した．

　分散分析の結果は，しばしば分散分析表で示される．表 1.2 に分散分析表の例を示した．データと総平均の差の 2 乗和を総平方和という．総平方和を要因による群間平方和と誤差による群内平方和（残差平方和）に分解する．各平方和を自由度で割った値を平均平方という．要因の自由度は水準数 -1，誤差の自由度はデータ数 $-$ 要因の水準数である．群間平均平方を群内平均平方で割った値が F 値である．各水準の血圧の母平均は等しいという帰無仮説のもと，F 値は二つの自由度が要因の自由度と誤差の自由度である F 分布に従うことから，P 値を計算する．これを F 検定という．P 値があらかじめ定めた有意水準よりも小さい，つまり有意であった場合，水準間で母平均が異なると判断する．例では，年齢層により血圧の母平均が異なると判断する．これらの値を表にまとめたものが分散分析表である．しかし，F 検定で有意であっても，どの水準間に違いがあるかがわからない．このため，F 検定はグローバル検定あるいはオムニバス検定と呼ばれる．どの水準間が異なるかを対比較により検討する．対比較とは，例では，μ_2 と μ_1，μ_3 と μ_1，μ_3 と μ_2 の比較である．対比（contrast）を用いた対比較を 2.1 節の例 2.4 に示す．また，推定も重要であり，分散分析のモデルより，各水準の平均値と 95％信頼区間，水準間の平均値の差とその 95％信頼区間を推定することができる．

表 1.2　分散分析表

要因	平方和	自由度	平均平方	F 値	P 値
年齢層	2639.5	2	1319.8	4.88	0.011
誤差	15406.4	57	270.3		
計	18045.9	59			

　対比較を繰り返し行うと，実際にはいずれも差がない場合に，いずれかの対で有意となる確率は設定した有意水準より大きくなる．そこで，特に，検証的な目的の場合には，検定の多重性（multiplicity）を考慮する必要がある．検定を複数行うことを多重比較（multiple comparison）という．図 1.2(a) に示したように，全ての対比較を多重性を考慮して行う場合にはチューキー法（Tukey 法），ある一つの対照との対比較を行う場合にはダネット法（Dunnett 法）をしばしば用いる．より一般的な多重性の調整方法として，k 個の検定を行う際，全体の有

意水準を α 以下とするために，個々の検定の有意水準をシダック法（Sidak 法）では $1-(1-\alpha)^{1/k}$，ボンフェローニ法（Bonferonni 法）では α/k とする．これらは簡便であるが，検定統計量に相関がある場合に保守的である．例えば，繰り返し対比較を行う場合，同じデータが複数の比較で用いられるため，検定統計量には相関がある．

次に説明変数が複数ある場合を考える．例えば，血圧と性別（男・女）について，年齢層（50歳代・60歳代・70歳代）を考慮して分析する．血圧を反応変数，性別と年齢層を説明変数とする．このように要因が二つある場合を2元配置分散分析という．まず，男女の血圧の差は，どの年齢層でも同じであると仮定する．図1.2(b)に示したように，男性と女性で各年齢層の推定値をつないだ線は平行である．性別を要因1，年齢層を要因2とする．要因1の水準 g と要因2の水準 h の組み合わせにおける i 番目の対象者の反応を Y_{ghi} とすると，このモデルはパラメータの制約とともに次式で表すことができる．

$$Y_{ghi} = \mu + \alpha_g + \gamma_h + \varepsilon_{ghi}, \quad \sum \alpha_g = 0, \quad \sum \gamma_h = 0$$

α_g は要因1の主効果，γ_h は要因2の主効果である．図のように，$\alpha_1 - \alpha_2$ は，年齢層を調整した男性（$g=1$）と女性（$g=2$）の血圧の差である．この式はダミー変数を用いて表すこともでき，これらの式を表1.1(d)に示した．

年齢層によって男女の血圧の差が異なる場合もある．要因の効果がもう一方の要因の水準によって異なる場合，交互作用があるという．図1.2(c)に示したように，推定値は平行ではない．交互作用を含めたモデルは次式で表すことができる．

$$Y_{ghi} = \mu + \alpha_g + \gamma_h + (\alpha\gamma)_{gh} + \varepsilon_{ghi}, \quad \sum \alpha_g = 0, \quad \sum \gamma_h = 0, \quad \sum_{gh} (\alpha\gamma)_{gh} = 0$$

α_g と γ_h は主効果，$(\alpha\gamma)_{gh}$ は交互作用である．各要因（主効果）や交互作用の平均平方と誤差の平均平方の比をF値といい，各要因や交互作用のF検定を行う．交互作用がある場合は，年齢層別に男女の血圧差を推定する．このモデルは次式で表すこともできる．

$$Y_{ghi} = \mu_{gh} + \varepsilon_{ghi}$$

ここで，μ_{gh} は二つの要因の各水準の組み合わせにおける平均である．ダミー変数を用いて表すこともでき，これらの式を表1.1(e)に示した．

1.7 共分散分析

血圧と性別（男・女）について，連続変数である年齢（歳）を考慮した解析を

考える.性別と年齢を説明変数とする.共分散分析(analysis of covariance:ANCOVA)では,このように,質的な説明変数の効果を検討する際に,連続型の説明変数の影響を調整する.説明変数には,連続変数と質的変数の両方が含まれる.共分散分析では,調整に用いる説明変数を共変量(covariate)という.
共分散分析では,質的変数の水準ごとに切片の異なる直線を当てはめる.図1.2(e)に例を示した.水準gのi番目の対象者の反応をY_{gi},共変量をx_{gi}とし,このモデルを次式で表す.

$$Y_{gi} = \alpha_g + \gamma x_{gi} + \varepsilon_{gi}$$

α_gは水準gの切片,γは傾きである.傾きγは共変量x_{gi}が1単位増えたときの反応Y_{gi}の変化を表す.例では,年齢が1歳高いと,血圧がどれだけ変わるかを表す.直線の傾きは水準間(男女)で同じであると仮定している.共変量の全体平均における各水準の反応の予測値を調整済み平均という.切片α_gの差は共変量の影響を調整した水準間の差である.例では,年齢を調整した男女の血圧の差である.このモデルはダミー変数を用いて次式でも表せる.$g=1,2$のそれぞれでx_{1gi}は0,1とする.

$$Y_{gi} = \beta_0 + \beta_1 x_{1gi} + \beta_2 x_{gi} + \varepsilon_{gi}$$

この式を要素で示すと次のようになる.

$$\begin{pmatrix} Y_{11} \\ \vdots \\ Y_{1n_1} \\ Y_{21} \\ \vdots \\ Y_{2n_2} \end{pmatrix} = \begin{pmatrix} 1 & 0 & x_{11} \\ \vdots & \vdots & \vdots \\ 1 & 0 & x_{1n_1} \\ 1 & 1 & x_{21} \\ \vdots & \vdots & \vdots \\ 1 & 1 & x_{2n_2} \end{pmatrix} \begin{pmatrix} \beta_0 \\ \beta_1 \\ \beta_2 \end{pmatrix} + \begin{pmatrix} \varepsilon_{11} \\ \vdots \\ \varepsilon_{1n_1} \\ \varepsilon_{21} \\ \vdots \\ \varepsilon_{2n_2} \end{pmatrix}$$

$\beta_0 = \alpha_1$,$\beta_1 = \alpha_2 - \alpha_1$,$\beta_2 = \gamma$である.

水準によって傾きが異なる場合,水準ごとの傾きγ_gを用いて,次式で表す.

$$Y_{gi} = \alpha_g + \gamma_g x_{gi} + \varepsilon_{gi}$$

図1.2(f)に例を示した.分散分析や重回帰分析と同様,傾きが別の要因の水準によって異なる場合,交互作用があるという.このとき,男女の血圧の差は年齢によって異なり,単純な比較はできず,ある年齢での血圧の差を推定することになる.狭義には,傾きの等しいモデルのみを共分散分析という.このモデルはダミー変数を用いて次式でも表せる.$g=1,2$のそれぞれでx_{1gi}は0,1,x_{gi}は共変量とする.

$$Y_{gi} = \beta_0 + \beta_1 x_{1gi} + \beta_2 x_{gi} + \beta_3 x_{1gi} x_{gi} + \varepsilon_{gi}$$

この式を要素で示すと次のようになる.

$$\begin{pmatrix} Y_{11} \\ \vdots \\ Y_{1n_1} \\ Y_{21} \\ \vdots \\ Y_{2n_2} \end{pmatrix} = \begin{pmatrix} 1 & 0 & x_{11} & 0 \\ \vdots & \vdots & \vdots & \vdots \\ 1 & 0 & x_{1n_1} & 0 \\ 1 & 1 & x_{21} & x_{21} \\ \vdots & \vdots & \vdots & \vdots \\ 1 & 1 & x_{2n_2} & x_{2n_2} \end{pmatrix} \begin{pmatrix} \beta_0 \\ \beta_1 \\ \beta_2 \\ \beta_3 \end{pmatrix} + \begin{pmatrix} \varepsilon_{11} \\ \vdots \\ \varepsilon_{1n_1} \\ \varepsilon_{21} \\ \vdots \\ \varepsilon_{2n_2} \end{pmatrix}$$

$\beta_0 = \alpha_1$, $\beta_1 = \alpha_2 - \alpha_1$, $\beta_2 = \gamma_1$, $\beta_3 = \gamma_2 - \gamma_1$ である．介入前後の連続変数のデータにより群間比較をする際は，介入前の値を共変量とした共分散分析がよく用いられ，第5章で詳しく述べる．

1.8　各種のモデルの関係

ここでは，各種のモデルの関係について述べる．はじめに反応変数が連続型の場合を述べる．第1章で述べた分散分析，回帰分析，重回帰分析，共分散分析は線形モデルである．狭義には，分散分析は説明変数が離散型の場合，回帰分析は説明変数が連続型の場合，共分散分析では離散型と連続型のどちらの説明変数も含んでいる場合の解析方法であるが，現在では同一の解析法として，線形モデルの枠組みで論じられることが多い．このため一般線形モデル（general linear model）と呼ばれることもある．表1.1に示したように，分散分析や共分散分析はダミー変数を用いて回帰分析の表記で表せる．多くの場合，誤差の正規性，データ間の独立性，等分散性を仮定している．

線形混合効果モデル（linear mixed effects model）は一般線形モデルを変量効果および誤差構造に関して拡張したモデルであり，反応が独立でない場合にも対応できる（第2章）．本書のテーマである経時データでは対象者を変量と考え，変量が正規分布に従うと仮定することが多い．このほか，時間に対する変化（傾き）や薬剤の投与量変更に対する反応性を変量と考える例がある．マルチレベルモデル（multilevel model），変量係数モデル（random coefficient model），階層モデル（hierarchical model），潜在変数モデル（latent variable model）といった用語も使われるが，混合効果モデルと同値のモデルを扱っていることも多い．

パラメータに関して非線形なモデルを非線形モデル（nonlinear model）とい

う（第3章）．線形モデルはパラメータ β に関して線形（1次式）である．例えば，$Y_i=\beta_0+\beta_1\log(x_i)+\varepsilon_i$ や $Y_i=\beta_0+\beta_1 x_i+\beta_2 x_i^2+\varepsilon_i$ は共変量 x_i に関して非線形ではあるが，β に関して線形であるため，線形モデルである．一方，$Y_i=\beta_1+\exp(\beta_2 x_i)+\varepsilon_i$ はパラメータ β_2 に関して線形でないため，非線形モデルである．よく用いられる非線形な関数には，指数曲線，monomoleculer 曲線，ロジスティック曲線，Emax モデルなどがある．しばしば微分方程式（differential equation）でモデルが与えられる．非線形モデルに，変量効果を含め拡張したモデルを非線形混合効果モデル（nonlinear mixed effects model）という．固定効果だけではなく変量効果に関しても非線形な場合，尤度が明示的な形（closed form）で表せないため，線形混合効果モデルに比べ計算が容易でない．

　自己回帰線形混合効果モデル（autoregressive linear mixed effects model）（第4章）は自己回帰モデルに変量効果を含め，分散共分散構造を拡張したモデルである．自己回帰には反応自体に関する場合と誤差に関する場合があるが，このモデルは反応自体に関する自己回帰の拡張である．自己回帰は離散時間のモデルであるが，連続時間での monomoleculer 曲線と対応する．過去の共変量の履歴が反映される点が特徴の一つである．自己回帰モデルは遷移モデル（transition model）とも呼ばれる．

　介入前後の2時点データは経時データの特殊な場合であると考えられるが，前値を共変量とした共分散分析がしばしば用いられる．特に，無作為化比較試験では，前値を含めた介入前の共変量の分布が等しいことが期待される．無作為割り付けの条件下でみられる共分散分析の性質について第5章で詳しく述べる．

　複数の変数を経時的に測定している場合に対応したモデルも提案されており，多変量線形混合効果モデル（2.4節），多変量自己回帰線形混合効果モデル（4.4節）などがある．本書では取り扱わないが，経時データと生存時間データの同時モデルや，経時データと欠測過程の同時モデルなども用いられる．

　第8章では，反応が連続型以外の場合のモデルを簡単に述べる．一般線形モデルの反応変数は正規分布に従う連続量であるが，指数型分布族に従う反応変数を扱えるように拡張したモデルが一般化線形モデル（generalized linear model）である．反応変数の期待値と説明変数の線形成分がリンク関数と呼ばれる非線形関数あるいは恒等関数により関連付けられる．反応が2値データのロジスティック回帰，反応がカウントデータのポアソン回帰は一般化線形モデルに含まれ，よく用いられる．経時データの場合には，変量効果を含めるように拡張した一般化線

形混合効果モデル（generalized linear mixed effects model），あるいは相関を考慮した周辺モデル（marginal model），以前の反応との関係を表す遷移モデルが用いられる．周辺モデルではしばしば一般化推定方程式（generalized estimating equation）が用いられる．

1.9 関連文献と出典

　回帰分析は佐和（1979），岩崎（2006b）を参照されたい．ノンパラメトリックな解析は岩崎（2006a）を参照されたい．2群の比較に関しては上坂（1995）を参照されたい．1.2節の成長データはPotthoff and Roy（1964）で用いられた．

Chapter 2

線形混合効果モデル

　前章では，各対象者に対して連続型の反応を1回だけ測定する場合に用いられる線形モデルを中心に述べた．この章では，複数の対象者に対し，ある連続型の反応変数を時間の経過とともに繰り返し測定する経時データの場合に頻繁に用いられる線形混合効果モデルについて述べる．2.1 節で線形混合効果モデルとその例，2.2 節で平均構造と分散共分散構造，2.3 節で推測，2.4 節で多変量線形混合効果モデル，2.5 節でベクトル表現について述べる．2.6 節に仮想的なデータによる解析例を示す．

2.1　線形混合効果モデル

　線形混合効果モデル（linear mixed effects model）は連続型反応の経時データ解析で頻繁に用いられる．i 番目（$i=1,\cdots,N$）の対象者の時点 j（$j=1,\cdots,n_i$）の反応を Y_{ij} とし，$\mathbf{Y}_i=(Y_{i1},\cdots,Y_{in_i})^{\mathrm{T}}$ とベクトル表記する．上付きの T は転置を表す．線形混合効果モデルを次のように表す．

$$\mathbf{Y}_i=\mathbf{X}_i\boldsymbol{\beta}+\mathbf{Z}_i\mathbf{b}_i+\boldsymbol{\varepsilon}_i \tag{2.1}$$

ここで，$\boldsymbol{\beta}$ は未知の $p\times 1$ の固定効果（fixed effect）のパラメータベクトル，$\mathbf{X}_i$ は既知の $n_i\times p$ の固定効果の計画行列，$\mathbf{b}_i$ は未知の $q\times 1$ の変量効果（random effect）の確率ベクトル，$\mathbf{Z}_i$ は既知の $n_i\times q$ の変量効果の計画行列とする．$\boldsymbol{\varepsilon}_i$ は $n_i\times 1$ のランダムな誤差ベクトルとし，$\boldsymbol{\varepsilon}_i=(\varepsilon_{i1},\cdots,\varepsilon_{in_i})^{\mathrm{T}}$ とする．$\mathbf{b}_i$ と $\boldsymbol{\varepsilon}_i$ は独立に平均ベクトル $\mathbf{0}$，分散共分散行列がそれぞれ $\mathbf{G}$ および $\mathbf{R}_i$ の多変量正規分布に従うと仮定する．次のように記す．

$$\mathbf{b}_i\sim\mathrm{MVN}(\mathbf{0},\mathbf{G})$$

$$\boldsymbol{\varepsilon}_i\sim\mathrm{MVN}(\mathbf{0},\mathbf{R}_i)$$

ここで，$\mathbf{G}$ は $q\times q$ の正方行列，$\mathbf{R}_i$ は $n_i\times n_i$ の正方行列で，その対角要素は分散，非対角要素は共分散である．以上の仮定より，$\mathbf{Y}_i$ の周辺分布は多変量正規

分布であり，平均は $\mathbf{X}_i\boldsymbol{\beta}$，分散共分散行列を $\mathbf{V}_i$ とすると，$\mathbf{V}_i = \mathbf{Z}_i\mathbf{G}\mathbf{Z}_i^T + \mathbf{R}_i$ である．次のように記す．

$$\mathbf{Y}_i \sim \mathrm{MVN}(\mathbf{X}_i\boldsymbol{\beta}, \mathbf{Z}_i\mathbf{G}\mathbf{Z}_i^T + \mathbf{R}_i)$$

ここで，$\mathbf{V}_i$ は $n_i \times n_i$ の正方行列である．異なる対象者の反応は独立であると仮定する．確率変数ベクトルとその分散共分散行列に関して9.4節に記載する．

変量効果を含めた点，$\mathbf{R}_i$ に独立でないあるいは等分散でない分散共分散構造を含めた点が第1章に示した従来の線形モデルからの拡張となっている．混合効果とは固定効果と変量効果を含むことをいう．しかし，変量効果を含まずに $\mathbf{R}_i$ に構造を仮定し，$\mathbf{V}_i = \mathbf{Z}_i\mathbf{G}\mathbf{Z}_i^T + \mathbf{R}_i$ ではなく，$\mathbf{V}_i = \mathbf{R}_i$ とする場合も線形混合効果モデルの枠組みで議論されている．

よく用いられる線形混合効果モデルの例として，時点平均と変量切片のモデルおよび時間の1次式のモデル，そして各々のモデルを用いた群間比較を示す．

例 2.1 **時点平均と変量切片**　臨床試験など実験的研究では，全対象で同じ観測時期を計画する場合が多い．さらに欠測がなく同じ時期に観測されている場合をバランスドデータ（balanced data）という．対象者によって観測時期が異なる場合をアンバランスドデータという．測定間隔は等間隔でなくても良い．観測時期が同じ場合は時点平均をあてはめた次のモデルがしばしば用いられる．

$$Y_{ij} = \mu_j + b_i + \varepsilon_{ij} \tag{2.2}$$

μ_j は時点 j の平均である．b_i は変量切片（random intercept）と呼ばれる．変量切片の分散を σ_G^2 とする．誤差は互いに独立で分散 σ_ε^2 とする．3時点の場合のモデルと反応の分散共分散行列 $\mathbf{V}_i = \mathrm{Var}(\mathbf{Y}_i)$ を示す．

$$\begin{pmatrix} Y_{i1} \\ Y_{i2} \\ Y_{i3} \end{pmatrix} = \begin{pmatrix} 1 & 0 & 0 \\ 0 & 1 & 0 \\ 0 & 0 & 1 \end{pmatrix} \begin{pmatrix} \mu_1 \\ \mu_2 \\ \mu_3 \end{pmatrix} + \begin{pmatrix} 1 \\ 1 \\ 1 \end{pmatrix} b_i + \begin{pmatrix} \varepsilon_{i1} \\ \varepsilon_{i2} \\ \varepsilon_{i3} \end{pmatrix}$$

$$\mathbf{V}_i = \mathbf{Z}_i\mathbf{G}\mathbf{Z}_i^T + \mathbf{R}_i = \begin{pmatrix} 1 \\ 1 \\ 1 \end{pmatrix} \sigma_G^2 (1\ 1\ 1) + \sigma_\varepsilon^2 \begin{pmatrix} 1 & 0 & 0 \\ 0 & 1 & 0 \\ 0 & 0 & 1 \end{pmatrix} = \begin{pmatrix} \sigma_G^2 + \sigma_\varepsilon^2 & \sigma_G^2 & \sigma_G^2 \\ \sigma_G^2 & \sigma_G^2 + \sigma_\varepsilon^2 & \sigma_G^2 \\ \sigma_G^2 & \sigma_G^2 & \sigma_G^2 + \sigma_\varepsilon^2 \end{pmatrix}$$

変量切片を仮定した $\mathbf{Z}_i\mathbf{G}\mathbf{Z}_i^T$ は全ての要素が等しく σ_G^2 の正方行列になる．これに独立等分散の誤差の分散共分散行列 $\sigma_\varepsilon^2 \mathbf{I}_3$ を足している．ここで，$\mathbf{I}_3$ は 3×3 の単位行列である．$\mathbf{V}_i = \mathrm{Var}(\mathbf{Y}_i)$ は対角要素が $\sigma_G^2 + \sigma_\varepsilon^2$，非対角要素が σ_G^2 となる．σ_G^2 は個体間分散（between subject variance, inter individual variance），σ_ε^2 は個体

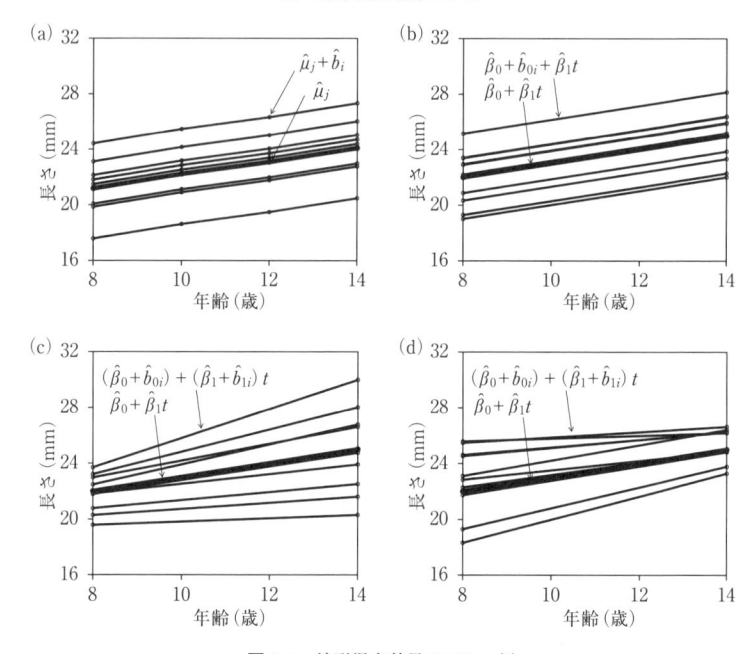

図 2.1 線形混合効果モデルの例
(a)時点平均と変量切片，(b)時間の 1 次式と変量切片，(c)時間の 1 次式で切片と傾きが変量(分散増加)．(d)時間の 1 次式で切片と傾きが変量(分散減少)．

内分散（within subject variance, intra individual variance）という．

1.2 節の少女の成長データにこのモデルを当てはめた結果を図 2.1(a)に示す．太線は時点平均 $\hat{\mu}_j$，細い線は各対象者の予測値 $\hat{\mu}_j+\hat{b}_i$ である．対象者ごとの推移は平均的推移より b_i だけ垂直に移動し，互いに平行な推移であると仮定している．

例 2.2　時間の 1 次式　平均構造に時間の 1 次式を仮定，つまり単位時間当たりの反応の変化が一定である直線の当てはめがしばしば行われる．i 番目 $(i=1,\cdots,N)$ の対象者の時点 $j(j=1,\cdots,n_i)$ の反応を Y_{ij}，説明変数を連続量としての時間 t_{ij} とし，変量効果を切片と傾きとした次のモデルがしばしば用いられる．

$$Y_{ij}=(\beta_0+b_{0i})+(\beta_1+b_{1i})t_{ij}+\varepsilon_{ij} \qquad (2.3)$$

b_{0i} と b_{1i} はそれぞれ切片と傾きの変量効果である．b_{1i} は random slope と呼ばれる．$\mathbf{b}_i=(b_{0i},b_{1i})^\mathrm{T}$ は平均 $\mathbf{0}$，分散 σ_{G0}^2 と σ_{G1}^2，共分散 σ_{G01} の 2 変量正規分布に従うと仮定する．$\sigma_{G01}=0$，つまり切片と傾きに相関がないと仮定することもある．

誤差は独立で分散 σ_ε^2 の正規分布に従うと仮定する．3時点の場合のモデルと $\mathbf{V}_i = \mathrm{Var}(\mathbf{Y}_i)$ を示す．

$$\begin{pmatrix} Y_{i1} \\ Y_{i2} \\ Y_{i3} \end{pmatrix} = \begin{pmatrix} 1 & t_{i1} \\ 1 & t_{i2} \\ 1 & t_{i3} \end{pmatrix} \begin{pmatrix} \beta_0 \\ \beta_1 \end{pmatrix} + \begin{pmatrix} 1 & t_{i1} \\ 1 & t_{i2} \\ 1 & t_{i3} \end{pmatrix} \begin{pmatrix} b_{i0} \\ b_{i1} \end{pmatrix} + \begin{pmatrix} \varepsilon_{i1} \\ \varepsilon_{i2} \\ \varepsilon_{i3} \end{pmatrix}$$

$$\mathbf{V}_i = \mathbf{Z}_i \mathbf{G} \mathbf{Z}_i^{\mathrm{T}} + \mathbf{R}_i = \begin{pmatrix} 1 & t_1 \\ 1 & t_2 \\ 1 & t_3 \end{pmatrix} \begin{pmatrix} \sigma_{G0}^2 & \sigma_{G01} \\ \sigma_{G01} & \sigma_{G1}^2 \end{pmatrix} \begin{pmatrix} 1 & 1 & 1 \\ t_1 & t_2 & t_3 \end{pmatrix} + \sigma_\varepsilon^2 \begin{pmatrix} 1 & 0 & 0 \\ 0 & 1 & 0 \\ 0 & 0 & 1 \end{pmatrix}$$

時点 j の分散成分である対角要素は $\sigma_{G0}^2 + 2\sigma_{G01} t_j + \sigma_{G1}^2 t_j^2 + \sigma_\varepsilon^2$，時点 j, k の共分散は $\sigma_{G0}^2 + \sigma_{G01}(t_j + t_k) + \sigma_{G1}^2 t_j t_k$ である．このように変量効果の共変量の値が時点により異なる場合，分散や共分散も時点により異なる．バランスドデータで共変量の値が，この場合は時間が，対象者によらない場合，反応の分散共分散行列は対象者によらず同じである．しかし，共変量が対象者により異なる場合，反応の分散共分散行列も対象者により異なる．

時間の1次式の例を誤差項は除いて図2.1(b)(c)(d)に示した．図(b)は，個体により切片が異なるが傾きは同じ場合（$\sigma_{G1}^2 = 0$，$b_{1i} = 0$）である．図(c)(d)は，個体により切片および傾きが異なる場合である．図(c)は，切片が高いほど傾きが大きく，切片と傾きに正の相関がある．時間とともに分散が増えている．図(d)は，時間とともに分散が減少する場合である．

(2.3)式は，時間の1次式で直線の推移を示すが，成長曲線（growth curve）モデルとも呼ばれる．時間の2次式やさらに高次の多項式も成長曲線と呼ばれ，時間に対し非線形な推移を示すが，パラメータに関しては線形である．一方，ゴンペルツ曲線やロジスティック曲線などは時間に対して非線形な推移を示し，パラメータに関しても非線形な成長曲線モデルである．非線形成長曲線については3.1節で述べる．小児の発育をみる身長や体重の成長曲線はこれらとはまた異なる方法により作成されており，7.2節で述べる．

例2.3　時間の1次式のモデルによる群間比較　例2.2の時間の1次式のモデルによる群間比較を考える．傾きは，しばしば要約指標（summary measure）とされ，群間比較に用いられる．連続量の時間，質的変数である群，群と時間の交互作用を含んだ次のモデルを考える．A, Bの2群があり，x_i は群の指示変数で，A群は $x_i = 0$，B群は $x_i = 1$ とする．連続量としての時間を t_{ij} とする．

$$Y_{ij}=(\beta_0+\beta_{x0}x_i+b_{0i})+(\beta_1+\beta_{x1}x_i+b_{1i})t_{ij}+\varepsilon_{ij}$$

A 群の切片は β_0,傾きは β_1 である.B 群の切片は $\beta_0+\beta_{x0}$,傾きは $\beta_1+\beta_{x1}$ である.x_it_{ij} の係数である β_{x1} は群と時間の交互作用で,傾きの違いを表す.80 年代後半から盛んに行われた欠測に関する研究においても,傾きの群間差 β_{x1} の推定や検定の性質が検討された.3 時点の場合のモデルを A 群($x_i=0$),B 群($x_i=1$)それぞれについて示す.

$$\begin{pmatrix}Y_{i1}\\Y_{i2}\\Y_{i3}\end{pmatrix}=\begin{pmatrix}1&0&t_{i1}&0\\1&0&t_{i2}&0\\1&0&t_{i3}&0\end{pmatrix}\begin{pmatrix}\beta_0\\\beta_{x0}\\\beta_1\\\beta_{x1}\end{pmatrix}+\begin{pmatrix}1&t_{i1}\\1&t_{i2}\\1&t_{i3}\end{pmatrix}\begin{pmatrix}b_{i0}\\b_{i1}\end{pmatrix}+\begin{pmatrix}\varepsilon_{i1}\\\varepsilon_{i2}\\\varepsilon_{i3}\end{pmatrix},\quad (\text{A 群},\ x_i=0)$$

$$\begin{pmatrix}Y_{i1}\\Y_{i2}\\Y_{i3}\end{pmatrix}=\begin{pmatrix}1&1&t_{i1}&t_{i1}\\1&1&t_{i2}&t_{i2}\\1&1&t_{i3}&t_{i3}\end{pmatrix}\begin{pmatrix}\beta_0\\\beta_{x0}\\\beta_1\\\beta_{x1}\end{pmatrix}+\begin{pmatrix}1&t_{i1}\\1&t_{i2}\\1&t_{i3}\end{pmatrix}\begin{pmatrix}b_{i0}\\b_{i1}\end{pmatrix}+\begin{pmatrix}\varepsilon_{i1}\\\varepsilon_{i2}\\\varepsilon_{i3}\end{pmatrix},\quad (\text{B 群},\ x_i=1)$$

$\mathbf{V}_i=\mathrm{Var}(\mathbf{Y}_i)$ は例 2.2 と同様に仮定するか,あるいは群間で分散構造のパラメータが異なると仮定する.

例 2.4 **時点平均と変量切片のモデルによる群間比較** 例 2.1 の時点平均のモデルによる群間比較を考える.3 時点の測定が行われたとする.(2.2)式では時点平均を μ_j と表したが,次のように二つのダミー変数 t_{1j},t_{2j} を用いて表すこともできる.$j=1,2,3$ の (t_{1j},t_{2j}) は $(0,0)$,$(1,0)$,$(0,1)$ とする.

$$Y_{ij}=\beta_0+\beta_1 t_{1j}+\beta_2 t_{2j}+b_i+\varepsilon_{ij}$$

A,B の 2 群があり,A 群は $x_i=0$,B 群は $x_i=1$ とする.時間と群の主効果を含めた次のモデルを考える.

$$Y_{ij}=\beta_0+\beta_1 t_{1j}+\beta_2 t_{2j}+\beta_x x_i+b_i+\varepsilon_{ij}$$

このモデルでは,図 1.2(b)に示した主効果のみの分散分析のように,2 群の推移は平行であると仮定している.3 時点の場合のモデルを A 群($x_i=0$),B 群($x_i=1$)それぞれについて示す.

$$\begin{pmatrix}Y_{i1}\\Y_{i2}\\Y_{i3}\end{pmatrix}=\begin{pmatrix}1&0&0&0\\1&1&0&0\\1&0&1&0\end{pmatrix}\begin{pmatrix}\beta_0\\\beta_1\\\beta_2\\\beta_x\end{pmatrix}+\begin{pmatrix}1\\1\\1\end{pmatrix}b_i+\begin{pmatrix}\varepsilon_{i1}\\\varepsilon_{i2}\\\varepsilon_{i3}\end{pmatrix},\quad (\text{A 群},\ x_i=0)$$

$$\begin{pmatrix}Y_{i1}\\Y_{i2}\\Y_{i3}\end{pmatrix}=\begin{pmatrix}1&0&0&1\\1&1&0&1\\1&0&1&1\end{pmatrix}\begin{pmatrix}\beta_0\\\beta_1\\\beta_2\\\beta_x\end{pmatrix}+\begin{pmatrix}1\\1\\1\end{pmatrix}b_i+\begin{pmatrix}\varepsilon_{i1}\\\varepsilon_{i2}\\\varepsilon_{i3}\end{pmatrix},\quad (\text{B 群},\ x_i=1)$$

$\mathbf{V}_i=\mathrm{Var}(\mathbf{Y}_i)$ は例 2.1 と同様に仮定するか,あるいは群間でパラメータが異なると仮定する.

次に,時間,群および群と時間の交互作用項を含めた次のモデルを考える.

$$Y_{ij}=\beta_0+\beta_1 t_{1j}+\beta_2 t_{2j}+(\beta_3+\beta_4 t_{1j}+\beta_5 t_{2j})x_i+b_i+\varepsilon_{ij}$$

3 時点の場合のモデルを A 群 ($x_i=0$),B 群 ($x_i=1$) それぞれについて示す.

$$\begin{pmatrix}Y_{i1}\\Y_{i2}\\Y_{i3}\end{pmatrix}=\begin{pmatrix}1&0&0&0&0&0\\1&1&0&0&0&0\\1&0&1&0&0&0\end{pmatrix}\begin{pmatrix}\beta_0\\\beta_1\\\beta_2\\\beta_3\\\beta_4\\\beta_5\end{pmatrix}+\begin{pmatrix}1\\1\\1\end{pmatrix}b_i+\begin{pmatrix}\varepsilon_{i1}\\\varepsilon_{i2}\\\varepsilon_{i3}\end{pmatrix},\quad (\text{A 群},\ x_i=0)$$

$$\begin{pmatrix}Y_{i1}\\Y_{i2}\\Y_{i3}\end{pmatrix}=\begin{pmatrix}1&0&0&1&0&0\\1&1&0&1&1&0\\1&0&1&1&0&1\end{pmatrix}\begin{pmatrix}\beta_0\\\beta_1\\\beta_2\\\beta_3\\\beta_4\\\beta_5\end{pmatrix}+\begin{pmatrix}1\\1\\1\end{pmatrix}b_i+\begin{pmatrix}\varepsilon_{i1}\\\varepsilon_{i2}\\\varepsilon_{i3}\end{pmatrix},\quad (\text{B 群},\ x_i=1)$$

このモデルでは,図 1.2(c) に示した交互作用項を含む分散分析のように,2 群の推移は平行でない.最終時である $j=3$ における A 群の期待値は $\beta_0+\beta_2$,B 群は $Y_{ij}=\beta_0+\beta_2+\beta_3+\beta_5$ であり,群間差は $\beta_3+\beta_5$ となる.このような計算には対比 (contrast) を用いる.$p\times 1$ のパラメータベクトルを $\boldsymbol{\beta}=(\beta_0,\beta_1,\beta_2,\beta_3,\beta_4,\beta_5)^{\mathrm{T}}$ とし,$1\times p$ の対比ベクトルを $\mathbf{L}=(0\ 0\ 0\ 1\ 0\ 1)$ とすると $\mathbf{L}\boldsymbol{\beta}=\beta_3+\beta_5$ が得られる.2.3.5 項に対比を用いた推定と検定について記載する.

2.2 平均構造と分散共分散構造

2.1 節ではよく用いられる線形混合効果モデルの例を紹介したが,ここでは平均構造や分散共分散構造について述べる.

2.2.1 平均構造

平均構造 (mean structure) のモデルには時点平均や時間の1次式がよく使われる.時点平均は時点数の増加に応じてパラメータ数が大きくなる.時間の1次式 $\beta_0+\beta_1 t_{ij}$ だけでなく,時間の多項式 (polynomial) $\sum_{k=0}^{l}\beta_k t_{ij}^k$ が用いられる.特に,時間の2次式 $\beta_0+\beta_1 t_{ij}+\beta_2 t_{ij}^2$ が用いられる.2次式は $t=-\beta_1/(2\beta_2)$ で最大値,あるいは最小値となり,この点を超えると反応の変化は上昇から減少,あるいは減少から上昇に転じ,単調でない.しばしば推移の終わりであてはまりが悪いため注意を要する.区分線形関数 (piecewise linear function) は直線的に変化し,ある時点から直線の傾きが変わる推移を表す.

回帰分析と同様に,反応変数や説明変数を変数変換することにより,推移が線形モデルで表せることがある.また,反応変数が対数正規分布,つまり,対数変換した値が正規分布に従うような場合にも,対数変換を行う.薬物動態の分野では右裾を引く分布がしばしばみられ,対数変換がよく用いられており,第3章および6.5節で詳しく述べる.分散が平均に依存する場合,分散が一定となるように分散安定化を目的に対数変換などの変数変換が用いられる.

Box-Cox 変換は次式で表される.

$$y^{(\lambda)} = \frac{y^\lambda - 1}{\lambda}, \quad (\lambda \neq 0,\ -1 \leq \lambda \leq 1)$$

$$y^{(\lambda)} = \log y, \quad (\lambda = 0)$$

ここで,次式が成り立つ.

$$\lim_{\lambda \to 0} \frac{y^\lambda - 1}{\lambda} = \log y$$

この変換は,平方根,3乗根,対数,逆数などの変換を含む.

線形混合効果モデルとは異なる枠組みのモデルが適当な場合もある.非線形混合効果モデルについては第3章で述べる.その他,平滑化スプラインなどを用いたノンパラメトリック回帰も用いられる.

2.2.2 分散共分散構造

$\mathbf{Y}_i$ の分散共分散行列は $\mathbf{V}_i = \mathbf{Z}_i \mathbf{G} \mathbf{Z}_i^T + \mathbf{R}_i$ であり,変量効果に関する $\mathbf{Z}_i \mathbf{G} \mathbf{Z}_i^T$ と誤差の分散共分散行列 $\mathbf{R}_i$ の仮定によってモデル化する.表2.1に代表的な分散共分散構造を示した.$\mathbf{Z}_i \mathbf{G} \mathbf{Z}_i^T$ は変量効果とする変数の選択,変量効果が複数ある場合は変量効果の分散共分散行列 $\mathbf{G}$ の構造の仮定によってモデル化する.例

2.2 平均構造と分散共分散構造

表 2.1 分散共分散行列の例（3時点の場合）

独立等分散	無構造：UN	AR(1)	CS
$\sigma^2 \begin{pmatrix} 1 & 0 & 0 \\ 0 & 1 & 0 \\ 0 & 0 & 1 \end{pmatrix}$	$\begin{pmatrix} \sigma_1^2 & \sigma_{12} & \sigma_{13} \\ \sigma_{12} & \sigma_2^2 & \sigma_{23} \\ \sigma_{13} & \sigma_{23} & \sigma_3^2 \end{pmatrix}$	$\sigma^2 \begin{pmatrix} 1 & \rho & \rho^2 \\ \rho & 1 & \rho \\ \rho^2 & \rho & 1 \end{pmatrix}$	$\begin{pmatrix} \sigma^2 & \sigma_1 & \sigma_1 \\ \sigma_1 & \sigma^2 & \sigma_1 \\ \sigma_1 & \sigma_1 & \sigma^2 \end{pmatrix}$
Toeplitz	2バンド Toeplitz	ARH(1)	CSH
$\begin{pmatrix} \sigma^2 & \sigma_1 & \sigma_2 \\ \sigma_1 & \sigma^2 & \sigma_1 \\ \sigma_2 & \sigma_1 & \sigma^2 \end{pmatrix}$	$\begin{pmatrix} \sigma^2 & \sigma_1 & 0 \\ \sigma_1 & \sigma^2 & \sigma_1 \\ 0 & \sigma_1 & \sigma^2 \end{pmatrix}$	$\begin{pmatrix} \sigma_1^2 & \sigma_1\sigma_2\rho & \sigma_1\sigma_3\rho^2 \\ \sigma_1\sigma_2\rho & \sigma_2^2 & \sigma_2\sigma_3\rho \\ \sigma_1\sigma_3\rho^2 & \sigma_2\sigma_3\rho & \sigma_3^2 \end{pmatrix}$	$\begin{pmatrix} \sigma_1^2 & \sigma_1\sigma_2\rho & \sigma_1\sigma_3\rho \\ \sigma_1\sigma_2\rho & \sigma_2^2 & \sigma_2\sigma_3\rho \\ \sigma_1\sigma_3\rho & \sigma_2\sigma_3\rho & \sigma_3^2 \end{pmatrix}$
1次の ante-dependence		指数系列	正規系列
$\begin{pmatrix} \sigma_1^2 & \sigma_1\sigma_2\rho_1 & \sigma_1\sigma_3\rho_1\rho_2 \\ \sigma_1\sigma_2\rho_1 & \sigma_2^2 & \sigma_2\sigma_3\rho_2 \\ \sigma_1\sigma_3\rho_1\rho_2 & \sigma_2\sigma_3\rho_2 & \sigma_3^2 \end{pmatrix}$		$\sigma^2 \begin{pmatrix} 1 & e^{-\lambda d_{1,2}} & e^{-\lambda d_{1,3}} \\ e^{-\lambda d_{1,2}} & 1 & e^{-\lambda d_{2,3}} \\ e^{-\lambda d_{1,3}} & e^{-\lambda d_{2,3}} & 1 \end{pmatrix}$	$\sigma^2 \begin{pmatrix} 1 & e^{-\lambda d_{1,2}^2} & e^{-\lambda d_{1,3}^2} \\ e^{-\lambda d_{1,2}^2} & 1 & e^{-\lambda d_{2,3}^2} \\ e^{-\lambda d_{1,3}^2} & e^{-\lambda d_{2,3}^2} & 1 \end{pmatrix}$
変量切片と独立等分散		変量切片と AR(1) と独立等分散	
$\sigma_G^2 \begin{pmatrix} 1 & 1 & 1 \\ 1 & 1 & 1 \\ 1 & 1 & 1 \end{pmatrix} + \sigma_\varepsilon^2 \begin{pmatrix} 1 & 0 & 0 \\ 0 & 1 & 0 \\ 0 & 0 & 1 \end{pmatrix}$ $= \begin{pmatrix} \sigma_G^2 + \sigma_\varepsilon^2 & \sigma_G^2 & \sigma_G^2 \\ \sigma_G^2 & \sigma_G^2 + \sigma_\varepsilon^2 & \sigma_G^2 \\ \sigma_G^2 & \sigma_G^2 & \sigma_G^2 + \sigma_\varepsilon^2 \end{pmatrix}$		$\sigma_G^2 \begin{pmatrix} 1 & 1 & 1 \\ 1 & 1 & 1 \\ 1 & 1 & 1 \end{pmatrix} + \sigma_{AR}^2 \begin{pmatrix} 1 & \rho & \rho^2 \\ \rho & 1 & \rho \\ \rho^2 & \rho & 1 \end{pmatrix} + \sigma_{ME}^2 \begin{pmatrix} 1 & 0 & 0 \\ 0 & 1 & 0 \\ 0 & 0 & 1 \end{pmatrix}$	

えば，2.1節の例2.2で述べたように，G の共分散に 0 の制約をおくことがある．変量効果は，2.1節に示したように個体（切片）や連続量の時間に対する係数（傾き）がよく用いられる．連続量の時間への傾きを変量効果とした場合，測定時間が同じであれば V_i は個体によらず同一だが，測定時間が個体により異なる場合，V_i も個体により異なる．この場合，次に述べる無構造（unstructured：UN）に内包されない．

R_i に対してよく用いられる構造として，独立等分散，無構造，AR(1)（first-order autoregressive），compound symmetry（CS）が挙げられる．R_i に独立等分散を仮定する場合は，変量効果と組み合わせて用い，変量効果に関する $Z_i G Z_i^T$ により対象者内の相関を考慮し，通常個体効果のある経時データでは単独で用いない．変量効果とともに用いたとき，変量効果が与えられたもとで対象者内の測定値は独立であると仮定しているため，条件付独立（conditional independence）という．

無構造は各分散成分と共分散成分に制約をおかず異なる値とする．仮定が少な

いが，時点数に応じてパラメータ数が大きくなる．n_i 時点の場合，パラメータ数は $n_i(n_i+1)/2$ であり，時点数が n_i から一つ増えるとパラメータ数は n_i+1 増える．

AR(1) は近い時点の相関が高く，時点が離れるほど相関が低くなる系列相関（serial correlation）を表す代表的な構造である．時点 j と時点 $j+k$ の相関は ρ^k である．変量効果と組み合わせて用いる場合と単独で用いる場合がある．つまり，AR(1) の分散共分散行列を $\mathbf{R}_{AR,i}$ とし，$\mathbf{V}_i=\mathbf{Z}_i\mathbf{G}\mathbf{Z}_i^T+\mathbf{R}_{AR,i}$ とする場合と $\mathbf{V}_i=\mathbf{R}_{AR,i}$ とする場合がある．さらに，時点間で独立な測定誤差を考慮するため $\sigma^2\mathbf{I}_{n_i}$ の項を加え，$\mathbf{V}_i=\mathbf{Z}_i\mathbf{G}\mathbf{Z}_i^T+\mathbf{R}_{AR,i}+\sigma^2\mathbf{I}_{n_i}$ とする場合がある．このように変量効果，系列相関を持つ誤差，独立な誤差の三つの変量を同時にモデルに含めるアプローチがある．

CS は分散と共分散がそれぞれ一定の値であり，exchangeable ともいう．分散と相関がそれぞれ一定の値ともいえる．2.1 節の例 2.1 で述べた変量切片と $\mathbf{R}_i$ に独立等分散を仮定したときの $\mathbf{V}_i=\mathbf{Z}_i\mathbf{G}\mathbf{Z}_i^T+\mathbf{R}_i$ は，この CS の構造となり，変量効果は含まず $\mathbf{R}_i$ に CS を仮定した場合と同じである．パラメータは二つであるが，パラメータを分散と共分散とした場合，分散と相関とした場合，変量切片の分散と独立等分散である誤差の分散とした場合のそれぞれについて，3 時点の場合の分散共分散構造を示す．

$$\begin{pmatrix} \sigma^2 & \sigma_1 & \sigma_1 \\ \sigma_1 & \sigma^2 & \sigma_1 \\ \sigma_1 & \sigma_1 & \sigma^2 \end{pmatrix}, \sigma^2\begin{pmatrix} 1 & \rho & \rho \\ \rho & 1 & \rho \\ \rho & \rho & 1 \end{pmatrix}, \begin{pmatrix} \sigma_G^2+\sigma_\varepsilon^2 & \sigma_G^2 & \sigma_G^2 \\ \sigma_G^2 & \sigma_G^2+\sigma_\varepsilon^2 & \sigma_G^2 \\ \sigma_G^2 & \sigma_G^2 & \sigma_G^2+\sigma_\varepsilon^2 \end{pmatrix}$$

ここで，相関 ρ は級内相関係数（intra-class correlaton coefficient）という．σ_G^2 と σ_ε^2 は個体間分散と個体内分散ともいう．σ_G^2 は正の値であるが，CS の σ_1 は負の共分散も取り得るため，CS の方が広い構造である．しかし，非対角要素は正の場合が多く，その場合はどちらも同じ分散共分散構造となる．

Toeplitz は等分散で時点間隔が同じ共分散が等しい値で，時点 j と時点 $j+k$ の共分散は σ_k である．2 バンド Toeplitz は 2 時点以上離れた共分散は 0 であるという制約をおく．AR(1) や CS と相関構造が同じであるが，分散が時点間で異なり heterogeneous な場合，不等分散の AR(1)（ARH(1)）や不等分散の CS（CSH）が用いられる．分散共分散行列と相関行列および分散の対角行列との関係を 9.4 節に示す．1 次の ante-dependence では分散共分散行列の j,k 要素は次の値である．

$$\sigma_j \sigma_k \prod_{l=j}^{k-1} \rho_l$$

時間が等間隔でない連続量の時の系列相関など様々な分散共分散構造が提案されている．時点 j, k 間の時間間隔を $d_{j,k}$ とし，指数系列は相関が $\exp(-\lambda d_{j,k})$，正規系列は相関が $\exp(-\lambda d_{j,k}^2)$ であり，間隔が遠くなるほど相関が低くなる．

確率過程を用いた分散共分散構造が応用されている．Ornstein-Uhlenbeck プロセス（OU プロセス）では時間 s と t の反応 $Y(s)$ と $Y(t)$ の共分散あるいは分散は次式で表される．

$$\mathrm{Cov}(Y(s), Y(t)) = \sigma^2 (2\alpha)^{-1} e^{-\alpha|t-s|}$$

これは相関のパラメータが $\rho = e^{-\alpha}$ の離散時間の AR(1) に対応する連続時間のプロセスである．さらに OU プロセスを積分した次式を integrated Ornstein-Uhlenbeck プロセス（IOU プロセス）という．

$$W(t) = \int_0^t Y(u) \mathrm{d}u$$

時間 t の反応 $W(t)$ の分散，時間 s と t の反応 $W(s)$ と $W(t)$ の共分散は次式で表される．

$$\mathrm{Var}(W(t)) = \sigma^2 \alpha^{-3} (\alpha t + e^{-\alpha t} - 1)$$
$$\mathrm{Cov}(W(s), W(t)) = \sigma^2 (2\alpha^3)^{-1} \{2\alpha \min(s, t) + e^{-\alpha t} + e^{-\alpha s} - 1 - e^{-\alpha|t-s|}\}$$

これは 2 変量経時データの場合にも拡張されている．

群などの要因によって分散共分散行列のパラメータの値が異なると仮定する場合もある．2 群の場合パラメータ数は 2 倍となる．群間で分散共分散構造が等しいと仮定した場合と異なると仮定した場合で検定や推定結果が大きく異なる場合があるため，注意が必要である．これは，欠測やデータ数のアンバランスと関連してしばしば議論される．共分散分析における不等分散の場合について第 5 章で述べる

2.3 推　　　測

2.3.1 最　尤　法

線形混合効果モデルの推定には尤度に基づく方法を用いることが多い．説明を簡単にするため，独立な反応の場合の尤度をはじめに述べる．平均 μ，分散 σ^2 の正規分布に独立に従う N 個の確率変数 $Y_1, \cdots, Y_N$ の確率密度関数は次式で表される．

2. 線形混合効果モデル

$$f(Y_1,\cdots,Y_N)=\prod_{i=1}^{N}\frac{1}{\sqrt{2\pi\sigma^2}}\exp\left\{-\frac{1}{2}\left(\frac{Y_i-\mu}{\sigma}\right)^2\right\}$$

これはパラメータ (μ,σ^2) が与えられたもとでの確率変数の関数で，確率変数がどのような値になりやすいかを示す．一方，尤度関数は，確率密度関数をデータが与えられたもとでの未知パラメータ (μ,σ^2) の関数としてみる．さらに，対数尤度関数は次式となる．

$$l_{\mathrm{ML}}=-\frac{N}{2}\log(2\pi)-\frac{N}{2}\log\sigma^2-\frac{1}{2}\sum_{i=1}^{N}\left(\frac{Y_i-\mu}{\sigma}\right)^2$$

最尤法（maximum likelihood method：ML）では対数尤度関数を最大とするように未知パラメータを推定する．μ の最尤推定量は算術平均 $\overline{Y}=\sum_{i=1}^{N}Y_i/N$ である．σ^2 の最尤推定量は $\sum_{i=1}^{N}(Y_i-\overline{Y})^2/N$ であるが，平均の推定で自由度が一つ減ることを考慮していないため偏りがある．不偏推定量は $\sum_{i=1}^{N}(Y_i-\overline{Y})^2/(N-1)$ である．

次に，経時データの場合の尤度について述べる．経時データでは，異なる対象者の測定値は独立と仮定するが，対象者内の測定値は独立ではない．線形混合効果モデルでは，2.1 節に示した仮定より，対象者 i の反応ベクトル $\mathbf{Y}_i$ の周辺分布は平均 $\mathbf{X}_i\boldsymbol{\beta}$，分散共分散行列 $\mathbf{V}_i$ の多変量正規分布であるため，確率密度関数は次式である．

$$f(\mathbf{Y}_1,\cdots,\mathbf{Y}_N)=\prod_{i=1}^{N}(2\pi)^{-\frac{n_i}{2}}|\mathbf{V}_i|^{-\frac{1}{2}}\exp\left\{\frac{-(\mathbf{Y}_i-\mathbf{X}_i\boldsymbol{\beta})^{\mathrm{T}}\mathbf{V}_i^{-1}(\mathbf{Y}_i-\mathbf{X}_i\boldsymbol{\beta})}{2}\right\}$$

ここで，$|\mathbf{V}_i|$ は $\mathbf{V}_i$ の行列式である．これより，対数尤度関数は次式となる．

$$l_{\mathrm{ML}}=-\frac{K}{2}\log(2\pi)-\frac{1}{2}\sum_{i=1}^{N}\log|\mathbf{V}_i|-\frac{1}{2}\sum_{i=1}^{N}(\mathbf{Y}_i-\mathbf{X}_i\boldsymbol{\beta})^{\mathrm{T}}\mathbf{V}_i^{-1}(\mathbf{Y}_i-\mathbf{X}_i\boldsymbol{\beta})$$

ここで，K はデータの総数 $\sum n_i$ である．l_{ML} はスカラーである．最尤法では，l_{ML} を最大化するパラメータを推定する．これは，l_{ML} をマイナス 2 倍した次の $-2 l l_{\mathrm{ML}}$ を最小化することと同値である．

$$-2 l l_{\mathrm{ML}}=K\log(2\pi)+\sum_{i=1}^{N}\log|\mathbf{V}_i|+\sum_{i=1}^{N}(\mathbf{Y}_i-\mathbf{X}_i\boldsymbol{\beta})^{\mathrm{T}}\mathbf{V}_i^{-1}(\mathbf{Y}_i-\mathbf{X}_i\boldsymbol{\beta})$$

分散成分の値が既知の場合，固定効果は次式で推定する．

$$\hat{\boldsymbol{\beta}}=\{\sum_{i=1}^{N}(\mathbf{X}_i^{\mathrm{T}}\mathbf{V}_i^{-1}\mathbf{X}_i)\}^{-}\sum_{i=1}^{N}(\mathbf{X}_i^{\mathrm{T}}\mathbf{V}_i^{-1}\mathbf{Y}_i) \qquad (2.4)$$

ここで，上付きの − は一般化逆行列を表す．一般化逆行列について 9.3 節に記載する．(2.4) 式を対数尤度関数に代入して固定効果のパラメータを除いた式から，分散共分散パラメータの最尤推定値を求める．分散共分散パラメータは通常

明示的に解けないため，反復計算が必要であり，ニュートン-ラフソン法や EM アルゴリズム（expectation-maximization algorithm），フィッシャーのスコアリング法などを用いる．固定効果の最尤推定値は分散成分の最尤推定値を次式に代入して得る．

$$\hat{\boldsymbol{\beta}} = \{\sum_{i=1}^{N}(\mathbf{X}_i^T\hat{\mathbf{V}}_i^{-1}\mathbf{X}_i)\}^{-}\sum_{i=1}^{N}(\mathbf{X}_i^T\hat{\mathbf{V}}_i^{-1}\mathbf{Y}_i) \qquad (2.5)$$

最尤法による分散成分の推定は，固定効果を推定する際の自由度の損失を考慮していないため偏りがある．このため，分散成分の不偏推定値の得られる制限付最尤法（restricted maximum likelihood method：REML）を用いる場合がある．REML の対数尤度関数は次式となる．

$$l_{\mathrm{REML}} = -\frac{K-p}{2}\log(2\pi) - \frac{1}{2}\sum_{i=1}^{N}\log|\mathbf{V}_i| - \frac{1}{2}\sum_{i=1}^{N}\log|\mathbf{X}_i^T\mathbf{V}_i^{-1}\mathbf{X}_i|$$
$$-\frac{1}{2}\sum_{i=1}^{N}(\mathbf{Y}_i-\mathbf{X}_i\hat{\boldsymbol{\beta}})^\mathrm{T}\mathbf{V}_i^{-1}(\mathbf{Y}_i-\mathbf{X}_i\hat{\boldsymbol{\beta}})$$

ここで，p は固定効果 $\boldsymbol{\beta}$ のパラメータ数であり，$\hat{\boldsymbol{\beta}}$ には (2.4) 式を代入する．REML は $\boldsymbol{\beta}$ に依存しない $\mathbf{Y}$ の線形結合である誤差対比の尤度関数を用いた分散成分の推定であり，residual maximum likelihood method（残差最尤法）の略とする場合もある．2.5 節にベクトル表現を用いて誤差対比について示す．

2.3.2 固定効果の推定値の分散

分散共分散パラメータが既知のとき，(2.4) 式の固定効果の推定値の分散共分散行列は次式となる．

$$\mathrm{Cov}(\hat{\boldsymbol{\beta}}) = \{\sum_{i=1}^{N}(\mathbf{X}_i^T\mathbf{V}_i^{-1}\mathbf{X}_i)\}^{-}\sum_{i=1}^{N}(\mathbf{X}_i^T\mathbf{V}_i^{-1}\mathrm{Var}(\mathbf{Y}_i)\mathbf{V}_i^{-1}\mathbf{X}_i)\{\sum_{i=1}^{N}(\mathbf{X}_i^T\mathbf{V}_i^{-1}\mathbf{X}_i)\}^{-}$$

$\mathbf{V}_i = \mathrm{Var}(\mathbf{Y}_i)$ のとき，$\mathrm{Cov}(\hat{\boldsymbol{\beta}}) = \{\sum_{i=1}^{N}(\mathbf{X}_i^T\mathbf{V}_i^{-1}\mathbf{X}_i)\}^{-}$ であり，分散共分散パラメータの推定値を代入した次式が用いられる．

$$\mathrm{Cov}(\hat{\boldsymbol{\beta}}) = \{\sum_{i=1}^{N}(\mathbf{X}_i^T\hat{\mathbf{V}}_i^{-1}\mathbf{X}_i)\}^{-}$$

この分散共分散行列は尤度に基づいているため，線形混合効果モデルの平均構造，分散共分散構造，および分布の仮定が正しいモデル化をする必要がある．分散共分散パラメータを推定することの不確かさを考慮していないため，実際の推定値のばらつきよりも過少推定となる．

$\mathbf{V}_i = \mathrm{Var}(\mathbf{Y}_i)$ を誤って特定した場合にも $\mathrm{Cov}(\hat{\boldsymbol{\beta}})$ の一致推定量が得られる．次のサンドイッチ推定量がしばしば用いられ，ロバスト分散と呼ばれる．

Cov($\hat{\beta}$)
$$= \{\sum_{i=1}^{N}(X_i^T V_i^{-1} X_i)\}^{-} \sum_{i=1}^{N}\{X_i^T V_i^{-1}(Y_i - X_i\hat{\beta})(Y_i - X_i\hat{\beta})^T V_i^{-1} X_i\}\{\sum_{i=1}^{N}(X_i^T V_i^{-1} X_i)\}^{-}$$

サンドイッチ推定量は，8.2節に示す一般化推定方程式で用いられる．

2.3.3 変量効果の予測

Y_i と b_i の同時分布は次の多変量正規分布となる．

$$\begin{pmatrix} Y_i \\ b_i \end{pmatrix} \sim \text{MVN}\left(\begin{pmatrix} X_i\beta \\ 0 \end{pmatrix}, \begin{pmatrix} Z_i G Z_i^T + R_i & Z_i G \\ G Z_i^T & G \end{pmatrix}\right)$$

これより，Y_i を与えたときの変量効果 b_i の条件付期待値は次式である．

$$E(b_i|Y_i) = G Z_i^T V_i^{-1}(Y_i - X_i\beta)$$

多変量正規分布の条件付期待値に関して9.5節に記載する．分散共分散パラメータが既知であれば，(2.4) 式の $\hat{\beta}$ は最良線形不偏推定量（best linear unbiased estimator：BLUE），$E(b_i|Y_i)$ は最良線形不偏予測子（best linear unbiased predictor：BLUP）である．b_i は確率ベクトルであるため推定ではなく予測という．最良とは線形不偏推定量（予測子）の中で最小誤差分散を持つことを意味する．分散共分散パラメータは未知であるため，その REML あるいは ML 推定値で置き換えた（2.5）式の $\hat{\beta}$ を経験 BLUE（empirical BLUE：EBLUE），$\hat{b}_i = G Z_i^T \hat{V}_i^{-1}(Y_i - X_i\hat{\beta})$ を経験 BLUP（empirical BLUP：EBLUP）と呼ぶ．これらは経験ベイズ法（empirical Bays）に基づく．

対象者 i の反応プロファイルの予測値 $\hat{Y}_i$ は，次式のように集団平均の推定値 $X_i\hat{\beta}$ と観測値 Y_i の重み付平均で表され，予測値は集団平均へシュリンク（縮約あるいは縮小）するという．

$$\hat{Y}_i = X_i\hat{\beta} + Z_i\hat{b}_i$$
$$= (\hat{R}_i \hat{V}_i^{-1}) X_i\hat{\beta} + (I_{n_i} - \hat{R}_i \hat{V}_i^{-1}) Y_i$$

シュリンケージの度合いは R_i と $V_i = Z_i G Z_i^T + R_i$ の相対的な大きさによる．個体内分散が個体間分散よりも相対的に大きいほど $X_i\hat{\beta}$ への重みが大きくなり，個体間分散が大きいほど Y_i への重みが大きくなる．また，対象者 i の測定数 n_i が小さいほどシュリンケージが大きくなる．同様に，対象者 i の変量効果の予測値 $\hat{b}_i$ は，固定効果の REML 推定値 $\hat{\beta}$ と対象者 i の観測値のみを用いた対応する最小二乗推定値 $\hat{\beta}_i^{\text{OLS}}$ の重み付平均で表される．特に，$X_i = Z_i$ で $R_i = \sigma^2 I_{n_i}$ のとき，$\hat{\beta}_i = \hat{\beta} + \hat{b}_i$ は次式となる．

$$\hat{\beta}_i = \hat{\beta} + \hat{b}_i$$

$$= \mathbf{W}_i \hat{\boldsymbol{\beta}}_i^{\mathrm{OLS}} + (\mathbf{I}_q - \mathbf{W}_i)\hat{\boldsymbol{\beta}}$$
$$\mathbf{W}_i = \mathbf{G}\{\mathbf{G} + \sigma^2(\mathbf{Z}_i^{\mathrm{T}}\mathbf{Z}_i)^{-1}\}^{-1}$$

個体間分散が個体内分散よりも相対的に大きいほど,$\hat{\boldsymbol{\beta}}_i$ は $\hat{\boldsymbol{\beta}}_i^{\mathrm{OLS}}$ に近くなる.一方,個体間分散が小さいとき,$\mathbf{b}_i$ は $\mathbf{0}$ に近づく.

2.3.4 モデルの適合度

モデルの適合度を表すいくつかの指標がある.赤池の情報量基準(Akaike's information criterion:AIC)およびシュワルツのベイズ情報量基準(Bayesian information criterion:BIC)はパラメータの増加にペナルティをおいた適合度の指標である.対数尤度の最大値を l,データの総数を K,固定効果と分散共分散のパラメータ数をそれぞれ p と q とする.ML では AIC$=-2l+2(p+q)$,BIC$=-2l+(p+q)\log K$ である.REML では AIC$=-2l+2q$,BIC$=-2l+q\log(K-p)$ である.

2.3.5 推定と検定

$\mathbf{L}$ を $1 \times p$ の対比ベクトルとし,$\mathbf{L}\boldsymbol{\beta}$ の推定を考える.対比の例を 2.1 節の例 2.4 に記載した.$\mathbf{L}\boldsymbol{\beta}$ は推定可能であると仮定する.推定量は $\mathbf{L}\hat{\boldsymbol{\beta}}$ で,両側 95% 信頼区間は次式となる.

$$\mathbf{L}\hat{\boldsymbol{\beta}} \pm t_{\nu(0.975)}\sqrt{\mathbf{L}\{\textstyle\sum_{i=1}^{N}(\mathbf{X}_i^{\mathrm{T}}\hat{\mathbf{V}}_i^{-1}\mathbf{X}_i)\}^{-}\mathbf{L}^{\mathrm{T}}}$$

ここで,$t_{\nu(0.975)}$ は自由度 ν の t 分布の上側 97.5 パーセント点である.対比ベクトルを用い,帰無仮説 $\mathbf{L}\boldsymbol{\beta}=\mathbf{0}$ の t 検定を行う.次の検定統計量は近似的に自由度 ν の t 分布に従う.

$$\frac{\mathbf{L}\hat{\boldsymbol{\beta}}}{\sqrt{\mathbf{L}\{\textstyle\sum_{i=1}^{N}(\mathbf{X}_i^{\mathrm{T}}\hat{\mathbf{V}}_i^{-1}\mathbf{X}_i)\}^{-}\mathbf{L}^{\mathrm{T}}}}$$

さらに,複数の対比の場合を考える.既知の $a \times p (p \geq q)$ のフルランクの行列 $\mathbf{L}$ を用いて,帰無仮説 $\mathbf{L}\boldsymbol{\beta}=\mathbf{0}$ の F 検定を行う.次の検定統計量は近似的に F 分布に従う.

$$\frac{\hat{\boldsymbol{\beta}}^{\mathrm{T}}\mathbf{L}^{\mathrm{T}}[\mathbf{L}\{\textstyle\sum_{i=1}^{N}(\mathbf{X}_i^{\mathrm{T}}\mathbf{V}_i^{-1}\mathbf{X}_i)\}^{-}\mathbf{L}^{\mathrm{T}}]^{-}\mathbf{L}\hat{\boldsymbol{\beta}}}{\mathrm{rank}(\mathbf{L})}$$

F 分布の分子の自由度は $\mathbf{L}$ のランク,rank($\mathbf{L}$) である.t 分布の自由度 ν および F 分布の分母の自由度(denominator degree of freedom:ddf)は通常近似により求める必要がある.サタスウェイトの近似をはじめ,いくつかの近似法があ

る．$q=1$ のとき F 検定統計量は t 検定統計量の 2 乗となる．自由度が無限大のとき，t 検定は標準正規分布による z 検定，F 検定は χ^2 検定となる．これらは Wald 検定である．Wald 検定は最尤推定値の近傍での対数尤度関数の 2 次式での近似に基づいた検定である．t 分布，χ^2 分布，F 分布に関して 9.5 節に記載する．

尤度比検定（likelihood ratio test）で帰無仮説 $\mathbf{L}\boldsymbol{\beta}=\mathbf{0}$ の検定を行うには，$\mathbf{L}\boldsymbol{\beta}=\mathbf{0}$ の制約をおいたモデルと制約をおいていないモデルを考える．前者を reduced モデル，後者を full モデルという．尤度比検定では，reduced モデルは full モデルの特別な場合である必要があり，これを包含（nested）されているという．それぞれの対数尤度の最大値の差の 2 倍である尤度比検定統計量は，帰無仮説のもとで自由度が二つのモデルのパラメータ数の差である χ^2 分布に従う．REML の場合は，誤差対比の尤度を用いており，固定効果が異なると誤差対比が変わるため，固定効果が異なるモデル間の比較は行えない．REML では，包含されている分散共分散構造間の尤度比検定を行うことはできる．前述の Wald 型の信頼区間とは別の方法として，尤度比に基づいた信頼区間を構成することもできる．

分散成分に関する検定は，いくつかの分散成分が 0 であるという帰無仮説が対立仮説のパラメータ空間の境界にあるため，標準的な検定とはならない．分散成分が 0 であるかの尤度比検定統計量の帰無仮説での分布は異なる自由度の χ^2 分布の混合分布となる．通常の χ^2 分布を用いると P 値は過大となり，帰無仮説は棄却されにくく，分散成分が 0 であるとされやすい．

2.4 多変量経時データ解析

複数の変数が相互に関連しながら変化する場合は，多変量経時データ解析（multivariate longitudinal data analysis）を行う．多変量線形混合効果モデルでは，変量効果に関連を持たせるアプローチと誤差に関連を持たせるアプローチがある．2.1 節に述べた 1 変量の線形混合効果モデルと同様，変量効果の選択と変量効果の分散共分散行列 $\mathbf{G}$ の構造によるアプローチと誤差の分散共分散行列 $\mathbf{R}_i$ の構造によるアプローチである．多変量自己回帰線形混合効果モデルによる多変量経時データ解析については 4.4 節に記載する．

変量効果に関連を持たせるアプローチでは，各変数の変量効果である傾き（単位時間当たりの変化）の相関がしばしば着目される．$Y_{ri,j}$ を対象者 i $(i=1,\cdots,N)$

の反応変数 $r(r=1,2)$ の時点 $j(j=1,\cdots,n_{ri})$ の反応とする．$t_{ri,j}$ を連続量としての時間とする．各変数の切片と時間に対する傾きを固定効果および変量効果とした2変量のモデルの例を示す．

$$\begin{pmatrix} Y_{1i,1} \\ \vdots \\ Y_{1i,n_{1i}} \\ Y_{2i,1} \\ \vdots \\ Y_{2i,n_{2i}} \end{pmatrix} = \begin{pmatrix} 1 & 0 & t_{1i,1} & 0 \\ \vdots & \vdots & \vdots & \vdots \\ 1 & 0 & t_{1i,n_{1i}} & 0 \\ 0 & 1 & 0 & t_{2i,1} \\ \vdots & \vdots & \vdots & \vdots \\ 0 & 1 & 0 & t_{2i,n_{2i}} \end{pmatrix} \begin{pmatrix} \beta_{1\,\text{int}} \\ \beta_{2\,\text{int}} \\ \beta_{1\,\text{slope}} \\ \beta_{2\,\text{slope}} \end{pmatrix} + \begin{pmatrix} 1 & 0 & t_{1i,1} & 0 \\ \vdots & \vdots & \vdots & \vdots \\ 1 & 0 & t_{1i,n_{1i}} & 0 \\ 0 & 1 & 0 & t_{2i,1} \\ \vdots & \vdots & \vdots & \vdots \\ 0 & 1 & 0 & t_{2i,n_{2i}} \end{pmatrix} \begin{pmatrix} b_{1\,\text{int}\,i} \\ b_{2\,\text{int}\,i} \\ b_{1\,\text{slope}\,i} \\ b_{2\,\text{slope}\,i} \end{pmatrix} + \begin{pmatrix} \varepsilon_{1i,1} \\ \vdots \\ \varepsilon_{1i,n_{1i}} \\ \varepsilon_{2i,1} \\ \vdots \\ \varepsilon_{2i,n_{2i}} \end{pmatrix}$$

$$\mathbf{G} = \text{Var}\begin{pmatrix} b_{1\,\text{int}\,i} \\ b_{2\,\text{int}\,i} \\ b_{1\,\text{slope}\,i} \\ b_{2\,\text{slope}\,i} \end{pmatrix} = \begin{pmatrix} \sigma^2_{1\text{int}} & \sigma_{1\text{int 2int}} & \sigma_{1\text{int 1s}} & \sigma_{1\text{int 2s}} \\ \sigma_{1\text{int 2int}} & \sigma^2_{2\text{int}} & \sigma_{2\text{int 1s}} & \sigma_{2\text{int 2s}} \\ \sigma_{1\text{int 1s}} & \sigma_{2\text{int 1s}} & \sigma^2_{1s} & \sigma_{1s\,2s} \\ \sigma_{1\text{int 2s}} & \sigma_{2\text{int 2s}} & \sigma_{1s\,2s} & \sigma^2_{2s} \end{pmatrix}$$

$$\mathbf{R}_i = \text{Var}\begin{pmatrix} \varepsilon_{1i,1} \\ \vdots \\ \varepsilon_{1i,n_{1i}} \\ \varepsilon_{2i,1} \\ \vdots \\ \varepsilon_{2i,n_{2i}} \end{pmatrix} = \begin{pmatrix} \sigma^2_1 \mathbf{I}_{n_{1i}} & \mathbf{0} \\ \mathbf{0} & \sigma^2_2 \mathbf{I}_{n_{2i}} \end{pmatrix}$$

この式は1変量のときの（2.1）式と同様に，次のように表すことができる

$$\begin{cases} \mathbf{Y}_i = \mathbf{X}_i \boldsymbol{\beta} + \mathbf{Z}_i \mathbf{b}_i + \boldsymbol{\varepsilon}_i \\ \mathbf{b}_i \sim \text{MVN}(\mathbf{0}, \mathbf{G}) \\ \boldsymbol{\varepsilon}_i \sim \text{MVN}(\mathbf{0}, \mathbf{R}_i) \end{cases}$$

変量効果 $\mathbf{b}_i = (b_{1\,\text{int}\,i}, b_{2\,\text{int}\,i}, b_{1\,\text{slope}\,i}, b_{2\,\text{slope}\,i})^T$ はそれぞれの変数の切片と傾きの四つで，平均ベクトル $\mathbf{0}$，4×4 の分散共分散行列 $\mathbf{G}$ の多変量正規分布に従うと仮定する．$\mathbf{G}$ は無構造（UN）を仮定している．二つの変数の傾きの共分散は σ_{1s2s} で，相関は $\sigma_{1s2s}/(\sigma_{1s}\sigma_{2s})$ である．一方の変数の変化が大きい対象者は他方の変数の変化も大きいかを表す．ここでは，誤差は独立であると仮定しており，分散共分散行列 $\mathbf{R}_i$ は対角行列であるが，相関を仮定することも可能である．1変量のときと同様，反応の分散共分散行列 $\text{Var}(\mathbf{Y}_i)$ は $\mathbf{V}_i = \mathbf{Z}_i \mathbf{G} \mathbf{Z}_i^T + \mathbf{R}_i$ である．

誤差によるアプローチでは，$\mathbf{R}_i$ に構造を仮定する．各変数の変量切片と連続時間の2変量 AR(1) を含めたモデル，変量効果と2変量 integrated Ornstein-

Uhlenbeck (IOU) プロセスと測定誤差を含めたモデル，離散時間の2変量 AR (1) などがある．この他，クロネッカー積によるアプローチがあり，無構造 (UN) と AR(1) のクロネッカー積の3時点の例を示す．

$$\begin{pmatrix} \sigma_1^2 & \sigma_{12} \\ \sigma_{12} & \sigma_2^2 \end{pmatrix} \otimes \begin{pmatrix} 1 & \rho & \rho^2 \\ \rho & 1 & \rho \\ \rho^2 & \rho & 1 \end{pmatrix} = \begin{pmatrix} \sigma_1^2 & \sigma_1^2\rho & \sigma_1^2\rho^2 & \sigma_{12} & \sigma_{12}\rho & \sigma_{12}\rho^2 \\ \sigma_1^2\rho & \sigma_1^2 & \sigma_1^2\rho & \sigma_{12}\rho & \sigma_{12} & \sigma_{12}\rho \\ \sigma_1^2\rho^2 & \sigma_1^2\rho & \sigma_1^2 & \sigma_{12}\rho^2 & \sigma_{12}\rho & \sigma_{12} \\ \sigma_{12} & \sigma_{12}\rho & \sigma_{12}\rho^2 & \sigma_2^2 & \sigma_2^2\rho & \sigma_2^2\rho^2 \\ \sigma_{12}\rho & \sigma_{12} & \sigma_{12}\rho & \sigma_2^2\rho & \sigma_2^2 & \sigma_2^2\rho \\ \sigma_{12}\rho^2 & \sigma_{12}\rho & \sigma_{12} & \sigma_2^2\rho^2 & \sigma_2^2\rho & \sigma_2^2 \end{pmatrix}$$

このほか，UN と CS, UN と UN のクロネッカー積がある．

異なる複数の変数を経時的に測定するのに対し，同じ変数を複数の条件で経時的に測定したものを repeated-series longitudinal data という．変量効果と誤差にベクトル AR(1) を含めたモデルがある．

2.5 ベクトル表現

2.1 節では線形混合効果モデルを対象者ごとの反応ベクトル Y_i を用いて示したが，全体の反応ベクトル $Y = (Y_1^T, \cdots, Y_N^T)^T$ を用いて表記することも多い．これに対応し，$X = (X_1^T, \cdots, X_N^T)^T$, $b = (b_1^T, \cdots, b_N^T)^T$, $\varepsilon = (\varepsilon_1^T, \cdots, \varepsilon_N^T)^T$ とする．Z は $Z_1, \cdots, Z_N$ を対角に並べ，その他の要素が0の行列とする．(2.1) 式は次式となる．

$$Y = X\beta + Zb + \varepsilon$$

$$\begin{pmatrix} Y_1 \\ Y_2 \\ \vdots \\ Y_N \end{pmatrix} = \begin{pmatrix} X_1 \\ X_2 \\ \vdots \\ X_N \end{pmatrix} \begin{pmatrix} \beta_1 \\ \beta_2 \\ \vdots \\ \beta_p \end{pmatrix} + \begin{pmatrix} Z_1 & 0 & \cdots & 0 \\ 0 & Z_2 & & 0 \\ \vdots & & \ddots & \\ 0 & 0 & & Z_N \end{pmatrix} \begin{pmatrix} b_1 \\ b_2 \\ \vdots \\ b_N \end{pmatrix} + \begin{pmatrix} \varepsilon_1 \\ \varepsilon_2 \\ \vdots \\ \varepsilon_N \end{pmatrix}$$

分散共分散行列 $V = \mathrm{Var}(Y)$, $G_A = \mathrm{Var}(b)$ および $R = \mathrm{Var}(\varepsilon)$ を次のように行列表記する．ここで，$G_i = G$ とする．$V = ZG_AZ^T + R$ である．

$$V = \mathrm{diag}(V_i) = \begin{pmatrix} V_1 & 0 & \cdots & 0 \\ 0 & V_2 & & 0 \\ \vdots & & \ddots & \\ 0 & 0 & & V_N \end{pmatrix}$$

$$\mathbf{G}_A = \mathrm{diag}(\mathbf{G}_i) = \begin{pmatrix} \mathbf{G}_1 & 0 & \cdots & 0 \\ 0 & \mathbf{G}_2 & & 0 \\ \vdots & & \ddots & \\ 0 & 0 & & \mathbf{G}_N \end{pmatrix} = \begin{pmatrix} \mathbf{G} & 0 & \cdots & 0 \\ 0 & \mathbf{G} & & 0 \\ \vdots & & \ddots & \\ 0 & 0 & & \mathbf{G} \end{pmatrix}$$

$$\mathbf{R} = \mathrm{diag}(\mathbf{R}_i) = \begin{pmatrix} \mathbf{R}_1 & 0 & \cdots & 0 \\ 0 & \mathbf{R}_2 & & 0 \\ \vdots & & \ddots & \\ 0 & 0 & & \mathbf{R}_N \end{pmatrix}$$

2.3節の l_{ML}, l_{REML}, $\hat{\boldsymbol{\beta}}$, $\mathrm{Cov}(\hat{\boldsymbol{\beta}})$, $\hat{\mathbf{b}}$ は次のように表される.

$$l_{\mathrm{ML}} = -\frac{K}{2}\log(2\pi) - \frac{1}{2}\log|\mathbf{V}| - \frac{1}{2}(\mathbf{Y}-\mathbf{X}\boldsymbol{\beta})^{\mathrm{T}}\mathbf{V}^{-1}(\mathbf{Y}-\mathbf{X}\boldsymbol{\beta})$$

$$l_{\mathrm{REML}} = -\frac{K-p}{2}\log(2\pi) - \frac{1}{2}\log|\mathbf{V}| - \frac{1}{2}\log|\mathbf{X}^{\mathrm{T}}\mathbf{V}^{-1}\mathbf{X}| - \frac{1}{2}(\mathbf{Y}-\mathbf{X}\hat{\boldsymbol{\beta}})^{\mathrm{T}}\mathbf{V}^{-1}(\mathbf{Y}-\mathbf{X}\hat{\boldsymbol{\beta}})$$

$$\hat{\boldsymbol{\beta}} = (\mathbf{X}^{\mathrm{T}}\mathbf{V}^{-1}\mathbf{X})^{-}\mathbf{X}^{\mathrm{T}}\mathbf{V}^{-1}\mathbf{Y}$$

$$\mathrm{Cov}(\hat{\boldsymbol{\beta}}) = (\mathbf{X}^{\mathrm{T}}\mathbf{V}^{-1}\mathbf{X})^{-}$$

$$\hat{\mathbf{b}} = \hat{\mathbf{G}}_A \mathbf{Z}^{\mathrm{T}} \hat{\mathbf{V}}^{-1}(\mathbf{Y}-\mathbf{X}\hat{\boldsymbol{\beta}})$$

2.3節の $\hat{\boldsymbol{\beta}}$ と $\hat{\mathbf{b}}_i$ は次の混合モデル方程式 (mixed model equation) から求めることもできる.

$$\begin{pmatrix} \mathbf{X}^{\mathrm{T}}\hat{\mathbf{R}}^{-1}\mathbf{X} & \mathbf{X}^{\mathrm{T}}\hat{\mathbf{R}}^{-1}\mathbf{Z} \\ \mathbf{Z}^{\mathrm{T}}\hat{\mathbf{R}}^{-1}\mathbf{X} & \mathbf{Z}^{\mathrm{T}}\hat{\mathbf{R}}^{-1}\mathbf{Z} + \hat{\mathbf{G}}_A^{-1} \end{pmatrix} \begin{pmatrix} \hat{\boldsymbol{\beta}} \\ \hat{\mathbf{b}} \end{pmatrix} = \begin{pmatrix} \mathbf{X}^{\mathrm{T}}\hat{\mathbf{R}}^{-1}\mathbf{Y} \\ \mathbf{Z}^{\mathrm{T}}\hat{\mathbf{R}}^{-1}\mathbf{Y} \end{pmatrix}$$

2.3.1項のREMLで述べた誤差対比について述べる. $\mathbf{K}$ を $\mathbf{K}^{\mathrm{T}}\mathbf{X}=\mathbf{0}$ を満たす, $K \times (K-p)$ のフルランク行列とする. $\mathbf{K}^{\mathrm{T}}\mathbf{Y}$ は誤差対比と呼ばれ,平均ベクトル $\mathbf{0}$,分散共分散行列が $\mathbf{K}^{\mathrm{T}}\mathbf{V}\mathbf{K}$ の多変量正規分布に従い,$\boldsymbol{\beta}$ に依存しない. $\mathbf{K}^{\mathrm{T}}\mathbf{Y}$ の対数尤度関数は l_{REML} である.

2.6 例 題

仮想データを用いた実際の解析例を紹介する.統計ソフトウェアSASのプログラム例は9.10節に示す.実薬群とコントロール群の2群での無作為化比較試験を想定している.各群8名ずつベースラインを含む4時点の測定を行ったとする.各対象者の観測値を示す.

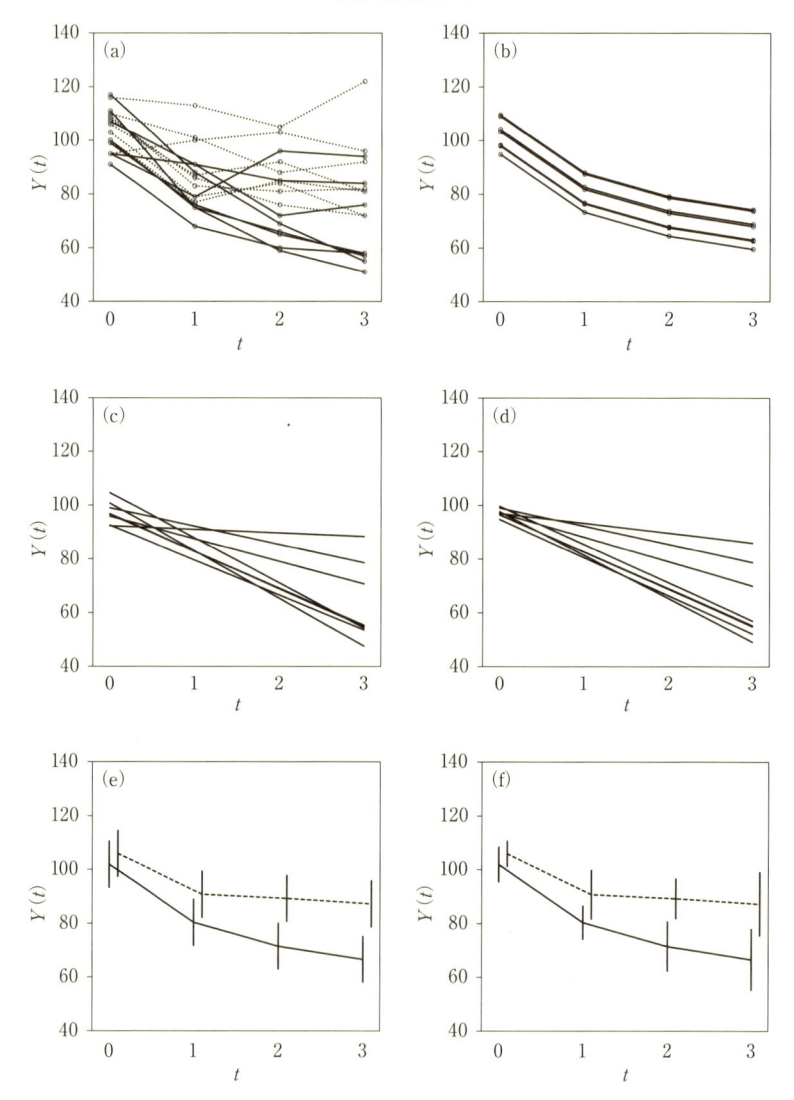

図 2.2 線形混合効果モデルの例題

(a) 仮想データの実薬群(実線)とコントロール群(点線)の推移,(b) 実薬群の時点平均で切片が変量のモデル,(c) 実薬群の時間の1次式で切片と傾きが変量のモデル(変量間に相関有),(d) 実薬群の時間の1次式で切片と傾きが変量のモデル(変量間に相関無),(e) 変量切片のモデルによる時点平均と 95% 信頼区間,(f) 分散共分散行列が各群異なる無構造(UN)のモデルによる時点平均と 95% 信頼区間.

実薬群	95	91	72	76	111	75	59	51	95	79	96	94	91	68	60	58
	107	91	85	84	100	75	66	57	99	76	65	58	117	88	69	55
コントロール群	110	101	88	92	106	87	92	81	108	86	76	72	109	83	81	82
	116	113	105	122	95	100	103	96	100	77	85	81	103	79	84	72

各対象者の推移を図 2.2(a) に示す．対象者 i ($i=1,\cdots,16$) の時点 j ($j=1, 2, 3, 4$) の反応を Y_{ij} とする．連測量の説明変数である時間 t_{ij} は $(t_{i1}, t_{i2}, t_{i3}, t_{i4}) = (0, 1, 2, 3)$ とする．実薬群の各時点の算術平均と標準誤差 (SE)，分散共分散行列，相関行列の推定値を示す．

$(\overline{Y_1}, \overline{Y_2}, \overline{Y_3}, \overline{Y_4}) = (101.9, 80.4, 71.5, 66.6)$
$(SE_1, SE_2, SE_3, SE_4) = (3.2, 3.0, 4.5, 5.6)$

$$\text{Var}(\mathbf{Y}_i) = \begin{pmatrix} 80.4 & 30.6 & -14.4 & -49.3 \\ 30.6 & 73.7 & 51.9 & 62.6 \\ -14.4 & 51.9 & 164.3 & 191.8 \\ -49.3 & 62.6 & 191.8 & 251.4 \end{pmatrix}, \quad \mathbf{Corr}_i = \begin{pmatrix} 1 & 0.40 & -0.12 & -0.35 \\ 0.40 & 1 & 0.47 & 0.46 \\ -0.12 & 0.47 & 1 & 0.94 \\ -0.35 & 0.46 & 0.94 & 1 \end{pmatrix}$$

コントロール群の各時点の算術平均と標準誤差，分散共分散行列，相関行列の推定値を示す．

$(\overline{Y_1}, \overline{Y_2}, \overline{Y_3}, \overline{Y_4}) = (105.9, 90.8, 89.3, 87.3)$
$(SE_1, SE_2, SE_3, SE_4) = (2.3, 4.5, 3.6, 5.8)$

$$\text{Var}(\mathbf{Y}_i) = \begin{pmatrix} 42.13 & 35.3 & -1.25 & 43.9 \\ 35.3 & 158.5 & 100.2 & 186.4 \\ -1.25 & 100.2 & 105.1 & 142.4 \\ 43.9 & 186.4 & 142.4 & 268.2 \end{pmatrix}, \quad \mathbf{Corr}_i = \begin{pmatrix} 1 & 0.43 & -0.02 & 0.41 \\ 0.43 & 1 & 0.78 & 0.90 \\ -0.02 & 0.78 & 1 & 0.84 \\ 0.41 & 0.90 & 0.84 & 1 \end{pmatrix}$$

2.6.1 単群の時点平均のモデル

理解を容易にするため，まず実薬群のみでの解析例を示す．2.1節の例2.1の(2.2) 式に示した時点平均と変量切片の次のモデルを当てはめる．

$$Y_{ij} = \mu_j + b_i + \varepsilon_{ij}$$

変量切片 b_i の分散の制限付最尤推定値は $\hat{\sigma}_G^2 = 45.5$，誤差 ε_{ij} の分散は $\hat{\sigma}_\varepsilon^2 = 96.9$ である．分散パラメータの推定値より $\mathbf{V}_i = \text{Var}(\mathbf{Y}_i)$ の推定値は次の行列となる．

$$\hat{\mathbf{V}}_i = \mathbf{Z}_i \mathbf{G} \mathbf{Z}_i^T + \hat{\mathbf{R}}_i = \begin{pmatrix} 1 \\ 1 \\ 1 \end{pmatrix} 45.5 (1\ 1\ 1) + 96.9 \begin{pmatrix} 1 & 0 & 0 \\ 0 & 1 & 0 \\ 0 & 0 & 1 \end{pmatrix} = \begin{pmatrix} 142.5 & 45.5 & 45.5 & 45.5 \\ 45.5 & 142.5 & 45.5 & 45.5 \\ 45.5 & 45.5 & 142.5 & 45.5 \\ 45.5 & 45.5 & 45.5 & 142.5 \end{pmatrix}$$

平均の推定値は $\hat{\boldsymbol{\beta}} = \{\sum_{i=1}^{N}(\mathbf{X}_i^T\hat{\mathbf{V}}_i^{-1}\mathbf{X}_i)\}^{-}\sum_{i=1}^{N}(\mathbf{X}_i^T\hat{\mathbf{V}}_i^{-1}\mathbf{Y}_i)$ より次の値となる.

$$(\hat{\mu}_1, \hat{\mu}_2, \hat{\mu}_3, \hat{\mu}_4) = (101.9, 80.4, 71.5, 66.6)$$

この例の場合,欠測がなくバランスデータであるため時点平均の推定値は分散共分散構造の仮定によって変わらず,上述の算術平均に等しい.各時点平均の標準誤差は $\mathrm{Cov}(\hat{\boldsymbol{\beta}}) = \{\sum_{i=1}^{N}(\mathbf{X}_i^T\hat{\mathbf{V}}_i^{-1}\mathbf{X}_i)\}^{-}$ の対角要素の平方根より 4.2 で,分散共分散構造の仮定より時点間で等しい.各対象者の変量切片は $\hat{\mathbf{b}}_i = \hat{\mathbf{G}}\mathbf{Z}_i^T\hat{\mathbf{V}}_i^{-1}(\mathbf{Y}_i - \mathbf{X}_i\hat{\boldsymbol{\beta}})$ より予測する.8名の対象者の変量効果の予測値を示す.

$$(\hat{b}_1, \cdots, \hat{b}_8) = (2.2, -4.0, 7.1, -7.1, 7.6, -3.7, -3.7, 1.4)$$

予測値 $\hat{Y}_{ij} = \hat{\mu}_j + \hat{b}_i$ の推移を図 2.2(b) に示す.変量切片を仮定した場合,各対象者の予測値の推移は平行である.

次に固定効果は時点平均で,変量効果を含まない次のモデルで,誤差の分散共分散行列 $\mathbf{R}_i$ に構造をいくつか仮定する.

$$Y_{ij} = \mu_j + \varepsilon_{ij}$$

まず,$\mathbf{R}_i$ に無構造 (UN) を仮定する.$\mathbf{R}_i$ の推定値 $\hat{\mathbf{R}}_{\mathrm{UN}i}$ とその相関行列 $\hat{\mathbf{Corr}}_{\mathrm{UN}i}$ は前述の分散共分散行列 $\mathrm{Var}(\mathbf{Y}_i)$ と相関行列 $\mathbf{Corr}_i$ に等しい.分散共分散のパラメータ数は $4+3+2+1=10$ と多い.この場合,欠測がなくバランスデータであるため時点平均の推定値は変わらない.また,各時点平均の標準誤差の推定値は時点により異なり,前述の標準誤差に等しい.

次に $\mathbf{R}_i$ に CS を仮定した場合の推定値を示す.これは,最初の変量切片と独立等分散の構造を仮定したモデルと同値である.

$$\hat{\mathbf{R}}_{\mathrm{CS}i} = 142.5\begin{pmatrix} 1 & 0.32 & 0.32 & 0.32 \\ 0.32 & 1 & 0.32 & 0.32 \\ 0.32 & 0.32 & 1 & 0.32 \\ 0.32 & 0.32 & 0.32 & 1 \end{pmatrix}, \quad \hat{\mathbf{Corr}}_{\mathrm{CS}i} = \begin{pmatrix} 1 & 0.32 & 0.32 & 0.32 \\ 0.32 & 1 & 0.32 & 0.32 \\ 0.32 & 0.32 & 1 & 0.32 \\ 0.32 & 0.32 & 0.32 & 1 \end{pmatrix}$$

相関は $\hat{\rho} = 0.32$ である.

次に $\mathbf{R}_i$ に AR(1) を仮定した場合の推定値を示す.

$$\hat{\mathbf{R}}_{\mathrm{AR}i} = \begin{pmatrix} 150.3 & 106.2 & 75.0 & 53.0 \\ 106.2 & 150.3 & 106.2 & 75.0 \\ 75.0 & 106.2 & 150.3 & 106.2 \\ 53.0 & 75.0 & 106.2 & 150.3 \end{pmatrix}, \quad \hat{\mathbf{Corr}}_{\mathrm{AR}i} = \begin{pmatrix} 1 & 0.71 & 0.50 & 0.35 \\ 0.71 & 1 & 0.71 & 0.50 \\ 0.50 & 0.71 & 1 & 0.71 \\ 0.35 & 0.50 & 0.71 & 1 \end{pmatrix}$$

相関のパラメータは $\hat{\rho} = 0.71$ であり,s 時点離れた反応間の相関は $\hat{\rho}^s = 0.71^s$ で,減衰していく.各時点平均の標準誤差は分散共分散構造の仮定より時点間で

等しく，4.3である．

さて，このデータの特徴として，時点で分散が異なるようである．そこで，相関構造は CS で分散が時点間で異なる heterogeneous な不等分散の CS（CSH）を $\mathbf{R}_i$ に仮定した場合の推定値を示す．

$$\hat{\mathbf{R}}_{\mathrm{CSH}i}=\begin{pmatrix}100.8 & 26.8 & 39.9 & 50.3\\ 26.8 & 68.4 & 32.8 & 41.5\\ 39.9 & 32.8 & 151.6 & 61.7\\ 50.3 & 41.5 & 61.7 & 241.7\end{pmatrix}, \quad \hat{\mathbf{Corr}}_{\mathrm{CSH}i}=\begin{pmatrix}1 & 0.32 & 0.32 & 0.32\\ 0.32 & 1 & 0.32 & 0.32\\ 0.32 & 0.32 & 1 & 0.32\\ 0.32 & 0.32 & 0.32 & 1\end{pmatrix}$$

相関は $\hat{\rho}=0.32$ である．分散共分散のパラメータ数は $4+1=5$ である．各時点平均の標準誤差の推定値は $(3.6, 2.9, 4.4, 5.5)$ である．

相関構造は AR(1) で分散が時点間で異なる不等分数の AR(1)（ARH(1)）を $\mathbf{R}_i$ に仮定した場合の推定値を示す．

$$\hat{\mathbf{R}}_{\mathrm{ARH}i}=\begin{pmatrix}105.4 & 67.8 & 53.7 & 40.1\\ 67.8 & 101.1 & 80.0 & 59.8\\ 53.7 & 80.0 & 146.7 & 109.7\\ 40.1 & 59.8 & 109.7 & 190.0\end{pmatrix}, \quad \hat{\mathbf{Corr}}_{\mathrm{ARH}i}=\begin{pmatrix}1 & 0.66 & 0.43 & 0.28\\ 0.66 & 1 & 0.66 & 0.43\\ 0.43 & 0.66 & 1 & 0.66\\ 0.28 & 0.43 & 0.66 & 1\end{pmatrix}$$

相関のパラメータは $\hat{\rho}=0.66$ である．分散共分散のパラメータ数は $4+1=5$ である．各時点平均の標準誤差の推定値は $(3.6, 3.6, 4.3, 4.9)$ である．

UN, CS, AR(1), CSH, ARH(1) それぞれの分散共分散のパラメータの数は 10, 2, 2, 5, 5 である．それぞれの REML の -2 対数尤度（$-2ll_{\mathrm{REML}}$）は 194.4, 223.2, 213.6, 219.8, 212.5，赤池の情報量基準（AIC）は 214.4, 227.2, 217.6, 229.8, 222.5，シュワルツのベイズ情報量基準（BIC）は 215.2, 227.4, 217.8, 230.2, 222.9 である．AIC と BIC はパラメータの増加にペナルティをおいた適合度の指標であり，どちらの基準も値が小さいほど当てはまりが良い検討した構造の中ではパラメータ数の多い無構造（UN）が最も当てはまりが良く，次に AR(1) が良い．不等分散を仮定しても改善はみられず，CS や AR(1) の相関ではうまくデータを表せていないと考えられる．

2.6.2　単群の時間の 1 次式のモデル

次に実薬群のみで，2.1 節の例 2.2 の (2.3) 式に示した時間の 1 次式で，変量効果を切片と傾きとした次のモデルを考える．

$$Y_{ij}=(\beta_0+b_{0i})+(\beta_1+b_{1i})t_{ij}+\varepsilon_{ij}$$

変量効果の分散共分散行列 **G** は無構造（UN），誤差は独立等分散を仮定する．後で，異なる固定効果のモデルを比較するため，ここでは最尤法を用いる．誤差の分散の推定値は $\hat{\sigma}_\varepsilon^2 = 53.1$ である．**G** およびその相関行列 **Gcorr** の推定値を示す．

$$\hat{\mathbf{G}} = \begin{pmatrix} 31.4 & -19.7 \\ -19.7 & 33.6 \end{pmatrix}, \quad \hat{\mathbf{Gcorr}} = \begin{pmatrix} 1 & -0.61 \\ -0.61 & 1 \end{pmatrix}$$

反応の分散共分散行列 $\mathbf{V}_i = \mathrm{Var}(\mathbf{Y}_i)$ とその相関行列 $\mathbf{Vcorr}_i$ の推定値を示す．

$$\hat{\mathbf{V}}_i = \mathbf{Z}_i \hat{\mathbf{G}} \mathbf{Z}_i^\mathrm{T} + \hat{\mathbf{R}}_i = \begin{pmatrix} 1 & 0 \\ 1 & 1 \\ 1 & 2 \\ 1 & 3 \end{pmatrix} \begin{pmatrix} 31.4 & -19.7 \\ -19.7 & 33.6 \end{pmatrix} \begin{pmatrix} 1 & 1 & 1 & 1 \\ 0 & 1 & 2 & 3 \end{pmatrix} + 53.1 \begin{pmatrix} 1 & 0 & 0 & 0 \\ 0 & 1 & 0 & 0 \\ 0 & 0 & 1 & 0 \\ 0 & 0 & 0 & 1 \end{pmatrix}$$

$$\hat{\mathbf{V}}_i = \begin{pmatrix} 84.4 & 11.6 & -8.1 & -27.8 \\ 11.6 & 78.6 & 39.4 & 53.2 \\ -8.1 & 39.4 & 139.9 & 134.3 \\ -27.8 & 53.2 & 134.3 & 268.5 \end{pmatrix}, \quad \hat{\mathbf{Vcorr}}_i = \begin{pmatrix} 1 & 0.14 & -0.07 & -0.18 \\ 0.14 & 1 & 0.38 & 0.37 \\ -0.07 & 0.38 & 1 & 0.69 \\ -0.18 & 0.37 & 0.69 & 1 \end{pmatrix}$$

固定効果 β_0 と β_1 それぞれについて，推定値とその標準誤差（SE），95%信頼区間，固定効果が0であるかどうかのt検定のt値とP値を示す．

$\hat{\beta}_0 = 97.3, \quad \mathrm{SE} = 2.9, \quad 95\%\mathrm{CI} = (90.4, 104.2), \quad \mathrm{t} = 33.24, \quad \mathrm{P} < 0.0001$

$\hat{\beta}_1 = -11.5, \quad \mathrm{SE} = 2.4, \quad 95\%\mathrm{CI} = (-17.0, -5.9), \quad \mathrm{t} = -4.88, \quad \mathrm{P} = 0.0018$

8名の対象者の変量効果の予測値を次に示す．

$$\hat{\mathbf{b}}^\mathrm{T} = \begin{pmatrix} \hat{b}_{01} & \cdots & \hat{b}_{08} \\ \hat{b}_{11} & \cdots & \hat{b}_{18} \end{pmatrix} = \begin{pmatrix} -1.4 & 3.5 & -5.0 & -4.8 & 1.7 & -0.5 & -0.8 & 7.3 \\ 3.1 & -6.3 & 10.1 & -1.5 & 4.7 & -2.5 & -2.3 & -5.3 \end{pmatrix}$$

反応の予測値 $\hat{Y}_{ij} = (\hat{\beta}_0 + \hat{b}_{0i}) + (\hat{\beta}_1 + \hat{b}_{1i}) t_{ij}$ の推移を図2.2(c)に示す．

次に，切片と傾きの変量効果は無相関であると仮定し，その分散共分散行列 **G** は無構造（UN）ではなく，対角行列とする．**G** の推定値を示す．

$$\hat{\mathbf{G}} = \begin{pmatrix} 9.4 & 0 \\ 0 & 21.7 \end{pmatrix}$$

誤差の分散の推定値は $\hat{\sigma}_\varepsilon^2 = 62.2$ である．反応の分散共分散行列とその相関行列を示す．

$$\hat{\mathbf{V}}_i = \mathbf{Z}_i \hat{\mathbf{G}} \mathbf{Z}_i^\mathrm{T} + \hat{\mathbf{R}}_i = \begin{pmatrix} 1 & 0 \\ 1 & 1 \\ 1 & 2 \\ 1 & 3 \end{pmatrix} \begin{pmatrix} 9.4 & 0 \\ 0 & 21.7 \end{pmatrix} \begin{pmatrix} 1 & 1 & 1 & 1 \\ 0 & 1 & 2 & 3 \end{pmatrix} + 62.2 \begin{pmatrix} 1 & 0 & 0 & 0 \\ 0 & 1 & 0 & 0 \\ 0 & 0 & 1 & 0 \\ 0 & 0 & 0 & 1 \end{pmatrix}$$

$$\hat{\mathbf{V}}_i = \begin{pmatrix} 71.6 & 9.4 & 9.4 & 9.4 \\ 9.4 & 93.3 & 52.9 & 74.6 \\ 9.4 & 52.9 & 158.5 & 139.8 \\ 9.4 & 74.6 & 139.8 & 267.2 \end{pmatrix}, \quad \hat{\mathbf{V}}\mathbf{corr}_i = \begin{pmatrix} 1 & 0.12 & 0.09 & 0.07 \\ 0.12 & 1 & 0.43 & 0.47 \\ 0.09 & 0.43 & 1 & 0.68 \\ 0.07 & 0.47 & 0.68 & 1 \end{pmatrix}$$

固定効果 β_0 と β_1 それぞれについて,推定値とその標準誤差(SE),95%信頼区間,固定効果が0であるかどうかのt検定のt値とP値を示す.

$\hat{\beta}_0 = 97.3$, SE $= 2.6$, 95%CI $= (91.2, 103.4)$, t $= 37.81$, P < 0.0001

$\hat{\beta}_1 = -11.5$, SE $= 2.1$, 95%CI $= (-16.3, -6.6)$, t $= -5.55$, P $= 0.0009$

予測値 $\hat{Y}_{ij} = (\hat{\beta}_0 + \hat{b}_{0i}) + (\hat{\beta}_1 + \hat{b}_{1i}) t_{ij}$ の推移を図2.2(d)に示す.

時点平均とUN,時点平均と変量切片,時間の1次式で切片と傾きを変量とし変量に相関ありとしたモデル,時間の1次式で切片と傾きを変量とし変量に相関なしとしたモデル,それぞれの固定効果のパラメータの数は4,4,2,2,分散共分散のパラメータの数は10,2,4,3である.それぞれの -2 対数尤度 ($-2ll_{\mathrm{ML}}$) は208.4,241.4,238.1,239.2,赤池の情報量基準(AIC)は236.4,253.4,250.1,249.2,シュワルツのベイズ情報量基準(BIC)は237.5,253.8,250.6,249.6である.時間の1次式よりも時点平均でUNを仮定した方が,パラメータの数が多いことを考慮しても当てはまりが良い.2.6.1項と合わせて,時点平均でUNを仮定した場合が最も良い.ただし,この例題は4時点と時点数が少ないが,他の構造に比べてUNでは時点数が増えるに従いパラメータの数が大きく増える.例えば,5時点の場合にはUNの分散共分散のパラメータの数は15で,4時点の場合に比べて五つ増える.

2.6.3 群間比較

2.1節の例2.3に示した時間の1次式のモデルによる群間比較を行う.実薬群は $x_i = 1$,コントロール群は $x_i = 0$ とし,連続変数としての時間と群の主効果および群と時間の交互作用を含めた次のモデルを考える.

$$Y_{ij} = (\beta_0 + \beta_{x0} x_i + b_{0i}) + (\beta_1 + \beta_{x1} x_i + b_{1i}) t_{ij} + \varepsilon_{ij}$$

変量効果の分散共分散行列 $\mathbf{G}$ は無構造(UN),誤差は独立等分散を仮定し,群間で等しいとする.異なる固定効果のモデルを比較するため,ここでは最尤法を用いる.誤差の分散の推定値は $\hat{\sigma}_\varepsilon^2 = 56.4$ である.$\mathbf{G}$ およびその相関行列 $\mathbf{Gcorr}$ の推定値を示す.

$$\hat{G}=\begin{pmatrix}11.2 & 1.5\\ 1.5 & 19.7\end{pmatrix}, \quad \hat{Gcorr}=\begin{pmatrix}1 & 0.10\\ 0.10 & 1\end{pmatrix}$$

固定効果 β_0, β_{x0}, β_1, β_{x1} それぞれについて，推定値とその標準誤差（SE），95％信頼区間，固定効果が0であるかどうかのt検定のt値とP値を示す．

$\hat{\beta}_0=101.9$, SE$=2.5$, 95％CI$=(96.5, 107.3)$, t$=40.47$, P<0.0001

$\hat{\beta}_{x0}=-4.6$, SE$=3.6$, 95％CI$=(-11.9, 2.7)$, t$=-1.29$, P$=0.2056$

$\hat{\beta}_1=-5.7$, SE$=2.0$, 95％CI$=(-10.0, -1.5)$, t$=-2.92$, P$=0.0113$

$\hat{\beta}_{x1}=-5.7$, SE$=2.8$, 95％CI$=(-11.4, -0.1)$, t$=-2.06$, P$=0.0478$

$\hat{\beta}_{x1}$ は傾きの交互作用で，群間で傾きは有意に異なり，実薬群の方が減少が大きい．

次に2.1節の例2.4に示した時点平均のモデルによる群間比較を行う．離散変数としての時間と群の主効果およびその交互作用のモデルを考える．これは各群の時点平均を当てはめたモデルと同じである．群 g（実薬群は $g=1$，コントロール群は $g=2$）の時点 j の平均を μ_{gj} とする．変量切片と独立等分散の誤差を仮定した次のモデルを当てはめる．

$$Y_{ij}=\mu_{gj}+b_i+\varepsilon_{ij}$$

変量切片の分散の最尤推定値は $\hat{\sigma}_c^2=56.9$，誤差の分散は $\hat{\sigma}_\varepsilon^2=68.2$ である．バランスドデータであるため，各群の時点平均の推定値は2.6節の最初に示した算術平均に等しい．時点平均のSEは4.0である．時間と群の交互作用のF検定のF値は3.29，P値は0.0296で有意である．このモデルに基づく時点平均と95％信頼区間を図2.2(e)に示す．モデルの仮定より，信頼区間の広さは群や時点によらず等しい．

最後に比較のため，分散共分散構造に各群異なるUNを仮定したモデルに基づく時点平均と95％信頼区間を図2.2(f)に示す．これは2.6節の最初に示した各群の Var(Y_i) に対応する．UNを用いる際，各群同じパラメータであると仮定することも多い．

時間の1次式で切片と傾きを変量としたモデル，時点平均と変量切片のモデル，時点平均と各群同じUNのモデル，時点平均と各群異なるUNのモデル，それぞれの固定効果のパラメータの数は4, 8, 8, 8，共分散パラメータの数は4, 2, 10, 20である．それぞれのMLの -2 対数尤度（$-2ll_{\mathrm{ML}}$）は473.7, 475.3, 438.3, 414.4．赤池の情報量基準（AIC）は489.7, 495.3, 474.3, 470.4．シュ

ワルツのベイズ情報量基準（BIC）は 495.9，503.1，488.2，492.1 である．時間の 1 次式や時点平均で変量切片を仮定するよりも時点平均で UN を仮定した方が当てはまりが良い．ただし，時点数が増えるに従い UN のパラメータ数は増え，2 群間で異なるとした場合は同じとした場合の 2 倍で，4 時点であってもパラメータ数は 20 となる．

2.7 関連文献と出典

経時データ解析に関する書籍は，Diggle et al. (1994, 1 版)，Diggle et al. (2002, 2 版)，Dwyer et al. eds. (1992)，Fitzmaurice et al. (2004, 1 版)，Fitzmaurice et al. eds. (2009)，Fitzmaurice et al. (2011, 2 版)，藤越（2009），藤越ほか（2008），Gregoire et al. eds. (1997)，Hand and Crowder (1996)，Jones (1993)，Laird (2004)，Littell et al. (1996, 1 版)，Littell et al. (2006, 2 版)，Verbeke and Molenberghs eds. (1997)，Vonesh (2012)，Zimmerman and Núñez-Antón (2010) など 1990 年代から現在まで多数出版されている．宮原・丹後編（1995），丹後・上坂編（1995）にも経時データ解析に関する記載がある．Wu and Zhang (2006) はノンパラメトリック回帰による経時データ解析の書籍である．回帰分析における変数変換は佐和（1979）に記載されている．

1980 年代には，線形混合効果モデルに関する Laird and Ware (1982) や Jennrich and Schluchter (1986) などのいくつかの基本的な論文が発表された．分散共分散構造に関連して，ante-dependence は Kenward (1987)，連続型時間の系列相関は Jones (1993)，IOU プロセスは Taylor et al. (1994) および Taylor and Law (1998)，2 変量の IOU プロセスは Sy et al. (1997)，変量効果，系列相関，独立誤差を同時に考慮した構造は Diggle (1988)，Heitjan (1991)，Jones (1993)，Funatogawa et al. (2007a) を参照されたい．2.3.3 項のシュリンケージについては Fitzmaurice et al. (2011)，2.3.5 項の分散成分の検定については Verbeke and Molenberghs eds. (1997) を参照されたい．

2.4 節で 2 変量経時データについて述べたが，解析事例として，慢性腎不全患者での GFR（glomerular filtration rate）と血清クレアチニンの逆数（Schluchter, 1990），慢性閉塞性肺疾患（chronic obstructive pulmonary disease：COPD）での呼吸機能の指標である FEV1（forced expiratory volume in 1 second）と FRC（functional residual capacity）（Zucker et al., 1995），聴覚の刺激に対する

瞬きと心拍数 (Liu *et al.*, 2000), インスリン非依存型糖尿病患者の BMI (body mass index, 体重/身長^2) と空腹時インスリンレベルの対数変換値 (Jones, 1993), AIDS 患者の CD4 と beta-2-microglobulin (Sy *et al.*, 1997) などがある. このほか, Shah *et al.* (1997), Zeger and Liang (1991), Galecki (1994) を参照されたい. Repeated-series longitudinal data の解析事例には, 高眼圧症および緑内障患者の右目と左目の眼内圧がある (Heitjan and Sharma, 1997). このほか, Zucker *et al.* (1995) を参照されたい.

Chapter 3 非線形混合効果モデル

　前章では線形混合効果モデルについて述べた．当該分野固有のモデルがあるときや，データが線形モデルで表せないときなどに非線形混合効果モデルがしばしば用いられる．生物統計と関連の深い分野で，非線形曲線は，成長曲線，バイオアッセイ，薬物動態，薬力学などの分野で使われる．3.1 節ではよく使われる非線形曲線について述べる．3.2 節で非線形モデルを変量効果や誤差項に関して拡張した非線形混合効果モデルについて述べる．3.3 節では非線形混合効果モデルが用いられる代表的な例として，母集団薬物動態解析について述べる．非線形混合効果モデルでは，近似の使用など計算上の困難と，線形の場合と異なり，周辺モデルと混合効果モデルで解釈が異なるといった問題が生じる．

3.1　非線形曲線

　Pinheiro and Bates（2000）は非線形モデルを使用する理由として，解釈可能性（interpretability），倹約性（parsimony），データの観測範囲外の妥当性を挙げている．倹約性とは，当てはまりの良さが同じモデルであれば，パラメータ数の少ないモデルが好ましいことをいう．非線形モデルは応答を生み出すメカニズムのモデル（mechanistic model）にしばしば基づいているため，パラメータは自然な解釈を持つ．一方，線形モデルの多項式回帰などは経験的モデル（empirical model）であり，データの観測範囲内で良い近似が得られるが，応答を生み出すメカニズムには基づいていないことがある．非線形モデルをメカニスティックなモデルに基づかす，経験的に用いている場合もあるが，漸近値や単調性などデータの理論的な既知の特性を通常含み，セミメカニスティックなモデルと考えられる．

　3.1 節では，変量効果や誤差項のない場合の非線形曲線（nonlinear curve）について述べる．いくつかの代表的な非線形曲線を表 3.1 および図 3.1 に示す．成

長曲線で成長を表す場合は，連続量の説明変数 x は時間，連続量の反応 y は大きさであるが，それ以外の場合にも用いられる．例えば，用量反応性をみる際，投与量 x の増加に対する反応 y の変化を表すため，しばしば漸近値を持つ成長曲線が使われる．同じ名前の曲線であっても，開始時の値が 0 である，あるいは上限の値が 1 であるなど，反応の取り得る値に関する制約によりパラメータの数が変わる．また，パラメータに制約がある場合，計算の際には，正の制約では指数変換，$0<a<1$ の制約ではロジット変換などが使われる．同じ曲線が異なるパラメータの組で表されることがしばしばあり，以降にいくつか例を挙げる．

時間当たりの変化である dy/dx のことを変化率と呼ぶ場合と，さらに現在の大きさで割った $(dy/y)/dx$ のことを変化率と呼ぶ場合がある．以降，dy/dx を変

表3.1　代表的な非線形成長曲線

名　称	常微分方程式	解
Exponential	$\dfrac{dy}{dx}=\kappa y$	a. $y(x)=e^{\kappa(x-\gamma)}$ b. $y(x)=\beta e^{\kappa x}$
Monomolecular Mitscherlich 漸近回帰 漸近指数成長曲線 負の指数成長曲線	$\dfrac{dy}{dx}=\kappa(\alpha-y),\ \kappa>0$	a. $y(x)=\alpha\{1-e^{-\kappa(x-\gamma)}\}$ b. $y(x)=\alpha-(\alpha-\beta)e^{-\kappa x}$ c. $y(x)=\alpha-\delta e^{-\kappa x}$ d. $y(x)=\beta_0+\beta_1\rho^x,\ 0<\rho<1$
原点を通る漸近回帰	同上	$y(x)=\alpha(1-e^{-\kappa x})$
3 parameter logistic $y>0$ $(\alpha_1=0)$	i. $\dfrac{dy}{dx}=\dfrac{\kappa}{\alpha}y(\alpha-y)$ ii. $\dfrac{dy}{dx}=\kappa y\left(1-\dfrac{y}{\alpha}\right)$	a. $y(x)=\alpha\{1+e^{-\kappa(x-\gamma)}\}^{-1}$ b. $y(x)=\alpha\{1+e^{(\gamma-x)/\phi}\}^{-1}$ c. $y(x)=\alpha(1+\phi e^{-\kappa x})^{-1}$ d. $y(x)=\alpha\{1+e^{-(\beta_0+\beta_1 x)}\}^{-1}$ e. $y(x)=\alpha\, e^{\beta_0+\beta_1 x}(1+e^{\beta_0+\beta_1 x})^{-1}$
4 parameter logistic	$\dfrac{dy}{dx}=\dfrac{\kappa}{\alpha_2-\alpha_1}y(y-\alpha_1)(\alpha_2-y)$	a. $y(x)=\alpha_1+(\alpha_2-\alpha_1)\{1+e^{-\kappa(x-\gamma)}\}^{-1}$ b. $y(x)=\alpha_2-(\alpha_2-\alpha_1)\{1+e^{\kappa(x-\gamma)}\}^{-1}$
2 parameter logistic $0<y<1$ $\alpha=1\,(\alpha_1=0,\alpha_2=1)$	$\dfrac{dy}{dx}=\kappa y(1-y)$	a. $y(x)=\{1+e^{-\kappa(x-\gamma)}\}^{-1}$ b. $y(x)=\{1+e^{(\gamma-x)/\phi}\}^{-1}$ c. $y(x)=(1+\phi e^{-\kappa x})^{-1}$ d. $y(x)=\{1+e^{-(\beta_0+\beta_1 x)}\}^{-1}$ e. $y(x)=e^{\beta_0+\beta_1 x}(1+e^{\beta_0+\beta_1 x})^{-1}$
Gompertz $\kappa>0,\ \alpha>0$	$\dfrac{dy}{dx}=\kappa y(\log\alpha-\log y)$	a. $y(x)=\alpha\exp\{-e^{-\kappa(x-\gamma)}\}$ b. $y(x)=\alpha(\beta/\alpha)^{\exp(-\kappa x)}$

名　称	常微分方程式	解
von Bertalanffy	I. $\dfrac{dy}{dx}=\eta y^\delta-\xi y$ II. $\dfrac{dy}{dx}=\eta y^{2/3}-\xi y$（狭義）	I. $y(x)=\left\{\dfrac{\eta}{\xi}-\left(\dfrac{\eta}{\xi}-\beta^{1-\delta}\right)e^{-(1-\delta)\xi x}\right\}^{1/1-\delta}$ II. $y(x)=\alpha(1+\psi e^{-\kappa x})^3$（狭義）
Richards /generalized logistic $\delta=0$：monomolecular $\delta=2/3$：von Bertalanffy 　　　　（狭義） $\delta=2$：logistic $\delta\to 1$：Gompertz	$\dfrac{dy}{dx}=\dfrac{\kappa}{1-\delta}y\left\{\left(\dfrac{\alpha}{y}\right)^{1-\delta}-1\right\},\ \delta\neq 1$	a. $y(x)=\alpha\{1+(\delta-1)e^{-\kappa(x-\gamma)}\}^{1/(1-\delta)}$ b. $y(x)=\left[\alpha^{1-\delta}-\{\alpha^{1-\delta}-y(x_0)^{1-\delta}\}\right.$ 　　　　$\left.\times e^{-\kappa(x-x_0)}\right]^{1/(1-\delta)}$ c. $y(x)^{1-\delta}=\alpha^{1-\delta}-(\alpha^{1-\delta}-\beta^{1-\delta})e^{-\kappa x}$ d. $y(x)=\alpha\left[1+\left\{\left(\dfrac{\beta}{\alpha}\right)^{1-\delta}-1\right\}e^{-\kappa x}\right]^{1/(1-\delta)}$ e. $y(x)=\alpha(1+\psi e^{-\kappa x})^{-\varphi}$
Generalized logistic の変形 $\lambda=-1$：monomolecular $\lambda=0$：Gompertz $\lambda=1$：logistic $\lambda\to\infty,\ g(\alpha,\lambda)\to$ const. 　：exponential	$\dfrac{dy}{dx}=ky\{g(\alpha,\lambda)-g(y,\lambda)\}$ $g(y,\lambda)=\dfrac{y^\lambda-1}{\lambda},\ \lambda\neq 0$ $g(y,\lambda)=\log(y),\ \lambda=0$	$y(x)=\alpha\left[1+\left\{\left(\dfrac{\alpha}{\beta}\right)^\lambda-1\right\}e^{-k\alpha^\lambda x}\right]^{-1/\lambda},$ 　$\lambda\neq 0$ $y(x)=\alpha\,(\beta/\alpha)^{\exp(-kx)},\ \lambda=0$
Weibull	$\dfrac{dy}{dx}=\delta\kappa(\alpha-y)\left\{\log\left(\dfrac{\alpha-\beta}{\alpha-y}\right)\right\}^{1-\delta^{-1}}$ $\dfrac{dy}{dx}=\delta\kappa(\alpha-y)\left\{\log\left(\dfrac{\alpha}{\alpha-y}\right)\right\}^{1-\delta^{-1}}$	$y(x)=\alpha-(\alpha-\beta)\exp\{-(\kappa x)^\delta\}$ $y(x)=\alpha[1-\exp[-\{\kappa(x-\gamma)\}^\delta]]$

化，$(dy/y)/dx$ を変化率と呼ぶ．以降では，$y(x)$ は時間 x の反応，パラメータ α は漸近値，β は開始時の値 $y(0)$，κ は微分方程式での比例定数，β_0 と β_1 は回帰係数を表す．この章では対数と指数がしばしばでてくるが，これらに関して 9.7 節に記載する．

3.1.1 指数関数

反応を y，時間を x とする．指数関数（exponential function）では，時間当たりの変化は現在の大きさに比例する．つまり，κ を比例定数とし，次式で表される．

$$\frac{dy}{dx}=\kappa y$$

$(dy/y)/dx=\kappa$ であり，変化率（成長率）が一定である．反応は次のように表される．

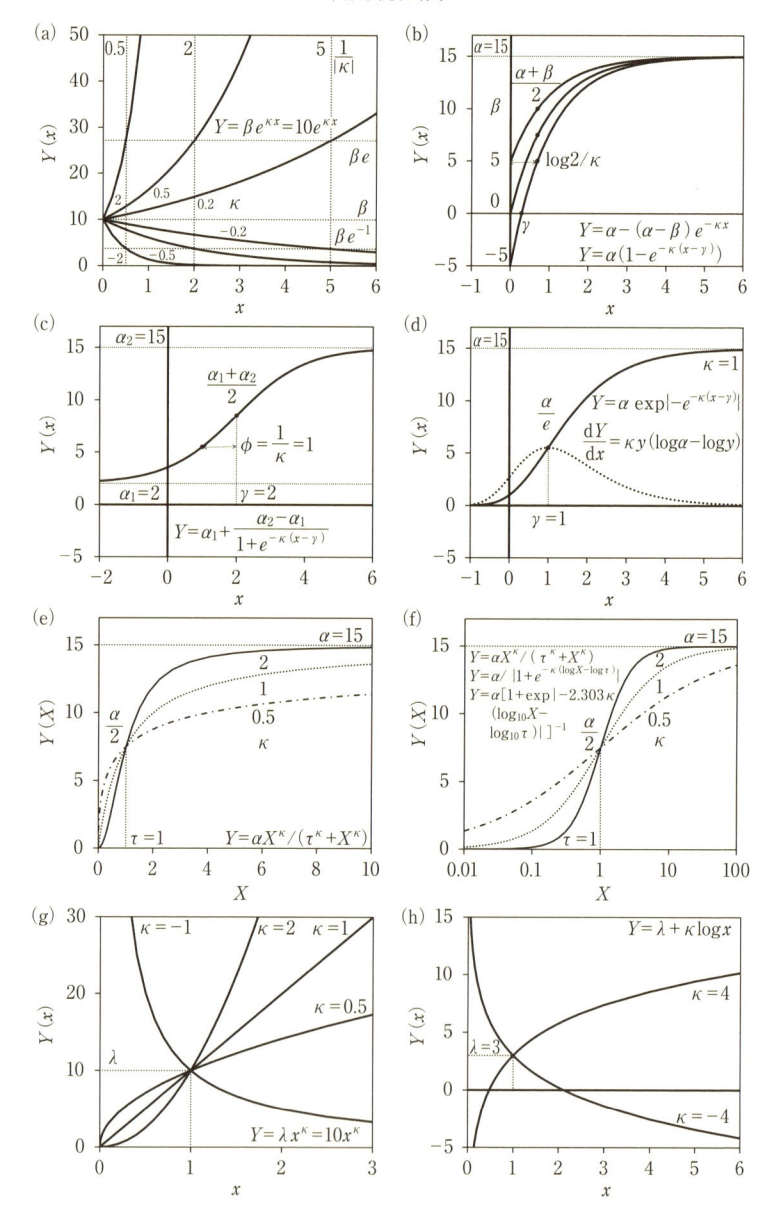

図 3.1 代表的な非線形曲線
(a) 指数関数，(b) monomolecular，(c) 4 パラメータロジスティック，(d) ゴンペルツ，(e)(f) Emax モデル（$\kappa=1$ のときミカエリス–メンテン）と 3 パラメータロジスティック，(g) べき乗関数，(h) $\log x$ の 1 次式．

3.1 非線形曲線

$$y(x) = e^{\kappa(x-\gamma)}$$
$$y(x) = \beta e^{\kappa x}$$

ここで，$y(0) = e^{-\kappa\gamma} = \beta$ は開始時の値である．図 3.1(a) に κ の値を変えたときの推移を示した．$\kappa > 0$ のとき，y は増加し，$y(1/\kappa) = \beta e$ を通り，$y(\infty) = \infty$ である．初期の増加は小さく，時間とともに増加が大きくなる．一方，$\kappa < 0$ のとき，y は減少し，$y(-1/\kappa) = \beta/e$ を通り，$y(\infty) = 0$ である．初期の減少が大きく，時間とともに減少が小さくなる．指数関数は反応 y の対数変換により，次式のように線形となる．

$$\log y(x) = \kappa x - \kappa \gamma$$
$$\log y(x) = \log \beta + \kappa x$$

3.3.1 項の薬物動態の静脈内単回投与 1 コンパートメントモデルは指数曲線であり，薬物濃度が現在の薬物濃度に比例して減少する．

3.1.2 Monomolecular 曲線

Monomolecular 曲線では，変化は漸近値 α までの残りの大きさ $\alpha - y$ に比例する．$\kappa > 0$ を比例定数とし，次式で表される．

$$\frac{\mathrm{d}y}{\mathrm{d}x} = \kappa(\alpha - y)$$

反応は次のように表される．

$$y(x) = \alpha\{1 - e^{-\kappa(x-\gamma)}\}$$
$$y(x) = \alpha - (\alpha - \beta)e^{-\kappa x}$$
$$y(x) = \alpha - \delta e^{-\kappa x}$$
$$y(x) = \beta_0 + \beta_1 \rho^x, \ 0 < \rho < 1$$

ここで，$\delta = \alpha - \beta$ で開始時の値と漸近値の間の大きさを表す．$e^{-\kappa} = \rho$ である．$\beta_0 = \alpha$，$\beta_1 = -\delta$，$\beta_0 + \beta_1 = \alpha - \delta = \beta$ である．$x \geq 0$ とし，反応は β から α，あるいは $\alpha - \delta$ から α，$\beta_0 + \beta_1$ から β_0 に推移する．図 3.1(b) に β の値を変えたときの推移を示した．$y(0) = \beta$，$y(\gamma) = 0$，$y(\infty) = \alpha$ である．$y(\log 2/\kappa) = (\alpha + \beta)/2$ であり，減少関数では $x = \log 2/\kappa$ で反応の値が半分となり，半減期（half-life）という．κ は x に関するスケールパラメータである．成長（増加）を表すとき，$\alpha > \beta > 0$ である．減少を表すこともできる．初期の変化が大きく，時間とともに変化は小さくなる．この曲線は，Mitscherlich 曲線，漸近回帰（asymptotic regression），漸近指数成長曲線，下限あるいは上限がある場合の指数曲線，負の指数関数など

とも呼ばれる．

原点を通る制約 $\beta=0$ をおくと，$y(x)=\alpha(1-e^{-\kappa x})$ となる．この式は，生物化学的酸素要求量（biochemical oxygen demand：BOD）と呼ばれる．

3.1.3 ロジスティック曲線

多くの成長曲線では，変化は時間とともに増えたのち，変化が最大となる変曲点（inflection point）を持ち，その後変化は小さくなり 0 となる．このとき反応は S 字曲線となり，シグモイド曲線（sigmoidal curve）と呼ばれる．変化は現在の大きさと残りの大きさの関数の積で表される．代表的なシグモイド曲線には，中心で対称なロジスティック曲線（logistic curve）とプロビット曲線，非対称なゴンペルツ曲線がある．

3 パラメータのロジスティック曲線では，変化は現在の大きさ y と，漸近値 α までの残りの大きさ $\alpha-y$ に比例する．$\kappa>0$ で $\kappa\alpha^{-1}$ を比例定数とし，次式で表される．

$$\frac{dy}{dx}=\frac{\kappa}{\alpha}y(\alpha-y)$$

$\kappa^*=\kappa\alpha^{-1}$ とし，$dy/dx=\kappa^* y(\alpha-y)$ と記載する場合もある．反応は次のように表される．

$$y(x)=\frac{\alpha}{1+e^{-\kappa(x-\gamma)}}$$

$$y(x)=\frac{\alpha}{1+e^{(\gamma-x)/\phi}}$$

$$y(x)=\frac{\alpha}{1+\phi e^{-\kappa x}}$$

$$y(x)=\frac{\alpha}{1+e^{-(\beta_0+\beta_1 x)}}$$

$$y(x)=\frac{\alpha e^{\beta_0+\beta_1 x}}{1+e^{\beta_0+\beta_1 x}}$$

ここで，$e^{\kappa\gamma}=e^{\gamma/\phi}=\phi=e^{-\beta_0}$ である．$y(-\infty)=0$，$y(\infty)=\alpha$，$y(0)=\alpha/(1+e^{\kappa\gamma})$ である．$y(0)>0$ のため，0 の値を取り得る反応に対しては，使用しにくい場合がある．γ は反応が漸近値の半分となる時間で，$y(\gamma)=\alpha/2$ である．γ は変化が最大となる変曲点でもあり，この曲線は変曲点で対称である．κ の逆数である ϕ はスケールパラメータで，次式が成り立つ．

3.1 非線形曲線

$$y(x=\gamma-\phi)=\frac{\alpha}{1+e}\cong 0.268\,\alpha\cong\frac{\alpha}{4}$$

これより，ϕ は反応が漸近値の約 1/4 から半分となるまでの時間である．ロジスティックモデルは人口の増加を表すため使われる．パラメータ β_0 と β_1 を用い，α が既知のとき，反応をロジット変換 $\log\{y/(\alpha-y)\}$ すると，次のように線形となる．

$$\frac{y}{\alpha-y}=\frac{\alpha}{1+e^{-(\beta_0+\beta_1 x)}}\bigg/\left\{\frac{\alpha(1+e^{-(\beta_0+\beta_1 x)}-1)}{1+e^{-(\beta_0+\beta_1 x)}}\right\}=\frac{1}{e^{-(\beta_0+\beta_1 x)}}$$

$$\log\left(\frac{y}{\alpha-y}\right)=\log\left\{\frac{1}{e^{-(\beta_0+\beta_1 x)}}\right\}=\beta_0+\beta_1 x$$

2 パラメータのロジスティック曲線は 3 パラメータのロジスティック曲線に $\alpha=1$ の制約をおく．$dy/dx=\kappa y(1-y)$ となる．$0<y<1$ である．反応は次のように表される．

$$y(x)=\frac{1}{1+e^{-\kappa(x-\gamma)}}$$

$$y(x)=\frac{1}{1+e^{(\gamma-x)/\phi}}$$

$$y(x)=\frac{1}{1+\phi e^{-\kappa x}}$$

$$y(x)=\frac{1}{1+e^{-(\beta_0+\beta_1 x)}}$$

$$y(x)=\frac{e^{\beta_0+\beta_1 x}}{1+e^{\beta_0+\beta_1 x}}$$

パラメータ β_0 と β_1 を用い，反応をロジット変換すると，次のように線形となる．

$$\log\left(\frac{y}{1-y}\right)=\beta_0+\beta_1 x$$

4 パラメータのロジスティックモデルは下側と上側の二つの漸近値 α_1 と α_2 を持つ．図 3.1(c) に推移を示した．3 パラメータのロジスティックモデルを垂直に α_1 移動している．反応は次のように表される．

$$y(x)=\alpha_1+\frac{\alpha_2-\alpha_1}{1+e^{-\kappa(x-\gamma)}}$$

$$y(x)=\alpha_2-\frac{\alpha_2-\alpha_1}{1+e^{\kappa(x-\gamma)}}$$

変化は次のように表される．

$$\frac{dy}{dx}=\frac{\kappa}{\alpha_2-\alpha_1}y(y-\alpha_1)(\alpha_2-y)$$

プロビット曲線 (probit curve) は，$0<y<1$ の制約のとき，正規分布の累積分布関数である．プロビット曲線とロジスティック曲線は似た曲線となる．

3.1.4 ゴンペルツ曲線

ゴンペルツ曲線 (Gompertz curve) では，変化は現在の大きさ y と，対数スケールでの漸近値までの残りの大きさ $\log \alpha - \log y$ に比例する．$\kappa>0$，$\alpha>0$ で κ を比例定数とし，次式で表される．

$$\frac{dy}{dx} = \kappa y (\log \alpha - \log y)$$

反応は次のように表される．

$$y(x) = \alpha \exp\{-e^{-\kappa(x-\gamma)}\}$$

$$y(x) = \alpha \left(\frac{\beta}{\alpha}\right)^{\exp(-\kappa x)}$$

$y(-\infty)=0$, $y(\infty)=\alpha$, $y(0)=\alpha \exp(-e^{\kappa\gamma})=\beta$ である．図 3.1(d) に反応の推移とその変化 dy/dx の推移を示した．γ は変化が最大となる変曲点で，$y(\gamma)=\alpha/e$ である．変曲点で非対称である．この曲線は人口の増加や動物の成長を表すために用いられる．ゴンペルツはこの関数を生命表 (life table) のハザードに用いた．y のべき乗もゴンペルツ曲線となる．ゴンペルツ曲線の反応を対数変換すると monomoleculer 曲線となる．

3.1.5 Emax モデルとロジスティック曲線

Emax モデルは，薬学の分野で用いられる．受容体結合実験や酵素反応速度論でも同じ関数が用いられるが，用いられるパラメータの表記が異なる．説明変数を X とすると，$y(X=0)=0$ の制約をおいた Emax モデルは次のように表される．

$$y(X) = \frac{\alpha X^\kappa}{\tau^\kappa + X^\kappa}$$

図 3.1(e) に κ の値を変えたときの推移を示した．$y(\infty)=\alpha$ である．τ は $y=\alpha/2$ となるときの X の値である．$\log X = x$，$\log \tau = \gamma$ とし，Emax モデルを次のように変形する．

$$y = \frac{\alpha X^\kappa}{\tau^\kappa + X^\kappa} = \frac{\alpha}{1+(\tau/X)^\kappa} = \frac{\alpha}{1+e^{-\kappa(\log X - \log \tau)}} = \frac{\alpha}{1+e^{-\kappa(x-\gamma)}}$$

これは，説明変数を x とした 3 パラメータのロジスティック曲線である．自然対数ではなく常用対数を用いた場合には次式のように係数 $\log_e(10)=2.303$ がか

かるが，形状は変わらない．

$$y = \frac{\alpha}{1+e^{-\kappa(\log X - \log \tau)}} = \frac{\alpha}{1+e^{-2.303\kappa(\log_{10} X - \log_{10} \tau)}}$$

図 3.1(f) に図 3.1(e) の横軸を常用対数とした推移を示した．

$\kappa=1$ のときの次式はミカエリス-メンテン（Michaelis-Menten）の式といい，酵素反応速度論で用いられる．

$$y(X) = \frac{\alpha X}{\tau + X}$$

τ はミカエリスパラメータといい，$y(\tau) = \alpha/2$ である．反応と説明変数をそれぞれ逆数にすると，次式のように線形になる．

$$\frac{1}{y} = \frac{1}{\alpha} + \frac{\tau}{\alpha}\frac{1}{X}$$

しかし，測定誤差が主な誤差要因で y に正規分布が適しているとき，y^{-1} の変換は好ましくない．

ミカエリス-メンテンの式にパラメータを一つ増やし，垂直に移動すると次のように表される．

$$y(X) = \beta + \frac{(\alpha - \beta)X}{\tau + X}$$

$$y(X) = \beta + \frac{\alpha - \beta}{\tau/X + 1}$$

$$y(X) = \alpha - \frac{\alpha - \beta}{\tau/X + 1}$$

$$y(X) = \frac{\beta\tau + \alpha X}{\tau + X}$$

ここで，$y(X=0) = \beta$ である．パラメータ (α, β, τ) をそれぞれ $(E_{\max}, E_0, EC_{50})$ とし，しばしば次式のように表記する．

$$y(X) = E_0 + \frac{E_{\max} - E_0}{1 + EC_{50}/X}$$

上述の $y(X=0)=0$ の制約をおいた Emax モデルにパラメータを一つ増やして $y(X=0)=\beta$ とし，垂直に移動すると次のように表される．Morgan-Mercer-Flodin 曲線（MMF 曲線）と呼ばれる．

$$y(X) = \frac{\beta\tau^\kappa + \alpha X^\kappa}{\tau^\kappa + X^\kappa}$$

$$y(X) = \alpha - \frac{\alpha - \beta}{1 + (\tau^{-1}X)^\kappa}$$

3.1.6 ベルタランフィ曲線と成長曲線の一般化

ベルタランフィ曲線（von Bertalanffy curve）は次式で表される.

$$\frac{dy}{dx} = \eta y^\delta - \xi y$$

反応は次のように表される.

$$y(x) = \left\{\frac{\eta}{\xi} - \left(\frac{\eta}{\xi} - \beta^{1-\delta}\right)e^{-(1-\delta)\xi x}\right\}^{\frac{1}{1-\delta}}$$

ここで, $y(0) = \beta$ である. 動物の成長を表すために用いられ, 特に漁業の研究でよく用いられる. 特に次に示す $\delta = 2/3$ の場合を狭義にベルタランフィ曲線ということがある.

$$\frac{dy}{dx} = \eta y^{2/3} - \xi y$$

ロジスティック曲線やゴンペルツ曲線などの成長曲線を含む関数として, リチャード曲線（Richards curve）や一般化ロジスティック曲線（generalized logistic curve）と呼ばれる関数がある. リチャード曲線は次のように表される.

$$\frac{dy}{dx} = \frac{\kappa}{1-\delta} y \left\{\left(\frac{\alpha}{y}\right)^{1-\delta} - 1\right\}, \quad (\delta \neq 1)$$

反応は次のように表される.

$$y(x) = \alpha\{1 + (\delta-1)e^{-\kappa(x-\gamma)}\}^{\frac{1}{1-\delta}}, \quad (\delta \neq 1)$$

δ によって曲線が決まる. $\delta = 0$ のとき monomolecular 曲線, $\delta = 2/3$ のとき狭義のベルタランフィ曲線, $\delta = 2$ のときロジスティック曲線, $\delta \to 1$ のときゴンペルツ曲線となる. γ は変化が最大となる変曲点で, $y(\gamma) = \alpha \delta^{1/(1-\delta)}$ である. $\delta \leq 0$ では変曲点を持たず, $\delta \to 1$ のとき $y(\gamma) = \alpha/e \cong 0.368\alpha$, $\delta = 2$ のとき $\alpha/2 = 0.5\alpha$, $\delta = 2/3$ のとき $8\alpha/27 \cong 0.296\alpha$ である. ベルタランフィ曲線のパラメータ (ξ, η) をリチャード曲線では次のように (α, κ) に変換している.

$$\alpha^{1-\delta} = \frac{\eta}{\xi}$$
$$\kappa = (1-\delta)\xi$$
$$= (1-\delta)\eta\alpha^{-(1-\delta)}$$

リチャード曲線は δ の取り得る範囲に制約をおかず, $\delta > 1$ のロジスティック曲線（$\delta = 2$）なども含む. リチャード曲線は, ある $x = x_0$ での $y(x_0)$ を用いて, 次のようにも表される.

$$y(x) = \left[\alpha^{1-\delta} - \{\alpha^{1-\delta} - y(x_0)^{1-\delta}\}e^{-\kappa(x-x_0)}\right]^{\frac{1}{1-\delta}}$$

特に $x_0=0$, $y(0)=\beta$ を用いると，次のように表される．

$$y(x)^{1-\delta} = \alpha^{1-\delta} - (\alpha^{1-\delta} - \beta^{1-\delta})e^{-\kappa x}$$

$$y(x) = \alpha\left[1 + \left\{\left(\frac{\beta}{\alpha}\right)^{1-\delta} - 1\right\}e^{-\kappa x}\right]^{\frac{1}{1-\delta}}$$

リチャード曲線は反応変数 y の変数変換 $y^{1-\delta}(\delta \neq 1)$ あるいは $\log(y)(\delta \to 1)$ により，monomolecular 曲線となる．

リチャード曲線のパラメータ (δ, β) を次のように (φ, ψ) に変換する．

$$\varphi = \frac{-1}{1-\delta}$$

$$\psi = \left(\frac{\beta}{\alpha}\right)^{1-\delta} - 1$$

反応は次式で表される．

$$y(x) = \frac{\alpha}{(1 + \psi e^{-\kappa x})^{\varphi}}$$

これは3パラメータのロジスティック曲線の分母を φ 乗した曲線である．特に $\delta = 2/3$ の狭義のベルタランフィ曲線では次式となる．

$$y(x) = \alpha(1 + \psi e^{-\kappa x})^3$$

一般化ロジスティック曲線の変形は次のように表される．

$$\frac{dy}{dx} = ky\{g(\alpha, \lambda) - g(y, \lambda)\}$$

$$g(y, \lambda) = \frac{y^\lambda - 1}{\lambda}, \quad (\lambda \neq 0)$$

$$g(y, \lambda) = \log(y), \quad (\lambda = 0)$$

リチャード曲線のパラメータ (δ, κ) をこの変形では次のように (λ, k) に変換している．

$$\lambda = -(1-\delta)$$
$$k = \kappa \alpha^{-\lambda}$$

$y(0)=\beta$ とし，解は次式となる．

$$y(x) = \alpha\left[1 + \left\{\left(\frac{\alpha}{\beta}\right)^\lambda - 1\right\}e^{-k\alpha^\lambda x}\right]^{-1/\lambda}, \quad (\lambda \neq 0)$$

$$y(x) = \alpha\left(\frac{\beta}{\alpha}\right)^{\exp(-kx)}, \quad (\lambda = 0)$$

λ によって曲線が決まる．$\lambda=-1$ のとき monomolecular 曲線，$\lambda=0$ のときゴンペルツ曲線，$\lambda=1$ のときロジスティック曲線，$\lambda\to\infty$ で $g(\alpha,\lambda)\to$ 定数のとき指数曲線となる．

一般化ロジスティックという用語は，さらにパラメータを一つ増やして垂直方向に移動した 5 パラメータの曲線や，$g(x)$ を x の関数とした次式にも用いられる．

$$y(x)=\frac{\alpha}{1+\exp\{\varphi_0+\varphi_1 g(x)\}}$$

$g(x)$ には，$g(x)=\beta_1 x+\beta_2 x^2+\beta_3 x^3$ や $g(x)=(x^\lambda-1)/\lambda$ などが用いられる．

3.1.7 ワイブル曲線

リチャード曲線は反応変数 y の変数変換で monomolecular 曲線となるが，ワイブル曲線（Weibull curve）は時間 x の変数変換 x^δ により，monomolecular 曲線となる．ワイブル分布の分布関数は次式である．

$$y(x)=\alpha[1-\exp\{-(\kappa x)^\delta\}], \quad x>0$$

これに漸近値 α と開始時の値 β の二つのパラメータを加えた曲線が，次のワイブル曲線である．

$$y(x)=\alpha-(\alpha-\beta)\exp\{-(\kappa x)^\delta\}$$

変化は次式となる．

$$\frac{\mathrm{d}y}{\mathrm{d}x}=\delta\kappa(\alpha-y)\left\{\log\left(\frac{\alpha-\beta}{\alpha-y}\right)\right\}^{1-\delta^{-1}}$$

また，漸近値 α と x 軸に関するパラメータ γ を加えた場合のワイブル曲線とその変化は次式となる．

$$y(x)=\alpha[1-\exp[-\{\kappa(x-\gamma)\}^\delta]]$$

$$\frac{\mathrm{d}y}{\mathrm{d}x}=\delta\kappa(\alpha-y)\left\{\log\left(\frac{\alpha}{\alpha-y}\right)\right\}^{1-\delta^{-1}}$$

3.1.8 その他の非線形関数

パワー関数（べき乗関数）は次式で表される．

$$y(x)=\lambda x^\kappa$$

κ を比例定数とし，$\mathrm{d}y/\mathrm{d}x=\kappa y/x$ である．変化は現在の大きさ y に比例，現在の時間 x に反比例する．弾性値（x の増加率と y の増加率の比）が $(\mathrm{d}y/y)/(\mathrm{d}x/x)$

$=\kappa$ で一定である．指数関数ほど早く増加しない．図 3.1(g) に κ の値を変えたときの推移を示した．$y(0)=0$, $y(1)=\lambda$, $\kappa>0$ のとき $y(\infty)=\infty$ である．反応 y と説明変数 x をそれぞれ対数変換すると次のように線形の式となる．

$$\log y = \log \lambda + \kappa \log x$$

関数 $y(x)=\lambda+\kappa \log x$ は $dy/dx=\kappa/x$, また, $(dy/y)/(dx/x)=\kappa/y$ であり, y が大きくなると弾性が小さくなる．この関数はパラメータに関して線形である．また，説明変数 $\log x$ に関して線形である．$y(1)=\lambda$ である．図 3.1(h) に κ の値を変えたときの推移を示した．

関数 $y(x)=x/(ax-b)$ は反応と説明変数をそれぞれ逆数に変換すると，$y^{-1}=a-bx^{-1}$ で線形となる．3.1.5 項のミカエリス-メンテンの式はこの関数に相当する．直角双曲線（rectangular hyperbola）である．漸近線が $x=b$, $y=\alpha$ の直角双曲線は $y=\alpha+\{\kappa(x-b)\}^{-1}$ である．$y(x)=\alpha-(\kappa x)^{-1}$ は漸近値 α に近づく推移を表す．

このほかにも 2 次の逆多項式（inverse quadratic）$y(x)=\alpha-(\kappa_1 x+\kappa_2 x^2)^{-1}$ が用いられる．

3.2　非線形混合効果モデル

3.1 節では，変量効果や誤差項のない場合の非線形曲線の関数について述べた．3.2 節以降は，非線形関数に固定効果や変量効果が含まれ，さらに誤差項を加えた非線形混合効果モデル（nonlinear mixed effects model）について述べる．第 2 章で述べた線形混合効果モデルでは対象者 i の変量効果 $\mathbf{b}_i$ が与えられたもとでの期待値は $\mathbf{X}_i\boldsymbol{\beta}+\mathbf{Z}_i\mathbf{b}_i$ であり，固定効果 $\boldsymbol{\beta}$ および変量効果 $\mathbf{b}_i$ に関して線形である．非線形混合効果モデルでは，固定効果および変量効果のいずれかのパラメータに関して非線形であり，対象者 i の期待値は非線形関数 $f(\mathbf{X}_i, \mathbf{Z}_i, \boldsymbol{\beta}, \mathbf{b}_i)$ となり，計算の容易な $\mathbf{X}_i\boldsymbol{\beta}+\mathbf{Z}_i\mathbf{b}_i$ で表せない．

混合効果によるアプローチで，変量効果が $\mathbf{0}$ であるときの反応 $\mathbf{Y}$ の期待値 $\mathrm{E}(\mathbf{Y}|\mathbf{b}=\mathbf{0})$ を平均的な対象者の推移とする．一方，この場合の周辺の期待値 $\mathrm{E}(\mathbf{Y})$ は，変量効果が与えられたもとでの反応の期待値 $\mathrm{E}(\mathbf{Y}|\mathbf{b})$ を変量効果に関して積分して得られる期待値 $\mathrm{E}_b\{\mathrm{E}(\mathbf{Y}|\mathbf{b})\}$ である．線形混合効果モデル $\mathbf{Y}=\mathbf{X}\boldsymbol{\beta}+\mathbf{Z}\mathbf{b}+\boldsymbol{\varepsilon}$ では，次式が成り立つ．

$$\mathrm{E}(\mathbf{Y}|\mathbf{b}=\mathbf{0})=\mathrm{E}_b\{\mathrm{E}(\mathbf{Y}|\mathbf{b})\}=\mathbf{X}\boldsymbol{\beta}$$

したがって，平均的な対象者の推移と周辺平均の推移は一致する．一方，非線形混合効果モデルで変量効果が非線形である場合，次のように両者は一致しない．

$$f(\mathbf{X}, \mathbf{Z}, \boldsymbol{\beta}, \mathbf{b}=\mathbf{0}) \neq \mathrm{E}_{\mathbf{b}}\{f(\mathbf{X}, \mathbf{Z}, \boldsymbol{\beta}, \mathbf{b})\}$$

したがって，平均的な対象者の推移と周辺平均の推移は異なる．このような不一致は，第8章で述べる離散変数で非線形リンクを用いた場合にも生じる．

3.2.1 非線形混合効果モデルの例

非線形混合効果モデルの例を示す．i 番目 $(i=1,\cdots,N)$ の対象者の時点 $j(j=1,\cdots,n_i)$ の反応を Y_{ij} とする．説明変数を連続量としての時間 t_{ij} とする．ここで，非線形関数 $f(t_{ij}, \boldsymbol{\beta}, \mathbf{b}_i)$ は 3.1.3 項に述べた 3 パラメータロジスティック曲線とし，固定効果 $\boldsymbol{\beta}$ と変量効果 $\mathbf{b}_i$ で表されるとする．ε_{ij} を誤差項とする．次のモデルを考える．

$$\begin{cases} Y_{ij} = f(t_{ij}, \boldsymbol{\beta}, \mathbf{b}_i) + \varepsilon_{ij} \\ f(t_{ij}, \boldsymbol{\beta}, \mathbf{b}_i) = \dfrac{\beta_1 + b_{1i}}{1+\exp[\{(\beta_2+b_{2i})-t_{ij}\}/(\beta_3+b_{3i})]} \\ \boldsymbol{\beta} = (\beta_1, \beta_2, \beta_3)^{\mathrm{T}} \\ \mathbf{b}_i = (b_{1i}, b_{2i}, b_{3i})^{\mathrm{T}}, \quad \mathbf{b}_i \sim \mathrm{MVN}(\mathbf{0}, \mathbf{G}) \\ \boldsymbol{\varepsilon}_i = (\varepsilon_{i1}, \cdots, \varepsilon_{in_i})^{\mathrm{T}}, \quad \boldsymbol{\varepsilon}_i \sim \mathrm{MVN}(\mathbf{0}, \mathbf{R}_i) \end{cases} \quad (3.1)$$

ここで，β_1 は漸近値，β_2 は反応が漸近値の半分となる時間（半減期），β_3 は反応が漸近値の約 1/4 から半分となる時間を表すパラメータで，それぞれ 3.1.3 項の α, γ, ϕ に相当する．b_{1i}, b_{2i}, b_{3i} はそれぞれのパラメータの個体間差を表す．このモデルは，$\boldsymbol{\beta}_i = \boldsymbol{\beta} + \mathbf{b}_i$, $\boldsymbol{\beta}_i = (\beta_{1i}, \beta_{2i}, \beta_{3i})^{\mathrm{T}}$ として，次のように表すこともできる．

$$f(t_{ij}, \boldsymbol{\beta}_i) = \frac{\beta_{1i}}{1+\exp\{(\beta_{2i}-t_{ij})/\beta_{3i}\}}$$

$$\boldsymbol{\beta}_i \sim \mathrm{MVN}(\boldsymbol{\beta}, \mathbf{G})$$

一部のパラメータは固定効果のみで，個体間差がないと仮定する場合もある．次のように変量効果が b_{1i} だけの場合は，部分線形である．b_{1i} は漸近値の個体間差を表す．

$$f(t_{ij}, \boldsymbol{\beta}, b_{1i}) = \frac{\beta_1 + b_{1i}}{1+\exp\{(\beta_2-t_{ij})/\beta_3\}}$$

また，固定効果は非線形であるが，変量効果は変量切片で線形である次のようなモデルもある．

$$f(t_{ij}, \boldsymbol{\beta}, b_i) = \frac{\beta_1}{1+\exp\{(\beta_2-t_{ij})/\beta_3\}} + b_i$$

この場合,図 2.1(a)(b)と同様,各個体の推移は平行である.

　血中薬物濃度など,正の値しかとらず,高い値をとりやすく右裾を引く分布の場合には,モデル (3.1) とは誤差に関する仮定が異なる次のモデルが用いられる.

$$\log Y_{ij} = \log f(t_{ij}, \boldsymbol{\beta}, \mathbf{b}_i) + \varepsilon_{ij}$$

誤差項 ε_{it} は平均 0 の正規分布に従うと仮定する.左辺は $\log Y_{ij}$ であるので,Y_{ij} に対数正規分布を仮定している.このモデルは,次のようにも表せ,指数誤差(exponential error)ともいう.

$$Y_{ij} = f(t_{ij}, \boldsymbol{\beta}, \mathbf{b}_i)\exp(\varepsilon_{ij}) \tag{3.2}$$

このように,しばしば対数正規分布を仮定するが,正規分布の仮定も用いられる.例えば,次のモデルで誤差項 ε_{it} は平均 0 の正規分布に従うと仮定する.

$$Y_{ij} = f(t_{ij}, \boldsymbol{\beta}, \mathbf{b}_i)(1+\varepsilon_{ij}) \tag{3.3}$$

これは,比例誤差(proportional error)あるいは変動係数(coefficient of variation:CV)一定の誤差という.モデル (3.2) と (3.3) はどちらも平均が大きいほどばらつきが大きくなる CV 一定の仮定であるが分布の形状が異なる.一方,モデル (3.1) の誤差は加法誤差(additive error)という.

　個体間差を表す変量効果も右裾を引く分布の場合がある.しばしば次のように対数正規分布を仮定する.3.3 節に薬物動態の分野におけるこのような例を示した.

$$\eta_i = \exp(\boldsymbol{\beta}+\mathbf{b}_i)$$
$$\mathbf{b}_i \sim \mathrm{MVN}(\mathbf{0}, \mathbf{G})$$

3.2.2　非線形混合効果モデルの推定

　非線形混合効果モデルのパラメータの最尤推定には,反応変数と変量効果の同時確率密度関数を変量効果に関して積分して得られる周辺尤度関数を用いることが多い.しかし,この関数は通常明示的に表現できない.また,変量効果が複数ある場合には多重積分となる.そこで,変量効果が非線形の場合は近似が用いられ,いくつかの近似方法が提案されている.テイラー展開を利用した線形 1 次近似がしばしば用いられる.変量効果の平均周りでテイラー展開する first-order(FO)法と変量効果のベイズ推定の周りでテイラー展開する first-order conditional estimation(FOCE)法は計算負荷が少なく,よく用いられる.しかし,

個体間変動が大きいときに，FO法による推定値の偏りは大きく，測定ポイント数が十分でないときに，FOCE法はうまく動かない．FO法に比べ，FOCE法は偏りが小さいが尤度関数の最適化の収束率が低く，計算量が多い．ラプラス近似に基づくFOCE法も提案されている．線形1次近似には問題点があり，FO法の偏りを減らす方法も提案されている．

線形1次近似を避けるため，尤度を変量効果に関して数値積分する方法がいくつかある．また，計算量が多いが，モンテカルロ積分に基づく近似法と，その信頼区間をブートストラップ法あるいはプロファイル尤度より求める方法が提案されている．非線形混合効果モデルを解析するためのソフトウェアを3.3.5項に述べる．近似法や，時間依存性共変量がある場合のモデル，微分方程式の形のプログラムが可能であるかなどに特徴がある．

3.3 母集団薬物動態解析

薬物動態解析では血中薬物濃度から様々な薬物動態パラメータ（PKパラメータ）を推定する．代表的なPKパラメータを表3.2に示す．PKパラメータには相互に関数的に関係するものもある．従来の薬物動態解析は2段階法と呼ばれ，対象者ごとに血中薬物濃度からPKパラメータを推定し，それぞれのPKパラ

表3.2 薬物動態パラメータ

	薬物動態パラメータ	単位例	
AUC	血中濃度時間曲線下面積 Area Under the Concentration-Time Curve	mg hr/L	血中薬物濃度の時間推移の図の曲線下面積
C_{max}	最高血中濃度 Maximum Drug Concentration	mg/L	薬物投与後の最大血中濃度
CL	クリアランス Clearance	L/hr	単位時間内に薬物を除去することのできる血漿の理論的な容積，dose/AUC
Vd	（みかけの）分布容積 Volume of Distribution	L	薬物の総量が血漿と同じ薬物濃度で存在するとした場合に必要な容積
Ke	消失速度定数 Elimination Rate Constant	hr^{-1}	体内総薬物量に対する単位時間に除去される薬物量の比率，$Ke=CL/Vd$
Ka	吸収速度定数 Absorption Rate Constant	hr^{-1}	まだ吸収されていない薬物量に対する単位時間に吸収される薬物量の比率
$t_{1/2}$	半減期 Half-Life	hr	血中薬物濃度が半分になるまでの時間，$t_{1/2}=\log 2/Ke=\log 2/(CL/Vd)$

メータの平均値と分散を算出する．対象者ごとの PK パラメータの推定では，モデルを仮定しない方法を用いることが多い．例えば，薬物濃度曲線下面積（area under the concentration-time curve：AUC）を推定するには台形法を用いる（図 6.3(a) 参照）．正確に推定するために，各対象者で十分なサンプリングポイント，つまり採血時点が必要である．しかし，特に患者では，採血の回数を増やすのは困難な場合がある．非線形混合効果モデルでは，全ての対象者の血中薬物濃度を同時にモデルに当てはめ，対象者ごとではなく，集団として，母平均や分散などの母集団パラメータを得る．一人ひとりの採血回数が少なく，対象者ごとに PK パラメータを算出できないような場合でも母集団パラメータを推定できる．ただし，母集団パラメータである固定効果のパラメータ，変量効果や個体内誤差の分散や共分散を安定して推定するには，適切な測定時間と測定数を考える必要がある．母集団薬物動態解析（population pharmacokinetics：PPK）と表現した場合，一般には後者の集団としての解析を指す．母集団薬物動態解析ではしばしばコンパートメントモデルという概念的なモデルを用いる．

3.3.1　静脈内単回投与 1 コンパートメントモデル

静脈内単回投与 1 コンパートメントモデルの例を示す．薬剤を同一対象者に一度だけ投与する場合を単回投与という．D は投与量，t は投与からの経過時間，X は体内の薬物量とする．時間 t の血中薬物濃度（concentration）を C あるいは明示的に $C(t)$ とする．消失がそのときの薬物量に比例する場合を 1 次消失といい，微分方程式で比例定数 Ke を用いて次式で表す．

$$\frac{dX}{dt} = -Ke \cdot X$$

なお，0 次消失では $dX/dt = -\text{constant}$ で，変化は負の定数である．$X = C \cdot Vd$ より $dC/dt = -Ke \cdot C$ で，この解は次式となる．

$$C(t) = C(0)\exp(-Ke \cdot t)$$

$C(0) = D/Vd$，$Ke = CL/Vd$ である．消失速度定数 Ke，クリアランス CL，分布容積 Vd は PK パラメータである（表 3.2 参照）．以上より，次の静脈内単回投与 1 コンパートメントモデルの式が得られる．

$$C(t) = \frac{D}{Vd}\exp\left(-\frac{CL}{Vd} \cdot t\right)$$

対象者 i の時間 t の血中薬物濃度を $C_i(t)$ とする．PK パラメータ CL，Vd は

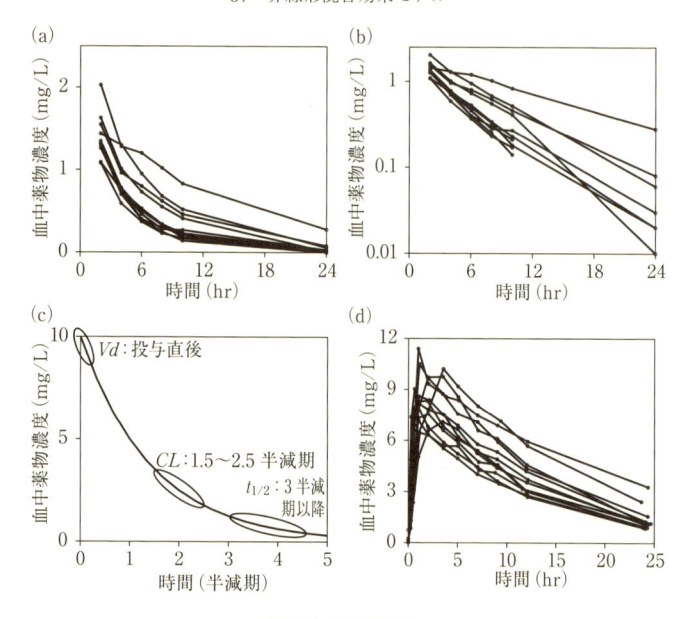

図 3.2 薬物動態
(a)(b) カドララジンの血中薬物濃度の推移（実数軸と対数軸），(c) 各パラメータの推定に適したサンプリングポイント，(d) テオフィリンの血中薬物濃度の推移．

個体により異なる変量とする．変量効果と誤差を考慮し，次のように仮定する．

$$\begin{cases} \log C_i(t) = \log \eta_i(t) + \varepsilon_{it} \\ \eta_i(t) = \dfrac{D}{Vd_i} \exp\left(-\dfrac{CL_i}{Vd_i} \cdot t\right) \\ CL_i = \exp(\beta_{CL} + b_{CL,i}) \\ Vd_i = \exp(\beta_{Vd} + b_{Vd,i}) \end{cases} \quad (3.4)$$

ε_{it} は誤差項で，平均 0，分散 σ_ε^2 の正規分布に従うと仮定する．左辺は $\log C_i(t)$ であるので $C_i(t)$ に対数正規分布を仮定している．これは，3.2.1 項に述べたように，指数誤差である．変量効果 $\mathbf{b}_i = (b_{CL,i}, b_{Vd,i})^T$ は平均ベクトル $\mathbf{0}$，分散 σ_{CL}^2 と σ_{Vd}^2，共分散 $\sigma_{CL,Vd}$ の 2 変量正規分布に ε_{it} とは独立に従うと仮定する．$\sigma_{CL,Vd} = 0$ と仮定することもある．このように PK パラメータや誤差には，しばしば対数正規分布を仮定する．求める母集団パラメータは β_{CL}, β_{Vd}, σ_{CL}^2, σ_{Vd}^2, $\sigma_{CL,Vd}$, σ_ε^2 である．

カドララジン（cadralazine）の血中薬物濃度の推移を図 3.2(a)(b) に示す．図

(a)の縦軸は実数スケール，図(b)は対数スケールである．モデル (3.4) の $\eta_i(t)$ の式は，対数変換を行うと時間に関して直線であるが，図の測定値も対数スケールで直線的な推移を示している．10名の対象者に対し，カドララジンの静脈内単回投与から24時間の間に血中薬物濃度を6回測定した．血中薬物濃度のサンプリングをどの時点にするかが，しばしば研究されている．例えば CL を算出するために6時点全てを測定していればフルサンプリングというが，2時点だけ測定していればスパースサンプリングという．

1時点あるいは少数時点の測定が推奨されるわけではないが，患者負担などのために1時点しか採血ができない場合の各対象者のクリアランスおよび半減期の推定方法と推定に適した測定時点が提案されている．図3.2(c)に示したように，CL を求めるには半減期の1.5〜2.5倍での測定，半減期を求めるには3半減期以降の測定，Vd を求めるには投与直後の測定が適している．実際には，半減期も未知のPKパラメータである．

3.3.2 経口単回投与1コンパートメントモデル

経口投与など血管外投与の場合，血中薬物濃度は時間をかけて上昇するため，吸収過程もモデル化する．単回投与で1次吸収を伴う1コンパートメントモデルの例を示す．3.3.1項の静脈内投与の例に比べ，吸収速度定数 Ka が加わる．時間 t の吸収部位の薬物量を X_a，コンパートメント内の薬物量を X とし次式で表される．

$$\frac{dX_a}{dt} = -Ka \cdot X_a$$

$$\frac{dX}{dt} = -Ke \cdot X + Ka \cdot X_a$$

これから，次のコンパートメントモデルの式 $\eta_i(t)$ が得られる．さらに誤差と変量効果の仮定をおく．

$$\begin{cases} \log C_i(t) = \log \eta_i(t) + \varepsilon_{it} \\ \eta_i(t) = \dfrac{D \cdot Ka_i}{Vd_i(Ka_i - CL_i/Vd_i)} \left\{ \exp\left(-\dfrac{CL_i}{Vd_i} \cdot t\right) - \exp(-Ka_i \cdot t) \right\} \\ CL_i = \exp(\beta_{CL} + b_{CL,i}) \\ Vd_i = \exp(\beta_{Vd} + b_{Vd,i}) \\ Ka_i = \exp(\beta_{Ka} + b_{Ka,i}) \end{cases} \quad (3.5)$$

ここで，$\mathbf{b}_i = (b_{CL,i}, b_{Vd,i}, b_{Ka,i})^T$ は平均ベクトル $\mathbf{0}$，分散 σ_{CL}^2，σ_{Vd}^2，σ_{Ka}^2，共分散

$\sigma_{CL,Vd}$, $\sigma_{CL,Ka}$, $\sigma_{Vd,Ka}$ の3変量正規分布に従うと仮定する．共分散項は0と仮定することもある．求める母集団パラメータは β_{CL}, β_{Vd}, β_{Ka}, σ_{CL}^2, σ_{Vd}^2, σ_{Ka}^2, $\sigma_{CL,Vd}$, $\sigma_{CL,Ka}$, $\sigma_{Vd,Ka}$, σ_ε^2 である．指数誤差のモデルである．

テオフィリン（theophylline）の経口単回投与での血中薬物濃度の推移を図3.2(d)に示した．12名の対象者に対し，テオフィリンの経口投与から25時間の間に血中薬物濃度を11回測定した．統計ソフトウェア SAS の NLMIXED プロシジャのヘルプではテオフィリンのデータに以下のモデルを用いた解析例が示されている．

$$\begin{cases} C_i(t) = \dfrac{D \cdot Ke_i \cdot Ka_i}{CL_i(Ka_i - Ke_i)} \{\exp(-Ke_i \cdot t) - \exp(-Ka_i \cdot t)\} + \varepsilon_{it} \\ CL_i = \exp(\beta_{CL} + b_{CL,i}) \\ Ka_i = \exp(\beta_{Ka} + b_{Ka,i}) \\ Ke_i = \exp(\beta_{Ke}) \end{cases}$$

ここでは Vd ではなく $Ke = CL/Vd$ で定式化されている．このように，非線形モデルでは，同じモデルを異なるパラメータの組み合わせでしばしば表している．非線形混合効果モデルでは，変量を Vd とするか Ke とするかで異なるモデルとなる．また，ここでは Ke は変量効果ではなく固定効果としている．加法誤差のモデルである．SAS のプログラム例を9.10節に示す．

3.3.3 線形と非線形

線形という用語について補足する．線形モデルとは，$Y = X\beta + \varepsilon$ で表され，$X\beta$ がパラメータの線形結合で誤差項が加法的なモデルである．パラメータに関して線形（1次式）であり，共変量に関して線形でなくてよい．混合効果モデルの場合，線形であれば固定効果のパラメータ $\hat{\beta}$ を（2.4）式で表せ，最適化でのパラメータ数を減らせる．また，$\mathrm{Var}(Y_i)$ を $V_i = Z_i G Z_i^T + R_i$ で明示的に表せ，計算上の問題が少ない．一方，非線形では明示的に表せず，近似が必要となる．近似に関しては3.2.2項で述べた．

薬物動態の分野でも，線形性（linearity）という用語をしばしば用いる．前述の線形モデルでの線形とは異なり，薬物動態に関する速度が線形であることをいう．このとき，血中薬物濃度や AUC, C_{max} は投与量に比例する．AUC や C_{max} は曝露を表す PK パラメータである（表3.2参照）．一方，薬物動態のメカニズムを表す CL や Vd などの PK パラメータは一定の値である．CL や Vd が投与

量に依存して変化する場合，血中薬物濃度は投与量に比例せず非線形という．ある一定の投与量を超えると血中薬物濃度が急激に上がりやすくなる場合や，血中薬物濃度の上昇が頭打ちとなる場合があり，特別な注意が必要となる．

投与量線形性（比例性）は視覚的な検討が重要だが，統計的な評価方法がいくつかあり，AUC および C_{max} に対して，パワーモデル，回帰分析，分散分析などが用いられる．パワーモデルでは，$\beta_0 \cdot dose^{\beta_1}$ で β_1 が 1 であるかを検討する．回帰分析では，投与量に回帰し，原点を通る直線が当てはまるかを検討する．分散分析では，投与量で割った値を反応とし，投与量群間で平均が異ならないかを検討する．また，どこまでの投与量範囲で線形であるかの評価も重要である．

3.3.4 母集団薬物動態解析の利点と各対象者の PK パラメータの予測

母集団薬物動態解析の利点として，体重，年齢，腎機能などの対象者の背景因子による薬物動態への影響が直接評価できる．例えば，(3.4) 式や (3.5) 式で，CL を腎機能を表すクレアチニンクリアランス（Ccr_i）の次のような関数とする．

$$CL_i = \exp(\beta_{CL,\,int} + \beta_{CL,\,Ccr} Ccr_i + b_{CL,\,i})$$

あるいは，Vd を体重（$Weight_i$）の次のような関数とする．

$$Vd_i = \exp(\beta_{Vd,\,int} + \beta_{Vd,\,Weight} Weight_i + b_{Vd,\,i})$$

これより，腎機能や体重で投与量を調整する必要性を評価できる．モデルにより，腎機能の低い対象者へ投与した場合や，高用量や低用量を投与した場合の血中薬物濃度を予測でき，様々な疑問を検討できる．また，薬物動態に関してこれまで得られてきた情報を活用できる．例えば，複数の臨床試験データを併合した解析が行われる．

平均や分散などの母集団パラメータがわかれば，数時点の採血から非線形混合効果モデルに基づいて経験ベイズ法により対象者固有の PK パラメータを予測できる．該当対象者の情報が少ない場合，シュリンケージにより単に母平均に近い値が予測されていることがあり注意を要する．2.3.3 項にシュリンケージに関して述べた．

Therapeutic drug monitoring（TDM）では，対象者ごと個別の投与設計が行われる．その際にも母集団薬物動態解析が用いられる．例えば，ある患者での単回投与時の 1 時点の血中濃度のデータから経験ベイズ法を用いて，反復投与時の定常状態の血中濃度が有効血中濃度の幅に入る投与量を予測する．定常状態の濃

度は，*CL*，投与量，投与間隔により決まるため，*CL*の推定に適した時間に測定を行うとよい．

3.3.5 ソフトウェア

母集団薬物動態解析の非線形混合効果モデルによる解析にはNONMEM（nonlinear mixed effects model）というソフトウェアが広く使用されている．NONMEMはBealとSheinerらが1970年代より開発し，FO法とFOCE法が主な近似法である．また，近年のバージョンアップで，マルコフ連鎖モンテカルロ法（Markov chain Monte Carlo：MCMC）も利用可能である．薬剤を同一対象者に繰り返し投与する場合を反復投与（multiple dosing）という．反復投与では，投与量は時間依存性共変量であり，過去の投与履歴が重ね合わせの原理により血中薬物濃度に反映されるモデルが使われる．反復投与における重ね合わせの原理を図3.3に示す．図中の黒丸は3回目の投与の後の血中濃度であるが，白丸で示した1，2，3回の投与による血中濃度の和であると仮定している．単純にその時点の共変量に回帰するモデルに比べると複雑なモデルである．NONMEMでは，反復投与の場合のプログラムが容易である．3.3.1項および3.3.2項で示した例は，単回投与1コンパートメントモデルで，上述したように微分方程式の解が求まる単純な場合であった．さらに，複数のコンパートメントや非線形な薬物動態など複雑なモデルを仮定した場合には微分方程式の解が求まらないことが多い．この場合も，NONMEMでは，微分方程式を用いたプログラムで解析が可能である．

SASのNLMIXEDプロシジャはFO法，ラプラス近似に基づくFOCE法，Gauss-Hermite quadratureによる数値積分法が主な近似法である．微分方程式

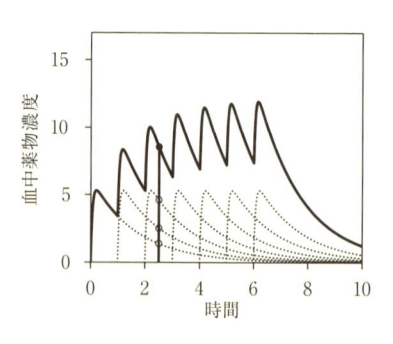

図3.3 反復投与における重ね合わせの原理

の形のプログラムが可能でない．また，反復投与に対応したプログラムは複雑になる．他にも，SPLUS の NLME などのソフトウェアがある．

3.4 関連文献と出典

Seber and Wild (1989) は非線形モデルに関する書籍である．Davidian and Giltinan (1995) や Vonesh and Chinchilli (1997) は経時データでの非線形モデルに関する書籍である．Pinheiro and Bates (2000；緒方監訳，2012) は非線形混合効果モデルに詳しい．非線形曲線は Lindsey (2001)，Pinheiro and Bates (2000)，芳賀 (2010)，Ratkowsky (1983)，Seber and Wild (1989)，Singer and Willett (2003) などに詳しい．佐和 (1979) に線形化可能な非線形関数が記載されている．非線形成長曲線は個体群成長 (巌佐，1998)，生態学における木の成長 (吉本ほか，2012)，数理人口学 (稲葉，2002) などでも使われている．3.1.2 項の monomolecular 曲線は，Pinheiro and Bates (2000) では漸近回帰 (asymptotic regression)，Vonesh (2012) では漸近指数成長曲線，芳賀 (2010) では下限あるいは上限がある場合の指数曲線，Singer and Willett (2003) では負の指数関数と呼ばれている．Fukaya et al. (2014) は対数変換後の値を反応変数とし，自己回帰のモデルを変量効果とともに当てはめており，これはゴンペルツ曲線となる．第 4 章の自己回帰線形混合効果モデルと類似したアプローチである．ベルタランフィ曲線，リチャード曲線，一般化ロジスティック曲線に関しては von Bertalanffy (1957)，Richards (1959)，Seber and Wild (1989)，Heitjan (1991) を参照されたい．Heitjan (1991) は 6.4 節に示す免疫指標のデータに一般化ロジスティック曲線を変量効果と AR(1) 誤差とともに当てはめた．Emax モデルとロジスティック曲線の対応は，芳賀 (2010) を参照されたい．

3.2.2 項で述べた FO 法は Beal and Sheiner (1982) および Beal and Sheiner (1988)，FOCE 法は Lindstrom and Bates (1990)，ラプラス近似に基づく FOCE 法は Wolfinger and Lin (1997) で提案されている．FO 法や FOCE 法の性能は Vonesh and Chinchilli (1997) を，線形 1 次近似の問題点は矢船ほか (2000) を，FO 法の偏りを減らす方法は Funatogawa and Funatogawa (2007) を参照されたい．数値積分による方法は Davidian and Gallant (1993) および Pinheiro and Bates (1995)，モンテカルロ積分に基づく近似法は Yafune et al. (1998)，その信頼区間を求める方法は Yafune and Ishiguro (1999) および

Funatogawa et al.（2006）で提案されている．

　薬物動態解析に関しては加藤（2004）に平易に，高田（2002），Winter 著，樋口監訳（2013）に詳しく記載されている．母集団薬物動態解析に関しては矢船・石黒（2004），緒方編（2010），船渡川・船渡川（2015）を参照されたい．Bonate（2011）には pharmacokineticist 向けに線形モデルから非線形混合効果モデルまで記載されている．薬剤開発での母集団薬物動態解析は FDA のガイダンス（Food and Drug Administration，1999）を参照されたい．3.3.1 項のカドララジンのデータは Wakefield et al.（1994）などで，3.3.2 項のテオフィリンのデータは Davidian and Giltinan（1995）や Pinheiro and Bates（2000）などで解析されている．3.3.1 項で述べた1時点のサンプリングから半減期やクリアランスを推定する方法と測定時点に関しては，Funatogawa et al.（2007b）および Funatogawa and Funatogawa（2012c）で提案されている．3.3.3 項で述べた投与量線形性に関しては，橋本ほか（2001）を参照されたい．

Chapter 4
自己回帰線形混合効果モデル

　前章までは，混合効果モデルを中心に述べた．この章では遷移モデルである自己回帰モデルに混合効果や誤差項に関する拡張を行った自己回帰線形混合効果モデルについて述べる．初期値や誤差項の扱い，パラメータの解釈などが論点となる．4.1節で自己回帰モデル，4.2節と4.3節で自己回帰線形混合効果モデルとその推定，4.4節で多変量自己回帰線形混合効果モデルについて述べる．4.5節では，医学，経済学，社会学分野での経時データ解析での自己回帰モデルの使用について述べ，4.7節で書籍を紹介する．4.6節では状態空間表現と修正カルマンフィルターを用いた最尤推定について述べる．

4.1　自己回帰モデル・遷移モデル

　経時データのモデルは，周辺モデル（marginal model），混合効果モデル（mixed effects model），遷移モデル（transition model）の三つのアプローチに大別される．遷移モデルは誤差に関する場合（例 $\varepsilon_{ij}=\rho\varepsilon_{ij-1}+\eta_{ij}$）と反応自体に関する場合（例 $Y_{ij}=\rho Y_{ij-1}+\varepsilon_{ij}$）がある．反応が離散型変数の場合は，三つのアプローチで固定効果のパラメータ解釈が変わり，アプローチの違いは重要である．連続型反応で線形の場合は，周辺モデル，混合効果モデル，誤差に関する遷移モデルは固定効果のパラメータ解釈が同じである．一方，反応自体に関する遷移モデルは，医学分野ではほとんど取り上げられてこなかったが，パラメータ解釈が他のアプローチとは異なり，注意が必要である．本書では，反応自体に関する遷移モデルを取り上げる．

　反応を直前の反応と共変量に回帰させるモデルは，自己回帰モデル，条件付モデル，条件付自己回帰モデル，状態依存モデル，遷移モデル，ダイナミックモデル，マルコフモデル，自己回帰-反応モデル，lagged-response モデルなど様々に呼ばれる．本書では自己回帰モデルと呼ぶこととする．

4. 自己回帰線形混合効果モデル

簡単のため，対象者が1人のみで，変量効果も誤差もない状況で，自己回帰モデルの反応の推移とパラメータ解釈を考える．時点 t ($t=0, 1, \cdots, T$) の反応を Y_t とする．まず，共変量のない次のモデルを考える．

$$Y_t = \rho Y_{t-1} + \beta$$

ここで，ρ は前値への回帰係数，β は切片である．$\rho \neq 1$ を仮定し，反応の変化を表す次式に変形する．

$$Y_t - Y_{t-1} = (1-\rho)\left(\frac{\beta}{1-\rho} - Y_{t-1}\right)$$
$$= (1-\rho)(Y_{\text{equi}} - Y_{t-1})$$

$0 < \rho < 1$ のとき，$(1-\rho)^{-1}\beta \equiv Y_{\text{equi}}$ は漸近値（asymptote）として解釈できる．漸近値は均衡値（equilibrium）あるいは定常状態（steady-state）の値と呼ぶこともある．Y_{equi} は観測される値ではないが，Y の漸近値であることがわかりやすいため，この記号を用いる．$(Y_{\text{equi}} - Y_{t-1})$ は漸近値までの残りの大きさである．反応は，残りの大きさの $(1-\rho)$ 倍変化する．この式変形により，初期の変化ほど大きく，次第に均衡値に近づくことがわかる．次に前値の条件付きでない表現への変換を行う．前値の式の代入を繰り返し，次式が得られる．

$$Y_t = \rho^t Y_0 + \sum_{j=1}^{t} \rho^{t-j} \beta$$

開始時の値 Y_0 は $Y_t (t>0)$ とは別にモデル化することとし，$Y_0 = \beta_{\text{base}}$ とすると，次式となる．

$$Y_t = \rho^t \beta_{\text{base}} + \sum_{j=1}^{t} \rho^{t-j} \beta$$

この式からも，t が無限大のときの Y_t の値として，$(1-\rho)^{-1}\beta = Y_{\text{equi}}$ が得られる．

図4.1(a)に自己回帰係数 ρ の値を変化させたときの，$Y_t = \rho Y_{t-1} + \beta$ の推移を示した．上述のように，$0 < \rho < 1$ の場合，反応は $(1-\rho)^{-1}\beta$ に向かって推移する．$\rho = 1$ の場合，$Y_t - Y_{t-1} = \beta$ であり，単位時間当たり β だけ変化する直線推移，つまり切片が β_{base} で傾きが β の推移となる．$\rho > 1$ の場合，漸近値に向かわず発散する．$-1 < \rho < 0$ のとき，反応は振幅しながら漸近値に向かう．本書では，$0 < \rho < 1$ の場合を考える．なお，切片項がない場合，$Y_t = \rho Y_{t-1}$ であり，$0 < \rho < 1$ のとき，反応は0に向かって推移する．

図4.1(b)に開始時の値と切片を固定し，自己回帰係数 ρ ($0 < \rho < 1$) の値を変化させたときの推移を示した．漸近値は $(1-\rho)^{-1}\beta$ で，残りの大きさの $(1-\rho)$ 倍変化するため，ρ が小さいほど，漸近値と開始時の差の絶対値は大きく，早く漸近値に近づく．ρ の値によって，漸近値の値が変わり，また漸近値に近づく

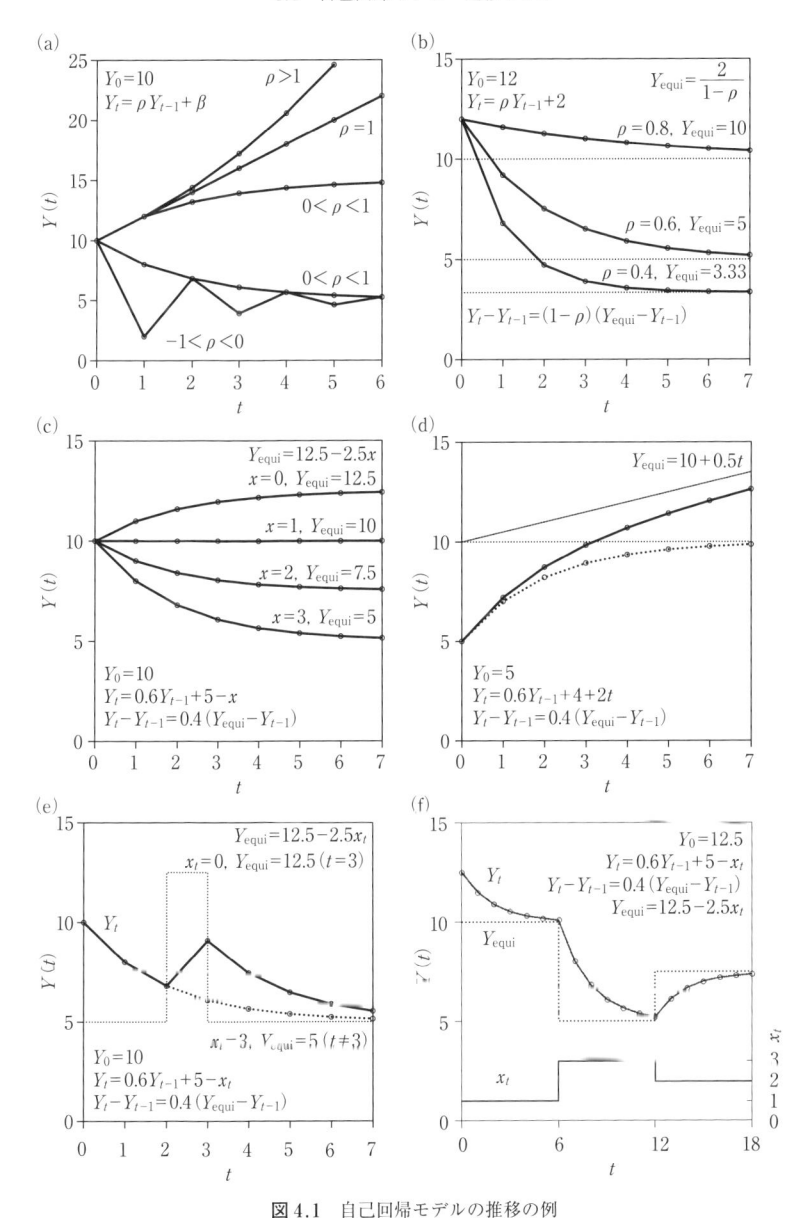

図 4.1 自己回帰モデルの推移の例
(a)自己回帰パラメータρと曲線の関係，(b)自己回帰パラメータρと曲線の関係 ($0<\rho<1$)，(c)時間依存性でない共変量がある場合，(d)共変量が時間の場合，(e)(f)時間依存性共変量がある場合．

速さ（割合）が変わる．本書ではρの値が対象者によって異なるモデルは取り扱わない．

図4.1(c)に時間依存性でない共変量がある場合の例を示した．共変量により，漸近値の値が異なる．漸近値までの変化割合は$(1-\rho)$で同じであるが，漸近値までの距離が遠いほど変化量が大きい．図4.1(d)に共変量が連続量の時間である場合を示した．均衡値が直線的に変化している．図4.1(e)(f)に時間依存性の共変量がある場合の例を示した．例えば投与量の変更に応じて反応の推移が変化することが考えられる．図4.1(e)は，ある一時点のみ共変量の値を変更した場合の反応の推移を示している．反応はその時点の共変量の値だけではなく，共変量の履歴に依存する．図4.1(f)では，共変量を変更すると，漸近値の値が変わり，反応は新しい漸近値に向かうことを示している．

4.2 自己回帰線形混合効果モデル

4.1節では対象者が1人の場合を考えたが，ここでは対象者が複数で，個体間の違いを変量効果で表す自己回帰線形混合効果モデル（autoregressive linear mixed effects model）について述べる．第2章とは添字を変更し，i番目（$i=1,\cdots,N$）の対象者の時点t（$t=0,1,\cdots,T_i$）の反応を$Y_{i,t}$とする．簡単のため，誤差項を省略した場合を考えたのち，誤差項について述べる．以降，自己回帰係数に$0<\rho<1$の制約をおく．まず，いくつかの例を示す．

4.2.1 自己回帰線形混合効果モデルの例

例 4.1 共変量がない場合の自己回帰線形混合効果モデル（誤差省略）　共変量がない場合の自己回帰線形混合効果モデルの例を以下に示す．

$$\begin{cases} Y_{i,t}=\beta_{\text{base}}+b_{\text{base}\,i}, & (t=0) \\ Y_{i,t}=\rho Y_{i,t-1}+(\beta_{\text{int}}+b_{\text{int}\,i}), & (t>0) \end{cases} \quad (4.1)$$

$b_{\text{base}\,i}$と$b_{\text{int}\,i}$は変量効果で，個体間の違いを表し，2変量正規分布に従うと仮定する．対象者iの反応の変化と漸近値は，$t>0$で次式で表される．

$$Y_{i,t}-Y_{i,t-1}=(1-\rho)(Y_{\text{equi}\,i}-Y_{i,t-1})$$
$$Y_{\text{equi}\,i}=(1-\rho)^{-1}(\beta_{\text{int}}+b_{\text{int}\,i})$$

前値の条件付きでない表現は，$t>0$で次のようになる．

4.2 自己回帰線形混合効果モデル

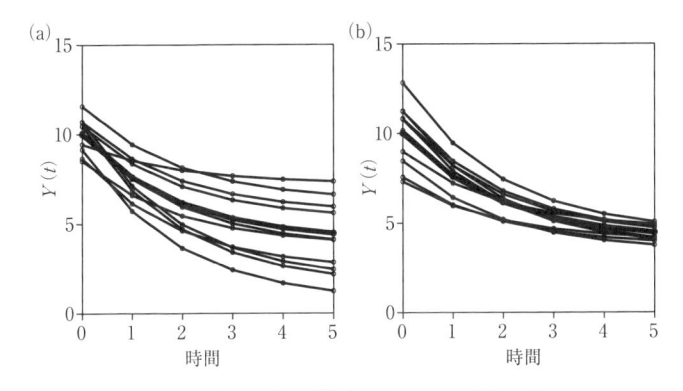

図4.2 自己回帰線型混合効果モデルの推移の例
(a)個体間のばらつきが開始時より均衡値で大きい．(b)個体間のばらつきが開始時より均衡値で小さい．

$$Y_{i,t} = \rho^t(\beta_{\text{base}} + b_{\text{base }i}) + \sum_{j=1}^{t} \rho^{t-j}(\beta_{\text{int}} + b_{\text{int }i})$$

図 4.2(a)(b)に（4.1）式で表される個体推移の例を示す．このように，変量効果を含めることで，個体ごとにある状態から別の定常状態へ向かう変化を表すことができる．介入による値の変化をみる研究デザインでは，このような推移がしばしばみられる．個体間のばらつきが開始時よりも均衡値で大きくなる場合（図4.2(a)）や小さくなる場合（図4.2(b)）が考えられる．また，開始時と均衡値の相関が高い場合と低い場合が考えられる．特に，介入に対する反応性が対象者によって異なるために，ばらつきの違いが生じる場合がある．

例 4.2 共変量がある場合の自己回帰線形混合効果モデル（誤差省略） 共変量がある場合の例を示す．共変量の値は時間によらず一定とする．例えば，A群とB群の2群間の推移の比較で，群を表すダミー変数が共変量である次式を考える．

$$\begin{cases} Y_{i,t} = \beta_{\text{base}} + \beta_{\text{base g}} x_{\text{base }i} + b_{\text{base }i}, & (t=0) \\ Y_{i,t} = \rho Y_{i,t-1} + \beta_{\text{int}} + \beta_{\text{int g}} x_{\text{int }i} + b_{\text{int }i}, & (t>0) \end{cases} \quad (4.2)$$

ここで，$(x_{\text{base }i}, x_{\text{int }i})$ は対象者 i の共変量で，A群では $(1,1)$，B群では $(0,0)$ とする．対象者 i の漸近値 $Y_{\text{equi }i}$ は次式で表される．

$$Y_{\text{equi }i} = (1-\rho)^{-1}(\beta_{\text{int}} + \beta_{\text{int g}} x_{\text{int }i} + b_{\text{int }i})$$

漸近値の期待値は A群では $(1-\rho)^{-1}(\beta_{\text{int}} + \beta_{\text{int g}})$，B群では $(1-\rho)^{-1}\beta_{\text{int}}$，その差は

$(1-\rho)^{-1}\beta_{\text{int g}}$ である．プラセボ群を含む 3 群間の比較試験の例を 6.2 節に示す．変量効果の分散共分散行列は群間で異なると仮定することもある．例えばプラセボ群と実薬治療群で分散が大きく異なる場合があり，この場合 $b_{\text{int }i}$ を不等分散とする．

例 4.3 時間依存性共変量がある場合の自己回帰線形混合効果モデル（誤差省略） 時間依存性共変量がある場合の例を示す．4.1 節の図 4.1(e)(f) に示したように，共変量の値が変化すると均衡値が変化する．このような時間依存性共変量として薬剤投与量などが考えられる．共変量の係数が変量効果である次式を考える．

$$\begin{cases} Y_{i,t} = \beta_{\text{base}} + b_{\text{base }i}, & (t=0) \\ Y_{i,t} = \rho Y_{i,t-1} + (\beta_{\text{int}} + b_{\text{int }i}) + (\beta_{\text{dose}} + b_{\text{dose }i}) x_{i,t}, & (t>0) \end{cases} \quad (4.3)$$

ここで，$x_{i,t}$ は対象者 i の時点 t の投与量であり，開始時は 0 とした．$t>0$ の (4.3) 式は，(4.1) 式に $(\beta_{\text{dose}} + b_{\text{dose }i}) x_{i,t}$ が加わっている．対象者 i の時点 t の漸近値 $Y_{\text{equi }i,t}$ は次式で表される．

$$Y_{\text{equi }i,t} = (1-\rho)^{-1}\{\beta_{\text{int}} + b_{\text{int }i} + (\beta_{\text{dose}} + b_{\text{dose }i}) x_{i,t}\}$$

漸近値は共変量 $x_{i,t}$ に依存する．$(1-\rho)^{-1}b_{\text{dose }i}$ は用量反応性の個体間差を示す．これは，投与量の変更で反応が大きく変わる人もいればあまり変わらない人もいるという反応性の個体間差を示す．投与量が時間依存性共変量の場合の例を 4.4 節および 6.4 節に示す．

4.2.2 自己回帰線形混合効果モデル

自己回帰線形混合効果モデルの行列表現を示す．i 番目 ($i=1,\cdots,N$) の対象者の時点 t ($t=0,1,\cdots,T_i$) の反応を $Y_{i,t}$ とし，$\mathbf{Y}_i = (Y_{i,0},\cdots,Y_{i,T_i})^{\text{T}}$ とする．$\mathbf{F}_i$ を対角の一つ下の要素が 1 で，残りの要素が 0 の $(T_i+1) \times (T_i+1)$ 正方行列とする．$\mathbf{F}_i \mathbf{Y}_i$ は $(0, Y_{i,0}, Y_{i,1},\cdots, Y_{i,T_i-1})^{\text{T}}$ で，1 時点前の反応のベクトルである．4 時点の場合の $\mathbf{F}_i$, $\mathbf{F}_i \mathbf{Y}_i$ を示す．

$$\mathbf{F}_i = \begin{pmatrix} 0 & 0 & 0 & 0 \\ 1 & 0 & 0 & 0 \\ 0 & 1 & 0 & 0 \\ 0 & 0 & 1 & 0 \end{pmatrix}, \quad \mathbf{F}_i \mathbf{Y}_i = \begin{pmatrix} 0 & 0 & 0 & 0 \\ 1 & 0 & 0 & 0 \\ 0 & 1 & 0 & 0 \\ 0 & 0 & 1 & 0 \end{pmatrix} \begin{pmatrix} Y_{i,0} \\ Y_{i,1} \\ Y_{i,2} \\ Y_{i,3} \end{pmatrix} = \begin{pmatrix} 0 \\ Y_{i,0} \\ Y_{i,1} \\ Y_{i,2} \end{pmatrix}$$

ρ を前値への未知の回帰係数とすると，$\rho \mathbf{F}_i \mathbf{Y}_i$ により前値への回帰，つまり自己

4.2 自己回帰線形混合効果モデル

回帰モデルの行列表現となる．第 2 章の線形混合効果モデルの (2.1) 式の右辺に $\rho \mathbf{F}_i \mathbf{Y}_i$ を加えた次のモデルを自己回帰線形混合効果モデルと呼ぶ．

$$\mathbf{Y}_i = \rho \mathbf{F}_i \mathbf{Y}_i + \mathbf{X}_i \boldsymbol{\beta} + \mathbf{Z}_i \mathbf{b}_i + \boldsymbol{\varepsilon}_i \tag{4.4}$$

(2.1) 式と同様，$\boldsymbol{\beta}$ は未知の $p \times 1$ の固定効果のパラメータベクトル，$\mathbf{X}_i$ は既知の $n_i \times p$ の固定効果の計画行列，$\mathbf{b}_i$ は未知の $q \times 1$ の変量効果の確率ベクトル，$\mathbf{Z}_i$ は既知の $n_i \times q$ の変量効果の計画行列，$\boldsymbol{\varepsilon}_i$ は $n_i \times 1$ のランダムな誤差ベクトルとする．$\mathbf{b}_i$ と $\boldsymbol{\varepsilon}_i$ は独立に平均ベクトル $\mathbf{0}$，分散共分散行列がそれぞれ $\mathbf{G}$ および $\mathbf{R}_i$ の多変量正規分布に従うと仮定する．$\mathbf{Y}_i$ の分散共分散行列を $\mathbf{V}_i$ とすると，$\mathbf{V}_i = \mathbf{Z}_i \mathbf{G} \mathbf{Z}_i^\mathrm{T} + \mathbf{R}_i$ である．$\mathbf{V}_i$ は前値の条件付きの分散共分散行列である．ここでは，1 次の自己回帰に限るが，$\rho \mathbf{F}_i$ を対角要素が 0 である任意の下三角行列に置き換えることでさらに一般化が可能である．

$\rho \ne 1$ を仮定し，$t > 0$ での反応の変化を表す次式に変形できる．簡単のため，全時点のベクトルではなく時点 t について示す．

$$Y_{i,t} - Y_{i,t-1} = (1-\rho)(Y_{\mathrm{equi}\,i,t} - Y_{i,t-1}) + \varepsilon_{i,t}$$
$$Y_{\mathrm{equi}\,i,t} = (1-\rho)^{-1}(\mathbf{X}_{i,t} \boldsymbol{\beta} + \mathbf{Z}_{i,t} \mathbf{b}_i)$$

$0 < \rho < 1$ のとき，$Y_{\mathrm{equi}\,i,t}$ は漸近値として解釈でき，反応はこの値に向かって推移する．これは観測される値ではない．$\mathbf{X}_{i,t}$ と $\mathbf{Z}_{i,t}$ は漸近値を説明する変数と考えられる．$t > 0$ で漸近値の期待値は $(1-\rho)^{-1} \mathbf{X}_{i,t} \boldsymbol{\beta}$ である．

(4.4) 式を周辺表現である，前値の条件付きでない次式に変形する．$\mathbf{I}_i$ は $(T_i+1) \times (T_i+1)$ の単位行列とする．この章では，$\mathbf{I}_i$ の添字は行列の大きさではなく，対象者 i を示す．

$$\mathbf{Y}_i = (\mathbf{I}_i - \rho \mathbf{F}_i)^{-1}(\mathbf{X}_i \boldsymbol{\beta} + \mathbf{Z}_i \mathbf{b}_i + \boldsymbol{\varepsilon}_i)$$

ここで，$(\mathbf{I}_i - \rho \mathbf{F}_i)^{-1}$ は (j,k) 要素が $\rho^{j-k}(j \ge k)$ である下三角行列となる．4 時点の場合の $(\mathbf{I}_i - \rho \mathbf{F}_i)^{-1}$ を示す．

$$(\mathbf{I}_i - \rho \mathbf{F}_i)^{-1} = \begin{pmatrix} 1 & 0 & 0 & 0 \\ \rho & 1 & 0 & 0 \\ \rho^2 & \rho & 1 & 0 \\ \rho^3 & \rho^2 & \rho & 1 \end{pmatrix}$$

$\mathbf{Y}_i$ の前値の条件付きでない，周辺表現の分散共分散行列を $\boldsymbol{\Sigma}_i$ とすると，$\mathbf{V}_i$ と $\boldsymbol{\Sigma}_i$ は次の関係となる．

$$\boldsymbol{\Sigma}_i = (\mathbf{I}_i - \rho \mathbf{F}_i)^{-1} \mathbf{V}_i \{(\mathbf{I}_i - \rho \mathbf{F}_i)^{-1}\}^\mathrm{T}$$
$$\mathbf{V}_i = (\mathbf{I}_i - \rho \mathbf{F}_i) \boldsymbol{\Sigma}_i (\mathbf{I}_i - \rho \mathbf{F}_i)^\mathrm{T}$$

4.2.3 項から 4.2.6 項で誤差と分散共分散行列の構造について詳しく検討する．

4.2.1 項の例 4.3 で示した時間依存性共変量がある場合の自己回帰線形混合効果モデルの 4 時点の場合を示す．

$$\begin{pmatrix} Y_{i,0} \\ Y_{i,1} \\ Y_{i,2} \\ Y_{i,3} \end{pmatrix} = \rho \begin{pmatrix} 0 & 0 & 0 & 0 \\ 1 & 0 & 0 & 0 \\ 0 & 1 & 0 & 0 \\ 0 & 0 & 1 & 0 \end{pmatrix} \begin{pmatrix} Y_{i,0} \\ Y_{i,1} \\ Y_{i,2} \\ Y_{i,3} \end{pmatrix} + \begin{pmatrix} 1 & 0 & 0 \\ 0 & 1 & x_{i,1} \\ 0 & 1 & x_{i,2} \\ 0 & 1 & x_{i,3} \end{pmatrix} \begin{pmatrix} \beta_{\text{base}} \\ \beta_{\text{int}} \\ \beta_{\text{dose}} \end{pmatrix} + \begin{pmatrix} 1 & 0 & 0 \\ 0 & 1 & x_{i,1} \\ 0 & 1 & x_{i,2} \\ 0 & 1 & x_{i,3} \end{pmatrix} \begin{pmatrix} b_{\text{base}\,i} \\ b_{\text{int}\,i} \\ b_{\text{dose}\,i} \end{pmatrix} + \begin{pmatrix} \varepsilon_{i,0} \\ \varepsilon_{i,1} \\ \varepsilon_{i,2} \\ \varepsilon_{i,3} \end{pmatrix}$$

前値の条件付きでない $\mathbf{Y}_i$ は次式となる．

$$\begin{pmatrix} Y_{i,0} \\ Y_{i,1} \\ Y_{i,2} \\ Y_{i,3} \end{pmatrix} = \begin{pmatrix} 1 & 0 & 0 & 0 \\ \rho & 1 & 0 & 0 \\ \rho^2 & \rho & 1 & 0 \\ \rho^3 & \rho^2 & \rho & 1 \end{pmatrix} \left\{ \begin{pmatrix} 1 & 0 & 0 \\ 0 & 1 & x_{i,1} \\ 0 & 1 & x_{i,2} \\ 0 & 1 & x_{i,3} \end{pmatrix} \begin{pmatrix} \beta_{\text{base}} \\ \beta_{\text{int}} \\ \beta_{\text{dose}} \end{pmatrix} + \begin{pmatrix} 1 & 0 & 0 \\ 0 & 1 & x_{i,1} \\ 0 & 1 & x_{i,2} \\ 0 & 1 & x_{i,3} \end{pmatrix} \begin{pmatrix} b_{\text{base}\,i} \\ b_{\text{int}\,i} \\ b_{\text{dose}\,i} \end{pmatrix} + \begin{pmatrix} \varepsilon_{i,0} \\ \varepsilon_{i,1} \\ \varepsilon_{i,2} \\ \varepsilon_{i,3} \end{pmatrix} \right\}$$

4.2.3　自己回帰線形混合効果モデルの誤差項

線形混合効果モデルでは，変量効果を含めたのち，誤差に独立構造をしばしば仮定する．しかし，自己回帰線形混合効果モデルでは，独立構造の誤差は，前値の条件付きでない表現では AR(1) の誤差となる．実際のデータでは，観測方法の精度が悪い場合などに，時点間で独立な測定誤差が生じる．そこで，前値の条件付きでない表現で AR(1) 誤差と測定誤差の両方を含めた誤差構造を考える．AR(1) 誤差は，開始時の仮定により二つの設定を考える．AR(1) 誤差は変化に伴う誤差であると考え，$Y_{i,0}$ に AR(1) 誤差を含めない場合と，定常の AR(1) 誤差となるように開始時の分散に制約をおく場合である．9.8 節に定常と非定常について記載する．開始時に AR(1) 誤差を含めない場合は次式となる．

$$\begin{cases} Y_{i,t} = \beta_{\text{base}} + b_{\text{base}\,i} + \varepsilon_{(\text{ME})i,t}, & (t=0) \\ Y_{i,t} = \rho Y_{i,t-1} + (\beta_{\text{int}} + b_{\text{int}\,i}) + \varepsilon_{(\text{AR})i,t} + \varepsilon_{(\text{ME})i,t} - \rho \varepsilon_{(\text{ME})i,t-1}, & (t>0) \end{cases} \quad (4.5)$$

ここで，$\varepsilon_{(\text{AR})i,t}$ と $\varepsilon_{(\text{ME})i,t}$ は独立に平均 0，分散がそれぞれ σ_{AR}^2 と σ_{ME}^2 の正規分布に従うとする．定常の AR(1) 誤差の場合は次式となる．

$$\begin{cases} Y_{i,t} = \beta_{\text{base}} + b_{\text{base}\,i} + \varepsilon_{(\text{AR,ST})i,t} + \varepsilon_{(\text{ME})i,t}, & (t=0) \\ Y_{i,t} = \rho Y_{i,t-1} + (\beta_{\text{int}} + b_{\text{int}\,i}) + \varepsilon_{(\text{AR,ST})i,t} + \varepsilon_{(\text{ME})i,t} - \rho \varepsilon_{(\text{ME})i,t-1}, & (t>0) \end{cases}$$

$\varepsilon_{(\text{AR,ST})i,0}$，$\varepsilon_{(\text{AR,ST})i,t}$ $(t>0)$，$\varepsilon_{(\text{ME})i,t}$ は独立に平均 0，分散がそれぞれ $(1-\rho^2)^{-1}\sigma_{\text{AR,ST}}^2$，$\sigma_{\text{AR,ST}}^2$，$\sigma_{\text{ME}}^2$ の正規分布に従うとする．ここで，添字 AR は自己回帰（autoregressive），ME は測定誤差（measurement error），ST は定常（stationary）を意味

する．個体 i の漸近値は $(1-\rho)^{-1}(\beta_{\text{int}}+b_{\text{int }i})$ である．(4.5) 式を次式に変形すると，$\varepsilon_{(\text{ME})i,t}$ が測定誤差であることが明確である．

$$(Y_{i,t}-\varepsilon_{(\text{ME})i,t})=\rho(Y_{i,t-1}-\varepsilon_{(\text{ME})i,t-1})+(\beta_{\text{int}}+b_{\text{int }i})+\varepsilon_{(\text{AR})i,t}$$

$Y_{i,t}-\varepsilon_{(\text{ME})i,t}$ はもしも測定誤差がなかったら得られたであろう値で潜在変数 (latent variable) と考えられる．4.6.2 項の状態空間表現ではこの表現を使用している．周辺表現は，$t>0$ でそれぞれ次のようになる．

$$Y_{i,t}=\rho^t(\beta_{\text{base}}+b_{\text{base }i})+\sum_{j=1}^t \rho^{t-j}\{(\beta_{\text{int}}+b_{\text{int }i})+\varepsilon_{(\text{AR})i,j}\}+\varepsilon_{(\text{ME})i,t}, \quad (t>0)$$

$$Y_{i,t}=\rho^t(\beta_{\text{base}}+b_{\text{base }i}+\varepsilon_{(\text{AR,ST})i,0})+\sum_{j=1}^t \rho^{t-j}\{(\beta_{\text{int}}+b_{\text{int }i})+\varepsilon_{(\text{AR,ST})i,j}\}+\varepsilon_{(\text{ME})i,t}, \quad (t>0)$$

この式からも，$\varepsilon_{(\text{AR})i,t}$ と $\varepsilon_{(\text{AR,ST})i,t}$ は 1 次の自己回帰（AR(1)），$\varepsilon_{(\text{ME})i,t}$ は独立な誤差項であることがわかる．

4.2.4 誤差による反応の分散共分散構造

次に，このようなモデルからどのような反応の分散共分散行列が得られるかを示す．以降に示す分散共分散行列の 4 時点の場合を表 4.1 に示す．まず，誤差の分散共分散行列 $\mathbf{R}_i$ の構造について述べ，4.2.5 項で変量効果について述べる．時点間で独立等分散の誤差 $\varepsilon_{(\text{ME})i,t}$ による分散共分散行列を $\mathbf{R}_{\text{ME}i}$，その条件付きでない表現を $\mathbf{\Sigma}_{\text{ME}i}$ とする．条件付きでない表現で独立なため，$\mathbf{\Sigma}_{\text{ME}i}=\sigma_{\text{ME}}^2\mathbf{I}_i$ である．これより，$\mathbf{R}_{\text{ME}i}$ は次式となる．

$$\mathbf{R}_{\text{ME}i}=(\mathbf{I}_i-\rho\mathbf{F}_i)\mathbf{\Sigma}_{\text{ME}i}(\mathbf{I}_i-\rho\mathbf{F}_i)^{\mathrm{T}}$$

$\mathbf{R}_{\text{ME}i}$ は表 4.1 に示したように 2 バンド Toeplitz に似た構造である．

次に，AR(1) 誤差を考える．開始時に AR(1) 誤差を含めない $\varepsilon_{(\text{AR})i,t}$ と定常の制約をおいた $\varepsilon_{(\text{AR,ST})i,t}$ の両設定での AR(1) 誤差による分散共分散行列をそれぞれ $\mathbf{R}_{\text{AR}i}$ と $\mathbf{R}_{\text{AR,ST}i}$，条件付きでない表現を $\mathbf{\Sigma}_{\text{AR}i}$ と $\mathbf{\Sigma}_{\text{AR,ST}i}$ とする．開始時に AR(1) 誤差を含めない場合，$\mathbf{\Sigma}_{\text{AR}i}$ は分散や共分散が時点によって異なる非定常 AR(1) である．一方，$\mathbf{\Sigma}_{\text{AR,ST}i}$ の分散や共分散は時点間で同じ定常 AR(1) である．ただし，開始時の変量効果 $b_{\text{base }i}$ を含めた場合，後述するように定常であるか非定常であるかをデータから判断できない．σ_{AR}^2 は測定間隔に依存するパラメータであるが，$\mathbf{\Sigma}_{\text{AR}i}$ の対角成分，$\sigma_{\text{AR}}^2(1+\rho^2+\rho^4+\cdots)$ の漸近値である $(1-\rho^2)^{-1}\sigma_{\text{AR}}^2$ は測定間隔に依存しない．

表 4.1 自己回帰線形混合効果モデルの分散共分散行列（4 時点の場合）

条件付き	条件付きでない
$\mathbf{R}_{\mathrm{ME}\,i} = \sigma_{\mathrm{ME}}^2 \begin{pmatrix} 1 & -\rho & 0 & 0 \\ -\rho & 1+\rho^2 & -\rho & 0 \\ 0 & -\rho & 1+\rho^2 & -\rho \\ 0 & 0 & -\rho & 1+\rho^2 \end{pmatrix}$	$\boldsymbol{\Sigma}_{\mathrm{ME}\,i} = \sigma_{\mathrm{ME}}^2 \begin{pmatrix} 1 & 0 & 0 & 0 \\ 0 & 1 & 0 & 0 \\ 0 & 0 & 1 & 0 \\ 0 & 0 & 0 & 1 \end{pmatrix}$
$\mathbf{R}_{\mathrm{AR}\,i} = \sigma_{\mathrm{AR}}^2 \begin{pmatrix} 0 & 0 & 0 & 0 \\ 0 & 1 & 0 & 0 \\ 0 & 0 & 1 & 0 \\ 0 & 0 & 0 & 1 \end{pmatrix}$	$\boldsymbol{\Sigma}_{\mathrm{AR}\,i} = \sigma_{\mathrm{AR}}^2 \begin{pmatrix} 0 & 0 & 0 & 0 \\ 0 & 1 & \rho & \rho^2 \\ 0 & \rho & 1+\rho^2 & \rho+\rho^3 \\ 0 & \rho^2 & \rho+\rho^3 & 1+\rho^2+\rho^4 \end{pmatrix}$
$\mathbf{R}_{\mathrm{AR,ST}\,i} = \sigma_{\mathrm{AR,ST}}^2 \begin{pmatrix} 1/(1-\rho^2) & 0 & 0 & 0 \\ 0 & 1 & 0 & 0 \\ 0 & 0 & 1 & 0 \\ 0 & 0 & 0 & 1 \end{pmatrix}$	$\boldsymbol{\Sigma}_{\mathrm{AR,ST}\,i} = \sigma_{\mathrm{AR,ST}}^2 \begin{pmatrix} 1 & \rho & \rho^2 & \rho^3 \\ \rho & 1 & \rho & \rho^2 \\ \rho^2 & \rho & 1 & \rho \\ \rho^3 & \rho^2 & \rho & 1 \end{pmatrix}$
$\mathbf{Z}_i \mathbf{G} \mathbf{Z}_i^{\mathrm{T}} = \begin{pmatrix} 1 \\ 0 \\ 0 \\ 0 \end{pmatrix} \sigma_{\mathrm{G0}}^2 (1\ 0\ 0\ 0) = \begin{pmatrix} \sigma_{\mathrm{G0}}^2 & 0 & 0 & 0 \\ 0 & 0 & 0 & 0 \\ 0 & 0 & 0 & 0 \\ 0 & 0 & 0 & 0 \end{pmatrix}$	$(\mathbf{I}_i - \rho \mathbf{F}_i)^{-1} \mathbf{Z}_i \mathbf{G} \mathbf{Z}_i^{\mathrm{T}} \{(\mathbf{I}_i - \rho \mathbf{F}_i)^{-1}\}^{\mathrm{T}}$ $= \sigma_{\mathrm{G0}}^2 \begin{pmatrix} 1 & \rho & \rho^2 & \rho^3 \\ \rho & \rho^2 & \rho^3 & \rho^4 \\ \rho^2 & \rho^3 & \rho^4 & \rho^5 \\ \rho^3 & \rho^4 & \rho^5 & \rho^6 \end{pmatrix}$
$\mathbf{Z}_i \mathbf{G} \mathbf{Z}_i^{\mathrm{T}} = \begin{pmatrix} 1 & 0 \\ 0 & 1 \\ 0 & 1 \\ 0 & 1 \end{pmatrix} \begin{pmatrix} \sigma_{\mathrm{G0}}^2 & \sigma_{\mathrm{G01}} \\ \sigma_{\mathrm{G01}} & \sigma_{\mathrm{G1}}^2 \end{pmatrix} \begin{pmatrix} 1 & 0 & 0 & 0 \\ 0 & 1 & 1 & 1 \end{pmatrix}$ $= \begin{pmatrix} \sigma_{\mathrm{G0}}^2 & \sigma_{\mathrm{G01}} & \sigma_{\mathrm{G01}} & \sigma_{\mathrm{G01}} \\ \sigma_{\mathrm{G01}} & \sigma_{\mathrm{G1}}^2 & \sigma_{\mathrm{G1}}^2 & \sigma_{\mathrm{G1}}^2 \\ \sigma_{\mathrm{G01}} & \sigma_{\mathrm{G1}}^2 & \sigma_{\mathrm{G1}}^2 & \sigma_{\mathrm{G1}}^2 \\ \sigma_{\mathrm{G01}} & \sigma_{\mathrm{G1}}^2 & \sigma_{\mathrm{G1}}^2 & \sigma_{\mathrm{G1}}^2 \end{pmatrix}$	$(\mathbf{I}_i - \rho \mathbf{F}_i)^{-1} \mathbf{Z}_i \mathbf{G} \mathbf{Z}_i^{\mathrm{T}} \{(\mathbf{I}_i - \rho \mathbf{F}_i)^{-1}\}^{\mathrm{T}}$ の (j, k) 要素 $\rho^{j+k-2} \sigma_{\mathrm{G0}}^2 + \left(\dfrac{\rho^{j-1} + \rho^{k-1} - 2\rho^{j+k-2}}{1-\rho} \right) \sigma_{\mathrm{G01}}$ $+ \dfrac{(1-\rho^{j-1})(1-\rho^{k-1}) \sigma_{\mathrm{G1}}^2}{(1-\rho)^2}$

4.2.5 変量効果による反応の分散共分散構造

次に，変量効果が反応の分散共分散行列にどのように寄与するかを示す．4.2.1 項の例 4.1 や例 4.2 のように開始時 $b_{\mathrm{base}\,i}(t=0)$ および開始後の各時点の切片 $b_{\mathrm{int}\,i}(t>0)$ を変量効果とし，$\mathbf{b}_i = (b_{\mathrm{base}\,i}, b_{\mathrm{int}\,i})^{\mathrm{T}}$ は平均ベクトル $\mathbf{0}$，分散 σ_{G0}^2 と σ_{G1}^2，共分散 σ_{G01} の 2 変量正規分布に従うと仮定する．反応の分散共分散行列を構成する $\mathbf{Z}_i \mathbf{G} \mathbf{Z}_i^{\mathrm{T}}$ の 4 時点の場合は次式となる．

$$\mathbf{Z}_i \mathbf{G} \mathbf{Z}_i^{\mathrm{T}} = \begin{pmatrix} 1 & 0 \\ 0 & 1 \\ 0 & 1 \\ 0 & 1 \end{pmatrix} \begin{pmatrix} \sigma_{\mathrm{G0}}^2 & \sigma_{\mathrm{G01}} \\ \sigma_{\mathrm{G01}} & \sigma_{\mathrm{G1}}^2 \end{pmatrix} \begin{pmatrix} 1 & 0 & 0 & 0 \\ 0 & 1 & 1 & 1 \end{pmatrix} = \begin{pmatrix} \sigma_{\mathrm{G0}}^2 & \sigma_{\mathrm{G01}} & \sigma_{\mathrm{G01}} & \sigma_{\mathrm{G01}} \\ \sigma_{\mathrm{G01}} & \sigma_{\mathrm{G1}}^2 & \sigma_{\mathrm{G1}}^2 & \sigma_{\mathrm{G1}}^2 \\ \sigma_{\mathrm{G01}} & \sigma_{\mathrm{G1}}^2 & \sigma_{\mathrm{G1}}^2 & \sigma_{\mathrm{G1}}^2 \\ \sigma_{\mathrm{G01}} & \sigma_{\mathrm{G1}}^2 & \sigma_{\mathrm{G1}}^2 & \sigma_{\mathrm{G1}}^2 \end{pmatrix}$$

これを条件付きでない表現に変換した $(\mathbf{I}_i - \rho \mathbf{F}_i)^{-1} \mathbf{Z}_i \mathbf{G} \mathbf{Z}_i^{\mathrm{T}} \{(\mathbf{I}_i - \rho \mathbf{F}_i)^{-1}\}^{\mathrm{T}}$ は次の行列となる.

$$\begin{pmatrix} 1 & 0 & 0 & 0 \\ \rho & 1 & 0 & 0 \\ \rho^2 & \rho & 1 & 0 \\ \rho^3 & \rho^2 & \rho & 1 \end{pmatrix} \begin{pmatrix} \sigma_{\mathrm{G0}}^2 & \sigma_{\mathrm{G01}} & \sigma_{\mathrm{G01}} & \sigma_{\mathrm{G01}} \\ \sigma_{\mathrm{G01}} & \sigma_{\mathrm{G1}}^2 & \sigma_{\mathrm{G1}}^2 & \sigma_{\mathrm{G1}}^2 \\ \sigma_{\mathrm{G01}} & \sigma_{\mathrm{G1}}^2 & \sigma_{\mathrm{G1}}^2 & \sigma_{\mathrm{G1}}^2 \\ \sigma_{\mathrm{G01}} & \sigma_{\mathrm{G1}}^2 & \sigma_{\mathrm{G1}}^2 & \sigma_{\mathrm{G1}}^2 \end{pmatrix} \begin{pmatrix} 1 & \rho & \rho^2 & \rho^3 \\ 0 & 1 & \rho & \rho^2 \\ 0 & 0 & 1 & \rho \\ 0 & 0 & 0 & 1 \end{pmatrix}$$

この行列の (j,k) 要素は次の値となる.

$$\rho^{j+k-2} \sigma_{\mathrm{G0}}^2 + \left(\frac{\rho^{j-1} + \rho^{k-1} - 2\rho^{j+k-2}}{1-\rho} \right) \sigma_{\mathrm{G01}} + \frac{(1-\rho^{j-1})(1-\rho^{k-1}) \sigma_{\mathrm{G1}}^2}{(1-\rho)^2} \tag{4.6}$$

(j,k) の両方が無限に大きくなったときの (j,k) 要素は $(1-\rho^2)^{-1} \sigma_{\mathrm{G1}}^2$ となり,これは変量である漸近値の個体間分散である.

次に,4.2.1 項の例 4.3 のように三つの変量効果 $\mathbf{b}_i = (b_{\mathrm{base}\,i}, b_{\mathrm{int}\,i}, b_{\mathrm{dose}\,i})$ があり,$\mathbf{b}_i$ は平均ベクトル $\mathbf{0}$,分散 σ_{Gb}^2, σ_{Gi}^2, σ_{Gd}^2,共分散 σ_{Gbi}, σ_{Gbd}, σ_{Gid} の 3 変量正規分布に従うと仮定する.このときの $\mathbf{Z}_i \mathbf{G} \mathbf{Z}_i^{\mathrm{T}}$ の 4 時点の場合は次式となる.

$$\mathbf{Z}_i \mathbf{G} \mathbf{Z}_i^{\mathrm{T}} = \begin{pmatrix} 1 & 0 & 0 \\ 0 & 1 & x_{i,1} \\ 0 & 1 & x_{i,2} \\ 0 & 1 & x_{i,3} \end{pmatrix} \begin{pmatrix} \sigma_{\mathrm{Gb}}^2 & \sigma_{\mathrm{Gbi}} & \sigma_{\mathrm{Gbd}} \\ \sigma_{\mathrm{Gbi}} & \sigma_{\mathrm{Gi}}^2 & \sigma_{\mathrm{Gid}} \\ \sigma_{\mathrm{Gbd}} & \sigma_{\mathrm{Gid}} & \sigma_{\mathrm{Gd}}^2 \end{pmatrix} \begin{pmatrix} 1 & 0 & 0 & 0 \\ 0 & 1 & 1 & 1 \\ 0 & x_{i,1} & x_{i,2} & x_{i,3} \end{pmatrix}$$

4.2.6 変量効果と誤差による反応の分散共分散構造

変量効果 $b_{\mathrm{base}\,i}$ と $b_{\mathrm{int}\,i}$,AR(1) 誤差 $\varepsilon_{(\mathrm{AR})i,t}$ と測定誤差 (ME) $\varepsilon_{(\mathrm{ME})i,t}$ を同時に仮定すると,$\mathbf{Z}_i \mathbf{G} \mathbf{Z}_i^{\mathrm{T}} + \mathbf{R}_i$ の 4 時点の場合は次式となる.

$$\begin{pmatrix} \sigma_{\mathrm{G0}}^2 & \sigma_{\mathrm{G01}} & \sigma_{\mathrm{G01}} & \sigma_{\mathrm{G01}} \\ \sigma_{\mathrm{G01}} & \sigma_{\mathrm{G1}}^2 & \sigma_{\mathrm{G1}}^2 & \sigma_{\mathrm{G1}}^2 \\ \sigma_{\mathrm{G01}} & \sigma_{\mathrm{G1}}^2 & \sigma_{\mathrm{G1}}^2 & \sigma_{\mathrm{G1}}^2 \\ \sigma_{\mathrm{G01}} & \sigma_{\mathrm{G1}}^2 & \sigma_{\mathrm{G1}}^2 & \sigma_{\mathrm{G1}}^2 \end{pmatrix} + \sigma_{\mathrm{AR}}^2 \begin{pmatrix} 0 & 0 & 0 & 0 \\ 0 & 1 & 0 & 0 \\ 0 & 0 & 1 & 0 \\ 0 & 0 & 0 & 1 \end{pmatrix} + \sigma_{\mathrm{ME}}^2 \begin{pmatrix} 1 & -\rho & 0 & 0 \\ -\rho & 1+\rho^2 & -\rho & 0 \\ 0 & -\rho & 1+\rho^2 & -\rho \\ 0 & 0 & -\rho & 1+\rho^2 \end{pmatrix} \tag{4.7}$$

条件付きでない表現に変換した $(\mathbf{I}_i - \rho \mathbf{F}_i)^{-1} (\mathbf{Z}_i \mathbf{G} \mathbf{Z}_i^{\mathrm{T}} + \mathbf{R}_i) \{(\mathbf{I}_i - \rho \mathbf{F}_i)^{-1}\}^{\mathrm{T}}$ は次式となる.

$$\mathbf{A} + \sigma_{\mathrm{AR}}^2 \begin{pmatrix} 0 & 0 & 0 & 0 \\ 0 & 1 & \rho & \rho^2 \\ 0 & \rho & 1+\rho^2 & \rho+\rho^3 \\ 0 & \rho^2 & \rho+\rho^3 & 1+\rho^2+\rho^4 \end{pmatrix} + \sigma_{\mathrm{ME}}^2 \begin{pmatrix} 1 & 0 & 0 & 0 \\ 0 & 1 & 0 & 0 \\ 0 & 0 & 1 & 0 \\ 0 & 0 & 0 & 1 \end{pmatrix}$$

ここで，$\mathbf{A}$ は (j, k) 要素が (4.6) 式の 4×4 行列とする．漸近値に達したのちは，変量効果と測定誤差の部分は対角要素が $(1-\rho^2)^{-1}\sigma_{G1}^2 + \sigma_{ME}^2$，非対角要素が $(1-\rho^2)^{-1}\sigma_{G1}^2$ の compound symmetry (CS) の構造となる．なお，(4.7) 式で定常 AR(1) を用いると次式となる．

$$\begin{pmatrix} \sigma_{G0}^2 & \sigma_{G01} & \sigma_{G01} & \sigma_{G01} \\ \sigma_{G01} & \sigma_{G1}^2 & \sigma_{G1}^2 & \sigma_{G1}^2 \\ \sigma_{G01} & \sigma_{G1}^2 & \sigma_{G1}^2 & \sigma_{G1}^2 \\ \sigma_{G01} & \sigma_{G1}^2 & \sigma_{G1}^2 & \sigma_{G1}^2 \end{pmatrix} + \sigma_{AR}^2 \begin{pmatrix} \frac{1}{1-\rho^2} & 0 & 0 & 0 \\ 0 & 1 & 0 & 0 \\ 0 & 0 & 1 & 0 \\ 0 & 0 & 0 & 1 \end{pmatrix} + \sigma_{ME}^2 \begin{pmatrix} 1 & -\rho & 0 & 0 \\ -\rho & 1+\rho^2 & -\rho & 0 \\ 0 & -\rho & 1+\rho^2 & -\rho \\ 0 & 0 & -\rho & 1+\rho^2 \end{pmatrix}$$

開始時の変量効果 $b_{\text{base }i}$ による分散共分散行列を表 4.1 に示した．開始時の変量効果を含めた場合，その分散 σ_{G0}^2 と $\varepsilon_{(AR)i,0}$ の分散が同じ $(1,1)$ 要素となり分離することができない．このため，データから定常と非定常どちらの仮定が良いかを選ぶことはできず，どちらの仮定でも当てはまり（尤度）は同じである．固定効果の推定などには影響を与えないが，変量効果の分散の大きさは変わってくるため，個体推移を予測する際には影響する．

4.2.7 均衡値を表す変量効果への変換

自己回帰線形混合効果モデルでは，切片や回帰係数よりも，それらに $(1-\rho)^{-1}$ をかけた均衡値を表すパラメータの方が解釈しやすいことが多い．また，開始時の変量と均衡値の変量との相関を知りたい場合もある．そこで，変量効果を変換する行列を示す．ここで，開始時と開始後の説明変数には重なりがないとする．まず，4.2.1 項の例 4.1 や例 4.2 のように二つの変量効果 $\mathbf{b}_i = (b_{\text{base }i}, b_{\text{int }i})^T$ の場合は，対角要素が $(1, (1-\rho)^{-1})$ の対角行列 $\mathbf{M}$ を用いて $\mathbf{b}_i^* = \mathbf{M}\mathbf{b}_i$ に変換する．ここで，* (アスタリスク) は均衡値を表すパラメータを示すこととする．$\mathbf{b}_i$ は MVN$(\mathbf{0}, \mathbf{G})$ に従う変量なので，$\mathbf{b}_i^*$ は MVN$(\mathbf{0}, \mathbf{MGM})$ に従う．$\mathbf{b}_i^* = \mathbf{M}\mathbf{b}_i$ と $\mathbf{MGM}$ を示す．

$$\mathbf{b}_i^* = \begin{pmatrix} b_{\text{base }i} \\ b_{\text{int }i}^* \end{pmatrix} = \mathbf{M}\mathbf{b}_i = \begin{pmatrix} 1 & 0 \\ 0 & \frac{1}{1-\rho} \end{pmatrix} \begin{pmatrix} b_{\text{base }i} \\ b_{\text{int }i} \end{pmatrix} = \begin{pmatrix} b_{\text{base }i} \\ (1-\rho)^{-1} b_{\text{int }i} \end{pmatrix}$$

$$\mathbf{MGM} = \text{Var}\begin{pmatrix} b_{\text{base }i} \\ b_{\text{int }i}^* \end{pmatrix} = \begin{pmatrix} 1 & 0 \\ 0 & \frac{1}{1-\rho} \end{pmatrix} \begin{pmatrix} \sigma_{G0}^2 & \sigma_{G01} \\ \sigma_{G01} & \sigma_{G1}^2 \end{pmatrix} \begin{pmatrix} 1 & 0 \\ 0 & \frac{1}{1-\rho} \end{pmatrix} = \begin{pmatrix} \sigma_{G0}^2 & (1-\rho)^{-1}\sigma_{G01} \\ (1-\rho)^{-1}\sigma_{G01} & (1-\rho)^{-2}\sigma_{G1}^2 \end{pmatrix}$$

同様に，4.2.1 項の例 4.3 のように三つの変量効果 $\mathbf{b}_i = (b_{\text{base }i}, b_{\text{int }i}, b_{\text{dose }i})^T$ の場合は，対角要素が $(1, (1-\rho)^{-1}, (1-\rho)^{-1})$ の対角行列 $\mathbf{M}$ を用いる．$\mathbf{b}_i^* = \mathbf{M}\mathbf{b}_i$ と $\mathbf{MGM}$

を示す．

$$\mathbf{b}_i^* = \begin{pmatrix} b_{\text{base }i} \\ b_{\text{int }i}^* \\ b_{\text{dose }i}^* \end{pmatrix} = \mathbf{M}\mathbf{b}_i = \begin{pmatrix} 1 & 0 & 0 \\ 0 & (1-\rho)^{-1} & 0 \\ 0 & 0 & (1-\rho)^{-1} \end{pmatrix} \begin{pmatrix} b_{\text{base }i} \\ b_{\text{int }i} \\ b_{\text{dose }i} \end{pmatrix} = \begin{pmatrix} b_{\text{base }i} \\ (1-\rho)^{-1} b_{\text{int }i} \\ (1-\rho)^{-1} b_{\text{dose }i} \end{pmatrix}$$

$$\mathbf{MGM} = \text{Var}\begin{pmatrix} b_{\text{base }i} \\ b_{\text{int }i}^* \\ b_{\text{dose }i}^* \end{pmatrix}$$

$$= \begin{pmatrix} 1 & 0 & 0 \\ 0 & (1-\rho)^{-1} & 0 \\ 0 & 0 & (1-\rho)^{-1} \end{pmatrix} \begin{pmatrix} \sigma_{\text{Gb}}^2 & \sigma_{\text{Gbi}} & \sigma_{\text{Gbd}} \\ \sigma_{\text{Gbi}} & \sigma_{\text{Gi}}^2 & \sigma_{\text{Gid}} \\ \sigma_{\text{Gbd}} & \sigma_{\text{Gid}} & \sigma_{\text{Gd}}^2 \end{pmatrix} \begin{pmatrix} 1 & 0 & 0 \\ 0 & (1-\rho)^{-1} & 0 \\ 0 & 0 & (1-\rho)^{-1} \end{pmatrix}$$

4.3　自己回帰線形混合効果モデルの推定

　第2章の線形混合効果モデルと同様，自己回帰線形混合効果モデルの推定には最尤法を用いる．(4.4) 式に対応する対数尤度の -2 倍（$-2ll$）は次のようになる．

$$-2ll = K\log(2\pi) + \sum_{i=1}^{N} \log|\mathbf{V}_i| + \sum_{i=1}^{N} (\mathbf{Y}_i - \rho\mathbf{F}_i\mathbf{Y}_i - \mathbf{X}_i\boldsymbol{\beta})^{\mathrm{T}} \mathbf{V}_i^{-1} (\mathbf{Y}_i - \rho\mathbf{F}_i\mathbf{Y}_i - \mathbf{X}_i\boldsymbol{\beta})$$

この式は途中欠測のため前値が欠測であると計算できないが，次に示す前値の条件付きでない形式に変形すると計算が可能である．

$$-2ll = K\log(2\pi) + \sum_{i=1}^{N} \log|\boldsymbol{\Sigma}_i| + \sum_{i=1}^{N} \{\mathbf{Y}_i - (\mathbf{I}_i - \rho\mathbf{F}_i)^{-1}\mathbf{X}_i\boldsymbol{\beta}\}^{\mathrm{T}} \boldsymbol{\Sigma}_i^{-1} \{\mathbf{Y}_i - (\mathbf{I}_i - \rho\mathbf{F}_i)^{-1}\mathbf{X}_i\boldsymbol{\beta}\}$$
(4.8)

ここで，$\log|\boldsymbol{\Sigma}_i| = \log|\mathbf{V}_i|$ である．この $-2ll$ は反応変数が途中欠測であっても，共変量の値が観測されていれば計算することができる．

　分散成分および自己回帰係数 ρ が既知のとき，固定効果は次式で推定する．

$$\hat{\boldsymbol{\beta}} = [\sum_{i=1}^{N} \{(\mathbf{I}_i - \rho\mathbf{F}_i)^{-1}\mathbf{X}_i\}^{\mathrm{T}} \boldsymbol{\Sigma}_i^{-1} (\mathbf{I}_i - \rho\mathbf{F}_i)^{-1}\mathbf{X}_i]^{-1} \sum_{i=1}^{N} \{(\mathbf{I}_i - \rho\mathbf{F}_i)^{-1}\mathbf{X}_i\}^{\mathrm{T}} \boldsymbol{\Sigma}_i^{-1} \mathbf{Y}_i \quad (4.9)$$

分散成分および ρ で表した $\hat{\boldsymbol{\beta}}$ を $-2ll$ に代入し，固定効果のパラメータを除いた $-2ll$ は次式となる．

$$-2ll = K\log(2\pi) + \sum_{i=1}^{N} \log|\boldsymbol{\Sigma}_i| + \sum_{i=1}^{N} \mathbf{Y}_i^{\mathrm{T}} \boldsymbol{\Sigma}_i^{-1} \mathbf{Y}_i - \{\sum_{i=1}^{N} \mathbf{Y}_i^{\mathrm{T}} \boldsymbol{\Sigma}_i^{-1} (\mathbf{I}_i - \rho\mathbf{F}_i)^{-1} \mathbf{X}_i\} \hat{\boldsymbol{\beta}}$$
(4.10)

この式を最小化し，分散成分のパラメータと ρ の最尤推定値を求める．ρ は $0 < \rho < 1$ となるように変数変換を行う．

各パラメータの標準誤差の推定にはヘシアンを用いることが考えられる．固定効果も含めた尤度を2階微分する．例えば，統計ソフトウェアSASの行列言語IMLの最適化ルーチンで最尤推定やヘシアンの計算ができる．4.6節に状態空間表現とカルマンフィルターを用いた推定方法について述べる．

変量効果は次式より予測する．

$$\hat{\mathbf{b}}_i = \sum_{i=1}^{N} \mathbf{G}\{(\mathbf{I}_i - \rho \mathbf{F}_i)^{-1} \mathbf{Z}_i\}^{\mathrm{T}} \Sigma_i^{-1} \{\mathbf{Y}_i - (\mathbf{I}_i - \rho \mathbf{F}_i)^{-1} \mathbf{X}_i \hat{\boldsymbol{\beta}}\}$$

4.4 多変量自己回帰線形混合効果モデル

4.4.1 2変量自己回帰線形混合効果モデルの例

1変量の自己回帰モデルを複数の変数に拡張したモデルをベクトル自己回帰（vector autoregressive：VAR）という．ここでは，多変量経時データ（multivariate longitudinal data）の解析を行うため，自己回帰線形混合効果モデルを多変量自己回帰線形混合効果モデル（multivariate autoregressive linear mixed effects model）へ拡張する．二つの反応変数が相互に影響を及ぼしあいながら推移する場合がある．$Y_{ri,t}$を対象者$i\,(i=1, 2, \cdots, N)$の反応変数$r\,(r=1, 2)$の時点$t\,(t=0, 1, \cdots, T_i)$の反応とする．1変量の場合と同様，2変量自己回帰線形混合効果モデルの例を示す．

$$\begin{cases} \begin{pmatrix} Y_{1i,t} \\ Y_{2i,t} \end{pmatrix} = \begin{pmatrix} \beta_{1\,\text{base}} \\ \beta_{2\,\text{base}} \end{pmatrix} + \begin{pmatrix} b_{1\,\text{base}\,i} \\ b_{2\,\text{base}\,i} \end{pmatrix} + \begin{pmatrix} \varepsilon_{1i,t} \\ \varepsilon_{2i,t} \end{pmatrix}, & (t=0) \\ \begin{pmatrix} Y_{1i,t} \\ Y_{2i,t} \end{pmatrix} = \begin{pmatrix} \rho_{11} & \rho_{12} \\ \rho_{21} & \rho_{22} \end{pmatrix} \begin{pmatrix} Y_{1i,t-1} \\ Y_{2i,t-1} \end{pmatrix} + \begin{pmatrix} \beta_{1\,\text{int}} \\ \beta_{2\,\text{int}} \end{pmatrix} + \begin{pmatrix} b_{1\,\text{int}\,i} \\ b_{2\,\text{int}\,i} \end{pmatrix} + \begin{pmatrix} \varepsilon_{1i,t} \\ \varepsilon_{2i,t} \end{pmatrix}, & (t>0) \end{cases}$$

ここで，$\rho_{rr'}\,(r=1, 2,\ r'=1, 2)$は反応$Y_{ri,t}$の$Y_{r'i,t-1}$への未知の回帰係数である．$t>0$のモデルを行列を使わず表すと次式となる．

$$Y_{1i,t} = \rho_{11} Y_{1i,t-1} + \rho_{12} Y_{2i,t-1} + \beta_{1\,\text{int}} + b_{1\,\text{int}\,i} + \varepsilon_{1i,t}$$
$$Y_{2i,t} = \rho_{21} Y_{1i,t-1} + \rho_{22} Y_{2i,t-1} + \beta_{2\,\text{int}} + b_{2\,\text{int}\,i} + \varepsilon_{2i,t}$$

$\mathbf{Y}_{i,t} = (Y_{1i,t}, Y_{2i,t})^{\mathrm{T}}$とし，続く項も同様に対応させると，$t>0$のモデルは次式で表される．

$$\mathbf{Y}_{i,t} = \boldsymbol{\rho} \mathbf{Y}_{i,t-1} + \boldsymbol{\beta}_{\text{int}} + \mathbf{b}_{\text{int}\,i} + \boldsymbol{\varepsilon}_{i,t}$$

1変量のときと同様，$(\mathbf{I}_2 - \boldsymbol{\rho})^{-1}$が存在すると仮定し，変化量を表す次式に変換する．

$$\mathbf{Y}_{i,t}-\mathbf{Y}_{i,t-1}=(\mathbf{I}_2-\boldsymbol{\rho})\{(\mathbf{I}_2-\boldsymbol{\rho})^{-1}(\boldsymbol{\beta}_{\text{int}}+\mathbf{b}_{\text{int }i})-\mathbf{Y}_{i,t-1}\}+\boldsymbol{\varepsilon}_{i,t}$$

変化量を表す式において,反応は均衡値ベクトル (equilibria) $\mathbf{Y}_{\text{equi }i,t}=(Y_{1\text{ equi }i,t}, Y_{2\text{ equi }i,t})^{\text{T}}$ へ向かって推移し,変化量と均衡値は次式で表せる.

$$\mathbf{Y}_{i,t}-\mathbf{Y}_{i,t-1}=(\mathbf{I}_2-\boldsymbol{\rho})(\mathbf{Y}_{\text{equi }i,t}-\mathbf{Y}_{i,t-1})+\boldsymbol{\varepsilon}_{i,t}$$
$$\mathbf{Y}_{\text{equi }i,t}=(\mathbf{I}_2-\boldsymbol{\rho})^{-1}(\boldsymbol{\beta}_{\text{int}}+\mathbf{b}_{\text{int }i})$$
$$\begin{pmatrix}Y_{1i,t}-Y_{1i,t-1}\\Y_{2i,t}-Y_{2i,t-1}\end{pmatrix}=\begin{pmatrix}1-\rho_{11}&-\rho_{12}\\-\rho_{21}&1-\rho_{22}\end{pmatrix}\begin{pmatrix}Y_{1\text{ equi }i,t}-Y_{1i,t-1}\\Y_{2\text{ equi }i,t}-Y_{2i,t-1}\end{pmatrix}+\begin{pmatrix}\varepsilon_{1i,t}\\\varepsilon_{2i,t}\end{pmatrix}$$

$$\begin{pmatrix}Y_{1\text{ equi }i,t}\\Y_{2\text{ equi }i,t}\end{pmatrix}=\begin{pmatrix}\beta_{1\text{ int}}^{*}+b_{1\text{ int }i}^{*}\\\beta_{2\text{ int}}^{*}+b_{2\text{ int }i}^{*}\end{pmatrix}$$

ここで,*(アスタリスク)は均衡値を表すパラメータを示す.行列を使わずに変化量を表すと次式となる.

$$Y_{1i,t}-Y_{1i,t-1}=(1-\rho_{11})(Y_{1\text{ equi }i,t}-Y_{1i,t-1})-\rho_{12}(Y_{2\text{ equi }i,t}-Y_{2i,t-1})+\varepsilon_{1i,t}$$
$$Y_{2i,t}-Y_{2i,t-1}=-\rho_{21}(Y_{1\text{ equi }i,t}-Y_{1i,t-1})+(1-\rho_{22})(Y_{2\text{ equi }i,t}-Y_{2i,t-1})+\varepsilon_{2i,t}$$

4.4.2 多変量自己回帰線形混合効果モデル

より一般的に,2変量自己回帰線形混合効果モデルを次のように表す.

$$\mathbf{Y}_{i,t}=\boldsymbol{\rho}\mathbf{Y}_{i,t-1}+\mathbf{X}_{it}\boldsymbol{\beta}+\mathbf{Z}_{it}\mathbf{b}_i+\boldsymbol{\varepsilon}_{i,t}$$

1変量の場合と同様に,誤差項に測定誤差による誤差と VAR(1) の誤差を含めた次式を考える.

$$\begin{cases}(\mathbf{Y}_{i,0}-\boldsymbol{\varepsilon}_{(\text{ME})i,0})=\mathbf{X}_{i0}\boldsymbol{\beta}+\mathbf{Z}_{i0}\mathbf{b}_i+\boldsymbol{\varepsilon}_{(\text{AR})i,0}, & (t=0)\\(\mathbf{Y}_{i,t}-\boldsymbol{\varepsilon}_{(\text{ME})i,t})=\boldsymbol{\rho}(\mathbf{Y}_{i,t-1}-\boldsymbol{\varepsilon}_{(\text{ME})i,t-1})+\mathbf{X}_{it}\boldsymbol{\beta}+\mathbf{Z}_{it}\mathbf{b}_i+\boldsymbol{\varepsilon}_{(\text{AR})i,t}, & (t>0)\end{cases}$$

ここで,$\boldsymbol{\varepsilon}_{(\text{AR})i,0}$,$\boldsymbol{\varepsilon}_{(\text{AR})i,t}$ ($t>0$),$\boldsymbol{\varepsilon}_{(\text{ME})i,t}$ は 2×1 のランダムな誤差ベクトルで,平均ベクトル $\mathbf{0}$,分散共分散行列がそれぞれ 2×2 の $\mathbf{r}_{(\text{AR0})}$,$\mathbf{r}_{(\text{AR})}$,$\mathbf{r}_{(\text{ME})}$ の正規分布に従うと仮定する.$\boldsymbol{\varepsilon}_{i,0}$ と $\boldsymbol{\varepsilon}_{i,t}$ は次式である.

$$\boldsymbol{\varepsilon}_{i,0}=\boldsymbol{\varepsilon}_{(\text{ME})i,0}+\boldsymbol{\varepsilon}_{(\text{AR})i,0}$$
$$\boldsymbol{\varepsilon}_{i,t}=\boldsymbol{\varepsilon}_{(\text{ME})i,t}-\boldsymbol{\rho}\boldsymbol{\varepsilon}_{(\text{ME})i,t-1}+\boldsymbol{\varepsilon}_{(\text{AR})i,t}$$

1変量のときと同様,$\mathbf{r}_{(\text{AR0})}$ は $\mathbf{V}_i$ の中で開始時の変量効果による分散共分散行列と同じ位置にあるため分離できず,仮定が必要である.定常を仮定するときは,$\mathbf{r}_{(\text{AR0})}$ に次の制約をおく.

$$\mathbf{r}_{(\text{AR0})}=\boldsymbol{\rho}\mathbf{r}_{(\text{AR0})}\boldsymbol{\rho}^{\text{T}}+\mathbf{r}_{(\text{AR})}$$

非定常で,プロセスが $t=0$ に始まったと仮定すると,$\mathbf{r}_{(\text{AR0})}=\mathbf{0}$ とする.

変化量と均衡値は次式で表せる.

$$\mathbf{Y}_{i,t} - \mathbf{Y}_{i,t-1} = (\mathbf{I}_2 - \boldsymbol{\rho})(\mathbf{Y}_{\text{equi}\,i,t} - \mathbf{Y}_{i,t-1}) + \boldsymbol{\varepsilon}_{i,t}$$
$$\mathbf{Y}_{\text{equi}\,i,t} = (\mathbf{I}_2 - \boldsymbol{\rho})^{-1}(\mathbf{X}_{it}\boldsymbol{\beta} + \mathbf{Z}_{it}\mathbf{b}_i)$$

1 変量のときと同様,均衡値ベクトル $\mathbf{Y}_{\text{equi}\,i,t}$ は観察されず,時間依存性共変量がある場合には均衡値も時間によって変化する.1 変量モデルで反応が均衡値に近づくための条件は,$|\rho|<1$ であった.2 変量モデルでは行列式方程式(determinantal equation)$|\boldsymbol{\rho} - \lambda\mathbf{I}_2| = 0$ の根の絶対値が 1 未満であることが条件であり,このとき $\boldsymbol{\rho}^J$ は J が大きくなると $\mathbf{0}$ に近づく.さらに,$0 < \lambda < 1$ のとき,反応の変化は単調である.

時点 0 から時点 T_i の反応を $2(T_i+1) \times 1$ のベクトル $\mathbf{Y}_i = (\mathbf{Y}_{i,0}^\mathrm{T}, \mathbf{Y}_{i,1}^\mathrm{T}, \cdots, \mathbf{Y}_{i,T_i}^\mathrm{T})^\mathrm{T}$ で表す.2 変量自己回帰線形混合効果モデルは次のように表される.

$$\mathbf{Y}_i = (\mathbf{I}_{T_i+1} \otimes \boldsymbol{\rho})(\mathbf{F}_i \otimes \mathbf{I}_2)\mathbf{Y}_i + \mathbf{X}_i\boldsymbol{\beta} + \mathbf{Z}_i\mathbf{b}_i + \boldsymbol{\varepsilon}_i$$

ここで,$\otimes$ は直積を表す.$(\mathbf{F}_i \otimes \mathbf{I}_2)\mathbf{Y}_i$ は $2(T_i+1) \times 1$ の前値のベクトルである.$\mathbf{X}_i$ は $2(T_i+1) \times p$,$\mathbf{Z}_i$ は $2(T_i+1) \times q$ の説明変数行列,$\boldsymbol{\varepsilon}_i$ は $2(T_i+1) \times 1$ のランダムな誤差ベクトルである.より具体的に,4.4.1 項の例の 3 時点の場合を要素で表すと次式となる.

$$\begin{pmatrix} Y_{1i,0} \\ Y_{2i,0} \\ Y_{1i,1} \\ Y_{2i,1} \\ Y_{1i,2} \\ Y_{2i,2} \end{pmatrix} = \begin{pmatrix} \rho_{11} & \rho_{12} & 0 & 0 & 0 & 0 \\ \rho_{21} & \rho_{22} & 0 & 0 & 0 & 0 \\ 0 & 0 & \rho_{11} & \rho_{12} & 0 & 0 \\ 0 & 0 & \rho_{21} & \rho_{22} & 0 & 0 \\ 0 & 0 & 0 & 0 & \rho_{11} & \rho_{12} \\ 0 & 0 & 0 & 0 & \rho_{21} & \rho_{22} \end{pmatrix} \begin{pmatrix} 0 \\ 0 \\ Y_{1i,0} \\ Y_{2i,0} \\ Y_{1i,1} \\ Y_{2i,1} \end{pmatrix} + \begin{pmatrix} 1 & 0 & 0 & 0 \\ 0 & 1 & 0 & 0 \\ 0 & 0 & 1 & 0 \\ 0 & 0 & 0 & 1 \\ 0 & 0 & 1 & 0 \\ 0 & 0 & 0 & 1 \end{pmatrix} \begin{pmatrix} \beta_{1\,\text{base}} \\ \beta_{2\,\text{base}} \\ \beta_{1\,\text{int}} \\ \beta_{2\,\text{int}} \end{pmatrix}$$

$$+ \begin{pmatrix} 1 & 0 & 0 & 0 \\ 0 & 1 & 0 & 0 \\ 0 & 0 & 1 & 0 \\ 0 & 0 & 0 & 1 \\ 0 & 0 & 1 & 0 \\ 0 & 0 & 0 & 1 \end{pmatrix} \begin{pmatrix} b_{1\,\text{base}\,i} \\ b_{2\,\text{base}\,i} \\ b_{1\,\text{int}\,i} \\ b_{2\,\text{int}\,i} \end{pmatrix} + \begin{pmatrix} \varepsilon_{1i,0} \\ \varepsilon_{2i,0} \\ \varepsilon_{1i,1} \\ \varepsilon_{2i,1} \\ \varepsilon_{1i,2} \\ \varepsilon_{2i,2} \end{pmatrix}$$

4.4.3 二次性副甲状腺機能亢進症に対する薬剤治療での PTH と補正 Ca の用量反応性

2 変量経時データの解析例を紹介する.慢性腎不全維持透析患者における二次性副甲状腺機能亢進症に対し,ある薬剤は副甲状腺ホルモン(PTH)を下げる作用がある.しかし,PTH と補正カルシウム(補正 Ca)には負の相関があり,

4.4 多変量自己回帰線形混合効果モデル

PTH の減少が大きいと，補正 Ca が上昇し，安全性上問題がある．ある臨床試験では，補正 Ca が 11.5 mg/dL を超えない範囲で PTH を下げるように，PTH と補正 Ca の値に基づいて患者ごとに薬剤の投与量を逐次的に調整した．図 4.3 (a) に典型的な患者の推移を示した．まず，PTH を反応変数とし，1 変量の自己回帰線形混合効果モデルである 4.2.1 項のモデル (4.3) を当てはめた．PTH は $\lambda=0.25$ の Box-Cox 変換をした．図 4.3(b) に各対象者の均衡値の投与量による変化の推定値を示す．個体間差が大きいことがわかる．

さらに，補正 Ca を反応変数に加え，2 変量自己回帰線形混合効果モデルを当てはめた．PTH と補正 Ca を両反応変数の 1 時点前の反応の値と投与量 ($\text{dose}_{i,t}$) に回帰した．モデルを次に示す．誤差に $\varepsilon_{(\text{AR})i,t}$ と $\varepsilon_{(\text{ME})i,t}$ を仮定し，$\mathbf{r}_{(\text{AR}0)}=\mathbf{0}$ とした．

$$\begin{cases} \begin{pmatrix} Y_{1i,0} \\ Y_{2i,0} \end{pmatrix} = \begin{pmatrix} \beta_{1\,\text{base}} \\ \beta_{2\,\text{base}} \end{pmatrix} + \begin{pmatrix} b_{1\,\text{base}\,i} \\ b_{2\,\text{base}\,i} \end{pmatrix} + \begin{pmatrix} \varepsilon_{1i,0} \\ \varepsilon_{2i,0} \end{pmatrix}, \quad (t=0) \\ \begin{pmatrix} Y_{1i,t} \\ Y_{2i,t} \end{pmatrix} = \begin{pmatrix} \rho_{11} & \rho_{12} \\ \rho_{21} & \rho_{22} \end{pmatrix} \begin{pmatrix} Y_{1i,t-1} \\ Y_{2i,t-1} \end{pmatrix} + \begin{pmatrix} \beta_{1\,\text{int}} + b_{1\,\text{int}\,i} \\ \beta_{2\,\text{int}} + b_{2\,\text{int}\,i} \end{pmatrix} + \begin{pmatrix} \beta_{1\,\text{dose}} + b_{1\,\text{dose}\,i} \\ \beta_{2\,\text{dose}} + b_{2\,\text{dose}\,i} \end{pmatrix} \text{dose}_{i,t} + \begin{pmatrix} \varepsilon_{1i,t} \\ \varepsilon_{2i,t} \end{pmatrix}, \quad (t>0) \end{cases}$$

1 変量の場合と同様，変化量と均衡値は次式で表される．

$$\begin{pmatrix} Y_{1i,t} - Y_{1i,t-1} \\ Y_{2i,t} - Y_{2i,t-1} \end{pmatrix} = \begin{pmatrix} 1-\rho_{11} & -\rho_{12} \\ -\rho_{21} & 1-\rho_{22} \end{pmatrix} \begin{pmatrix} Y_{1\,\text{equi}\,i,t} - Y_{1i,t-1} \\ Y_{2\,\text{equi}\,i,t} - Y_{2i,t-1} \end{pmatrix} + \begin{pmatrix} \varepsilon_{1i,t} \\ \varepsilon_{2i,t} \end{pmatrix}$$

$$\begin{pmatrix} Y_{1\,\text{equi}\,i,t} \\ Y_{2\,\text{equi}\,i,t} \end{pmatrix} = \begin{pmatrix} \beta_{1\,\text{int}}^* + b_{1\,\text{int}\,i}^* \\ \beta_{2\,\text{int}}^* + b_{2\,\text{int}\,i}^* \end{pmatrix} + \begin{pmatrix} \beta_{1\,\text{dose}}^* + b_{1\,\text{dose}\,i}^* \\ \beta_{2\,\text{dose}}^* + b_{2\,\text{dose}\,i}^* \end{pmatrix} \text{dose}_{i,t}$$

ここで，変量効果は各変数の開始時と均衡値の切片と投与量で計六つであり，$\mathbf{b}_i = (b_{1\,\text{base}\,i}, b_{1\,\text{int}\,i}, b_{1\,\text{dose}\,i}, b_{2\,\text{base}\,i}, b_{2\,\text{int}\,i}, b_{2\,\text{dose}\,i})^\text{T}$ を次の 6×6 の行列 $\mathbf{M}$ を用いて $\mathbf{b}_i^* = \mathbf{M}\mathbf{b}_i = (b_{1\,\text{base}\,i}, b_{1\,\text{int}\,i}^*, b_{1\,\text{dose}\,i}^*, b_{2\,\text{base}\,i}, b_{2\,\text{int}\,i}^*, b_{2\,\text{dose}\,i}^*)^\text{T}$ に変換する．

$$\mathbf{M} = \mathbf{I}_2 \otimes \begin{pmatrix} 1 & 0 & 0 \\ 0 & 0 & 0 \\ 0 & 0 & 0 \end{pmatrix} + (\mathbf{I}_2 - \boldsymbol{\rho})^{-1} \otimes \begin{pmatrix} 0 & 0 & 0 \\ 0 & 1 & 0 \\ 0 & 0 & 1 \end{pmatrix}$$

PTH と補正 Ca の例では，自己回帰係数行列，開始時と均衡値の固定効果，誤差の分散共分散について次の推定値が得られた．

$Y_{1i,0} = 16.7 + b_{1\,\text{base}\,i} + \varepsilon_{1i,0}$

$Y_{2i,0} = 9.9 + b_{2\,\text{base}\,i} + \varepsilon_{2i,0}$

$Y_{1i,t} - Y_{1i,t-1} = (1-0.82)(Y_{1\,\text{equi}\,i,t} - Y_{1i,t-1}) - 0.13(Y_{2\,\text{equi}\,i,t} - Y_{2i,t-1}) + \varepsilon_{1i,t}$

$Y_{2i,t} - Y_{2i,t-1} = -0.005(Y_{1\,\text{equi}\,i,t} - Y_{1i,t-1}) + (1-0.81)(Y_{2\,\text{equi}\,i,t} - Y_{2i,t-1}) + \varepsilon_{2i,t}$

$Y_{1\,\text{equi}\,i,t} = (18.1 + b_{1\,\text{int}\,i}^*) + (-0.58 + b_{1\,\text{dose}\,i}^*) \text{dose}_{i,t}$

$Y_{2\,\text{equi}\,i,t} = (9.7 + b_{2\,\text{int}\,i}^*) + (0.17 + b_{2\,\text{dose}\,i}^*) \text{dose}_{i,t}$

$$\hat{\mathbf{r}}_{(\text{AR})} = \begin{pmatrix} 0.71 & -0.10 \\ -0.10 & 0.19 \end{pmatrix}, \quad \hat{\mathbf{r}}_{(\text{ME})} = \begin{pmatrix} 0.80 & -0.02 \\ -0.02 & 0.32 \end{pmatrix}$$

AR(1) の誤差間の相関は -0.77,ME の誤差間の相関は -0.08 である.図 4.3 (c)(d) に同じ投与量を繰り返し投与した場合の PTH と補正 Ca の期待値の推移を示した.各反応は投与量の 1 次関数となっている均衡値に向かって推移する.PTH は $\lambda=0.25$ の Box-Cox 変換をして解析した.投与量の変量効果を含めることで,各患者の用量反応曲線が得られる.図 4.3(e) に PTH と補正 Ca の均衡値の用量反応曲線を示した.平均は黒丸,各患者は白丸で示した.重症度および薬剤感受性の個体間差が大きいため,個人ごとに投与量を調整する必要があると考えられる.観測されるデータは複雑であるが,統計モデルを用いることで,解釈のしやすい均衡値の用量反応曲線に要約される.

変量効果 $\mathbf{b}_i^*$ の分散共分散行列 $\mathbf{G}^*$ は 6×6 行列で次の **MGM** で表される.

$$\mathbf{G}^* = \mathbf{MGM} = \mathrm{Var}\begin{pmatrix} b_{1\,\text{base}\,i} \\ b_{1\,\text{int}\,i}^* \\ b_{1\,\text{dose}\,i}^* \\ b_{2\,\text{base}\,i} \\ b_{2\,\text{int}\,i}^* \\ b_{2\,\text{dose}\,i}^* \end{pmatrix} = \begin{pmatrix} \sigma_{1,b}^2 & \sigma_{1b\,1\text{int}} & \sigma_{1b\,1d} & \sigma_{1b\,2b} & \sigma_{1b\,2\text{int}} & \sigma_{1b\,2d} \\ \sigma_{1b\,1\text{int}} & \sigma_{1,\text{int}}^2 & \sigma_{1\text{int}\,1d} & \sigma_{1\text{int}\,2b} & \sigma_{1\text{int}\,2\text{int}} & \sigma_{1\text{int}\,2d} \\ \sigma_{1b\,1d} & \sigma_{1\text{int}\,1d} & \sigma_{1,d}^2 & \sigma_{1d\,2b} & \sigma_{1d\,2\text{int}} & \sigma_{1d\,2d} \\ \sigma_{1b\,2b} & \sigma_{1\text{int}\,2b} & \sigma_{1d\,2b} & \sigma_{2,b}^2 & \sigma_{2b\,2\text{int}} & \sigma_{2b\,2d} \\ \sigma_{1b\,2\text{int}} & \sigma_{1\text{int}\,2\text{int}} & \sigma_{1d\,2\text{int}} & \sigma_{2b\,2\text{int}} & \sigma_{2,\text{int}}^2 & \sigma_{2\text{int}\,2d} \\ \sigma_{1b\,2d} & \sigma_{1\text{int}\,2d} & \sigma_{1d\,2d} & \sigma_{2b\,2d} & \sigma_{2\text{int}\,2d} & \sigma_{2,d}^2 \end{pmatrix}$$

PTH と補正 Ca の例での推定値を対角に変量効果の標準偏差,対角の右上に共分散,対角の左下の括弧に相関を示す.

PTH開始時 $b_{1\,\text{base}\,i}$	3.46	10.80	0.40	-0.63	-0.15	-0.17
PTH切片 $b_{1\,\text{int}\,i}^*$	(0.87)	3.60	0.13	-0.25	-0.21	-0.13
PTH投与量 $b_{1\,\text{dose}\,i}^*$	(0.34)	(0.10)	0.34	0.03	0.07	-0.02
補正Ca開始時 $b_{2\,\text{base}\,i}$	(-0.26)	(-0.10)	(0.11)	0.71	0.35	0.01
補正Ca切片 $b_{2\,\text{int}\,i}^*$	(-0.06)	(-0.09)	(0.31)	(0.75)	0.67	-0.01
補正Ca投与量 $b_{2\,\text{dose}\,i}^*$	(-0.52)	(-0.40)	(-0.73)	(0.15)	(-0.13)	0.09

開始時の値と均衡値の切片の相関は PTH では 0.87,補正 Ca では 0.75 である.PTH と補正 Ca それぞれの投与量の変量効果には -0.73 と高い負の相関がある.また,PTH の開始時の値と補正 Ca の投与量の変量効果の相関は -0.52 と負の相関がある.

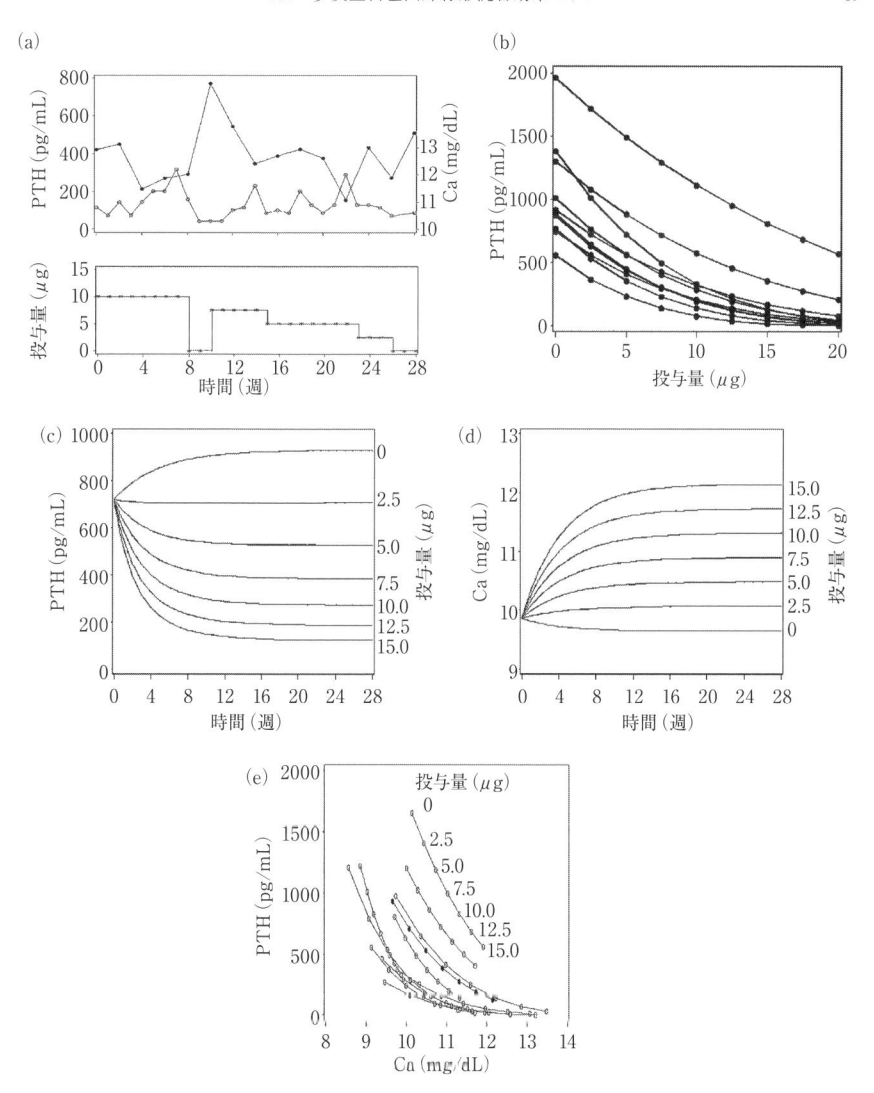

図 4.3 PTH と補正 Ca のデータ
(a) 典型的な対象者での PTH, 補正 Ca, 投与量の推移, (b) 1 変量自己回帰線型混合効果モデルの PTH の均衡値, (c)(d) 2 変量自己回帰型混合効果モデルの PTH と補正 Ca の期待値, (e) 2 変量自己回帰型混合効果モデルの PTH と補正 Ca の均衡値 (Funatogawa *et al.*, 2007a;Funatogawa *et al.*, 2008a)

4.5 諸分野での自己回帰モデル

4.5.1 医学分野での自己回帰モデル

80年代後半に医学の中でも疫学の観察研究で，反応に関する自己回帰モデルが使用されている．このときはパラメータ解釈が未知で，変量効果が含まれず，誤差構造の拡張も行われていなかった．これに対し，経時データ解析での自己回帰モデルの使用には注意を要し，モデルは予測には有用かもしれないが，パラメータは自己相関に依存し，解釈が困難であるとの批判があった．そのころ，線形混合効果モデルや一般化推定方程式（generalized estimating equation：GEE）が実用段階に向かっており，その後の経時データ解析の主流となった．2.7節に述べたように，1990年代から現在まで，多数の経時データ解析に関する書籍が出版されている．しかし，反応に関する自己回帰モデルはほとんど取り扱われていない．反応に関する自己回帰モデルは計量経済学での予測モデルであると捉えられており，誤差に関する自己回帰モデルも反応自体に関する自己回帰モデルも予測に関して同じであるとしばしば述べられる．しかし，二つのモデルは異なる推移を表しており，これは誤りである．

医学分野ではあまり用いられていないが，変化する投与量に対し，反応がダイナミックに変化する場合など，自己回帰モデルや微分方程式を用いたモデルが有用な場面は多いと考えられる．臨床試験，特に薬効評価の分野ではこのような均衡値を持つ推移データがしばしば得られる．自己回帰モデルでは，ある時点の反応はその時点の共変量だけでなく，共変量の履歴に影響を受け，時間が離れるほど影響は弱くなる．投与量を個体内で適宜変更するデザインでは，反応は投与量の履歴に依存していると考えられる場合があり，この性質が利用できる．

自己回帰モデルでは時間は離散であるが，時間が連続である場合の mono-molecular 曲線に対応する（3.1.2項参照）．α を最終的な大きさ，$\mu(t)$ を時間 t の大きさとすると，時間 t での変化は $d\mu(t)/dt = \kappa(\alpha - \mu(t))$ であり，残りの大きさ $\alpha - \mu(t)$ にある比例定数 $\kappa(>0)$ で比例する．$\exp(-\kappa)$ は自己回帰モデルの ρ に対応する．$t=0$ での大きさを β とすると，この微分方程式の一般解は $\mu(t) = \alpha - (\alpha - \beta)\exp(-\kappa t)$ である．κ が既知のとき，α および β は線形であり，これらのパラメータが変量であっても，尤度の計算は比較的容易である．

4.5.2 経済学・社会学分野での自己回帰モデル

医学分野での経時データ解析は分散分析から拡張されたのに対し，経済学のパネルデータ分析（panel data analysis）は時系列解析の影響を強く受けている．反応変数の自己回帰モデルは，時系列解析が盛んな経済学分野や構造方程式（structural equation）モデルが用いられる社会学分野と関連が深い．経済学では，近年パネルデータ分析が盛んであり，2000年代より書籍の出版が相次いでいる．社会学でも，2000年代中頃より書籍の出版が相次いでいる．また，統計ソフトパッケージSTATAに関連して，パネルデータ分析に特化したマニュアルや書籍が出版されている．

反応に関する自己回帰モデルはダイナミックパネル分析（dynamic panel analysis，動学的パネル分析）という．医学分野では最尤法をよく用いるが，経済学分野では一般化積率法（generalized method of moments：GMM）をしばしば用いる．開始時の反応（初期値）の取り扱いが重要な問題となる．初期値を固定値とするか，変量とするかなどいくつかの仮定のもとで，最尤法などの推定方法の性質が比較されている．一方，(4.5) 式では，初期値はその後の値とは別にモデル化し，初期値に対する変量効果をモデルに含めている．ある開始時より介入を行うデータには，このアプローチが適するだろう．

4.6 状態空間表現

この節では状態空間表現（state space representation）とカルマンフィルター（Kalman filter）を用いた推定方法について述べる．1960年にカルマンによって提案されたカルマンフィルターは，新しい測定値が利用可能になるたびに状態の推定値を更新するために用いられる．カルマンフィルターは制御工学の分野から始まったが，経済学などの時系列解析においても発展した．経時データの解析では，ジョーンズが線形混合効果モデルの状態空間表現を尤度計算のために用いた．尤度の計算に使用する行列の大きさが時点数によらない．自己回帰線形混合効果モデルでは，途中欠測があるときや測定間隔が等間隔でなく対象者によって異なるときなどにこの方法は有用である．はじめに，4.6.1項で一般的な状態空間表現について述べ，4.6.2項で自己回帰線形混合効果モデルでの状態空間表現を示し，4.6.3項から4.6.5項で修正カルマンフィルターを用いて最尤推定値と標準誤差を求める方法を示す．4.6.6項に多変量経時データの場合の状態空間表

現を示す．6.4 節にこの方法を用いた解析例を紹介する．

4.6.1 状態空間表現

状態空間表現は次のような状態方程式（state equation）と観測方程式（observation equation）の二つの方程式からなる．

$$\mathbf{s}_{i(t)} = \mathbf{\Phi}_{i(t:t-1)} \mathbf{s}_{i(t-1)} + \mathbf{f}^{(S)}_{i,t} + \upsilon_{i,t}$$

$$\mathbf{Y}_{i,t} = \mathbf{H}_{i,t} \mathbf{s}_{i(t)} + \mathbf{f}^{(O)}_{i,t} + \xi_{i,t}$$

状態方程式では，$\mathbf{s}_{i(t)}$ は i 番目の対象者の時点 t の状態ベクトル，$\mathbf{\Phi}_{i(t:t-1)}$ は $t-1$ から t への状態遷移行列（state transition matrix），$\mathbf{f}^{(S)}_{i,t}$ はランダムでない入力，$\upsilon_{i,t}$ は分散共分散行列が $\mathbf{Q}_{i,t}$ であるランダムな入力とする．観測方程式では，$\mathbf{Y}_{i,t}$ は反応ベクトル，$\mathbf{H}_{i,t}$ は状態ベクトルのどの要素が観測されるかを示し，$\mathbf{f}^{(O)}_{i,t}$ はランダムでない入力，$\xi_{i,t}$ は分散共分散行列が $\mathbf{r}$ であるランダムな入力とする．カルマンフィルターは再帰的（recursive）なアルゴリズムで，状態ベクトルの線形推定量を作り出す．$\mathbf{s}_{i(t|t-1)}$ を時点 $t-1$ までの観測を用いた時点 t における状態の推定値とする．また，$\mathbf{s}_{i(t|t)}$ を時点 t までの観測を用いた時点 t における状態の推定値とする．$\mathbf{P}_{i(t|t-1)}$ を $\mathbf{s}_{i(t|t-1)}$ の分散共分散行列，$\mathbf{P}_{i(t|t)}$ を $\mathbf{s}_{i(t|t)}$ の分散共分散行列とする．

4.6.2 自己回帰線形混合効果モデルの状態空間表現

自己回帰線形混合効果モデルで（4.5）式の誤差構造を用いた場合の状態空間表現を示す．状態方程式と観測方程式をそれぞれ次のようにする．

$$\begin{pmatrix} \mu_{i,t} \\ \mathbf{b}_i \end{pmatrix} = \begin{pmatrix} \rho & \mathbf{Z}_{i,t} \\ \mathbf{0}_{q \times 1} & \mathbf{I}_{q \times q} \end{pmatrix} \begin{pmatrix} \mu_{i,t-1} \\ \mathbf{b}_i \end{pmatrix} + \begin{pmatrix} \mathbf{X}_{i,t} \boldsymbol{\beta} \\ \mathbf{0}_{q \times 1} \end{pmatrix} + \begin{pmatrix} \varepsilon_{(AR)i,t} \\ \mathbf{0}_{q \times 1} \end{pmatrix}$$

$$Y_{i,t} = \begin{pmatrix} 1 & \mathbf{0}_{1 \times q} \end{pmatrix} \begin{pmatrix} \mu_{i,t} \\ \mathbf{b}_i \end{pmatrix} + \varepsilon_{(ME)i,t}$$

ここで，$\mathbf{I}_{a \times a}$ は $a \times a$ の単位行列，$\mathbf{0}_{b \times c}$ は大きさ $b \times c$ の全要素が 0 の行列とする．$\mu_{i,t} = Y_{i,t} - \varepsilon_{(ME)i,t}$ は潜在変数で，もしも測定誤差がなかったら得られたであろう値と考えられる．前述の式との対応は次のようになる．

$$\mathbf{s}_{i(t)} = \begin{pmatrix} \mu_{i,t} \\ \mathbf{b}_i \end{pmatrix}, \quad \mathbf{\Phi}_{i(t:t-1)} = \begin{pmatrix} \rho & \mathbf{Z}_{i,t} \\ \mathbf{0}_{q \times 1} & \mathbf{I}_{q \times q} \end{pmatrix}, \quad \mathbf{f}^{(S)}_{i,t} = \begin{pmatrix} \mathbf{X}_{i,t} \boldsymbol{\beta} \\ \mathbf{0}_{q \times 1} \end{pmatrix}, \quad \upsilon_{i,t} = \begin{pmatrix} \varepsilon_{(AR)i,t} \\ \mathbf{0}_{q \times 1} \end{pmatrix}$$

$$\mathbf{H}_{i,t} = \begin{pmatrix} 1 & \mathbf{0}_{1 \times q} \end{pmatrix}, \quad \mathbf{f}^{(O)}_{i,t} = 0, \quad \xi_{i,t} = \varepsilon_{(ME)i,t}$$

$\mathbf{Q}_{i,t}$ と $\mathbf{r}$ は次のようにする．

4.6 状態空間表現

$$\mathbf{Q}_{i,0} = \mathbf{0}_{(q+1)\times(q+1)}, \quad (t=0)$$

$$\mathbf{Q}_{i,t} = \begin{pmatrix} \sigma_{\text{AR}}^2 & \mathbf{0}_{1\times q} \\ \mathbf{0}_{q\times 1} & \mathbf{0}_{q\times q} \end{pmatrix}, \quad (t>0)$$

$$\mathbf{r} = \sigma_{\text{ME}}^2$$

各対象者の最初の状態を $\mathbf{s}_{i(-1|-1)} = \mathbf{0}_{(1+q)\times 1}$ とし,その分散共分散行列は次のようにする.

$$\mathbf{P}_{i(-1|-1)} = \begin{pmatrix} \mathbf{0}_{1\times 1} & \mathbf{0}_{1\times q} \\ \mathbf{0}_{q\times 1} & \mathbf{G} \end{pmatrix}$$

変量効果 $\mathbf{b}_i$ は平均ベクトル $\mathbf{0}$ の q 変量正規分布に従うと仮定しているため,対象者 i のデータが得られる前の $\mathbf{b}_i$ の初期推定値は $\mathbf{0}_{q\times 1}$ である.

より具体的に,4.2.1 項の例 4.3 の時間依存性共変量がある場合のモデルとともに (4.5) 式の誤差構造を用いた場合の状態方程式と観測方程式は次のようになる.ここで,$z_{\text{base }i,t}$ と $x_{\text{base }i,t}$ は $t=0$ で 1,$t\neq 0$ で 0,$z_{\text{int }i,t}$ と $x_{\text{int }i,t}$ は $t=0$ で 0,$t\neq 0$ で 1 の指示変数とする.$x_{i,t} = z_{i,t}$ を時間依存性共変量とする.

$$\begin{pmatrix} \mu_{i,t} \\ b_{\text{base }i} \\ b_{\text{int }i} \\ b_{\text{dose }i} \end{pmatrix} = \begin{pmatrix} \rho & z_{\text{base }i,t} & z_{\text{int }i,t} & z_{i,t} \\ 0 & 1 & 0 & 0 \\ 0 & 0 & 1 & 0 \\ 0 & 0 & 0 & 1 \end{pmatrix} \begin{pmatrix} \mu_{i,t-1} \\ b_{\text{base }i} \\ b_{\text{int }i} \\ b_{\text{dose }i} \end{pmatrix}$$

$$+ \begin{pmatrix} x_{\text{base }i,t}\beta_{\text{base}} + x_{\text{int }i,t}\beta_{\text{int}} + x_{i,t}\beta_{\text{dose}} \\ 0 \\ 0 \\ 0 \end{pmatrix} + \begin{pmatrix} \varepsilon_{(\text{AR})i,t} \\ 0 \\ 0 \\ 0 \end{pmatrix}$$

$$Y_{i,t} = \begin{pmatrix} 1 & 0 & 0 & 0 \end{pmatrix} \begin{pmatrix} \mu_{i,t} \\ b_{\text{base }i} \\ b_{\text{int }i} \\ b_{\text{dose }i} \end{pmatrix} + \varepsilon_{(\text{ME})i,t}$$

4.6.3 修正カルマンフィルター

経時データの解析で,ジョーンズらは -2 対数尤度($-2ll$)を計算するためにカルマンフィルターを用いた.カルマンの理論では,パラメータの値は既知である.最尤推定値は何らかの最適化法を用いて $-2ll$ を最小化することで得られる.ジョーンズは固定効果のパラメータを $-2ll$ から除くために,修正カルマンフィルターを用いた.修正版では,フィルターを反応ベクトルだけではなく,固

定効果のデザイン行列 $\mathbf{X}_i$ の各列に対しても適用している．これに倣い，自己回帰線形混合効果モデルでは，フィルターを反応ベクトルと $(\mathbf{I}_i-\rho\mathbf{F}_i)^{-1}\mathbf{X}_i$ に対して適用する．大きさ $(1+q)\times 1$ の状態ベクトル $\mathbf{s}_{i(t)}$ を用いるのではなく，大きさ $(1+q)\times(p+1)$ の状態行列 $\mathbf{S}_{i(t)}$ を用いる．時間 t での $(\mathbf{I}_i-\rho\mathbf{F}_i)^{-1}\mathbf{X}_i$ の値は後のステップで繰り返し計算される．修正カルマンフィルターは，各対象者の最初の状態行列は $\mathbf{S}_{i(-1|-1)}=\mathbf{0}_{(1+q)\times(p+1)}$，共分散行列 $\mathbf{P}_{i(-1|-1)}$ として始める．

カルマンフィルターはコレスキー分解の一つの方法と考えられる．分散共分散行列 $\mathbf{\Sigma}_i$ の逆行列は，$\mathbf{L}$ を下三角行列とし，一意に $\mathbf{\Sigma}_i^{-1}=\mathbf{L}^\mathsf{T}\mathbf{L}$ と分解できる．この分解は逆コレスキー分解と呼ばれる．(4.4) 式の周辺の式に行列 $\mathbf{L}$ を前からかけると，カルマンフィルターのステップとなる．計算のために $\mathbf{L}$ を閉じた形で表す必要はなく，繰り返しの際に生成される．

4.6.4 修正カルマンフィルターのステップ

各測定値に対して，次のステップ1から6を計算する．最初の対象者の最初の測定から最後の測定まで計算し，次に次の対象者に移り，最後の対象者の最後の測定まで計算する．ステップを示す．

ステップ1． 状態行列の予測を行う．

$$\mathbf{S}_{i(t|t-1)}=\mathbf{\Phi}_{(t;t-1)}\mathbf{S}_{i(t-1|t-1)}$$

修正法では，固定効果を除いて (concentrated out) いるので，ベクトル $\mathbf{f}_{i,t}^{(S)}$ は含まれない．この予測の分散共分散行列は次式となる．

$$\mathbf{P}_{i(t|t-1)}=\mathbf{\Phi}_{(t;t-1)}\mathbf{P}_{i(t-1|t-1)}\mathbf{\Phi}_{(t;t-1)}^\mathsf{T}+\mathbf{Q}_{i,t}$$

ステップ2． 固定効果の共変量の行ベクトルを計算する．

$$\mathbf{X}_{i,t}^{*}=\rho\mathbf{X}_{i,t-1}^{*}+\mathbf{X}_{i,t}$$

各対象者の初期値は $\mathbf{X}_{i,-1}^{*}=\mathbf{0}_{1\times p}$ である．このステップは $\mathbf{X}_{i,t}^{*}=\sum_{j=0}^{t}(\rho^{t-j})\mathbf{X}_{i,j}$ となる．これは自己回帰線形混合効果モデルの修正バージョン特有のステップである．

ステップ3． 次の観測の予測を計算する．

$$[\mathbf{X}_{i,(t|t-1)}^{*}\quad Y_{i,(t|t-1)}]=\mathbf{H}_{i,t}\mathbf{S}_{i(t|t-1)}$$

ここで [$\mathbf{A}\quad\mathbf{B}$] という記法は行列 $\mathbf{A}$ が行列 $\mathbf{B}$ で組み合わされること (augmented) を意味する．$Y_{i,(t|t-1)}$ は時点 $t-1$ までの観測が与えられたもとでの $Y_{i,t}$ の予測で，$\mathbf{X}_{i,(t|t-1)}^{*}$ は $-2ll$ の計算に用いる．

ステップ4． イノベーションの行ベクトル $\mathbf{e}_{i,t}$ とその分散 $V_{i,t}$ を計算する．これは，行ベクトル [$\mathbf{X}_{i,t}^{*}\quad Y_{i,t}$] と行ベクトル [$\mathbf{X}_{i,(t|t-1)}^{*}\quad Y_{i,(t|t-1)}$] の差である．

4.6 状態空間表現

$$\mathbf{e}_{i,t} = [\mathbf{X}^*_{i,t} \quad Y_{i,t}] - [\mathbf{X}^*_{i,(t|t-1)} \quad Y_{i,(t|t-1)}]$$

$$V_{i,t} = \mathbf{H}_{i,t}\mathbf{P}_{i(t|t-1)}\mathbf{H}^{\mathrm{T}}_{i,t} + \mathbf{r}$$

ここで，$\mathbf{r} = \sigma^2_{\mathrm{ME}}$ はスカラーである．

ステップ 5． $-2ll$ を計算するために，次の値を更新する．

$$\mathbf{M}_{i,t} = \mathbf{M}_{i,t-1} + \mathbf{e}^{\mathrm{T}}_{i,t}V^{-1}_{i,t}\mathbf{e}_{i,t}$$

$$\mathrm{DET}_{i,t} = \mathrm{DET}_{i,t-1} + \ln|V_{i,t}|$$

初期値は $i=1$ のとき，$\mathbf{M}_{i,-1} = \mathbf{0}_{(p+1)\times(p+1)}$ と $\mathrm{DET}_{i,-1} = 0$，$i>1$ のとき，$\mathbf{M}_{i,-1} = \mathbf{M}_{i-1,T_{i-1}}$ と $\mathrm{DET}_{i,-1} = \mathrm{DET}_{i-1,T_{i-1}}$ である．この値は全ての対象者の全ての測定に関して蓄積する．

ステップ 6． 状態ベクトルの推定値と分散共分散行列を更新する．

$$\mathbf{S}_{i(t|t)} = \mathbf{S}_{i(t|t-1)} + \mathbf{P}_{i(t|t-1)}\mathbf{H}^{\mathrm{T}}_{i,t}V^{-1}_{i,t}\mathbf{e}_{i,t}$$

$$\mathbf{P}_{i(t|t)} = \mathbf{P}_{i(t|t-1)} - \mathbf{P}_{i(t|t-1)}\mathbf{H}^{\mathrm{T}}_{i,t}V^{-1}_{i,t}\mathbf{H}_{i,t}\mathbf{P}_{i(t|t-1)}$$

これでステップは終了である．

もし $Y_{i,t}$ が欠測であれば，ステップ 3,4,5 はスキップし，ステップ 6 は $\mathbf{S}_{i(t|t)} = \mathbf{S}_{i(t|t-1)}$ と $\mathbf{P}_{i(t|t)} = \mathbf{P}_{i(t|t-1)}$ とする．ここで，データが終わりとなるまでステップ 1 に戻る．データの終わり，つまり (i,t) が (N,T_N) となったとき，行列 $\mathbf{M}_{N,T_N}$ は次式で表せる．

$$\begin{bmatrix} \sum_{i=1}^{N}\{(\mathbf{I}_i - \rho\mathbf{F}_i)^{-1}\mathbf{X}_i\}^{\mathrm{T}}\Sigma^{-1}_i(\mathbf{I}_i - \rho\mathbf{F}_i)^{-1}\mathbf{X}_i & \sum_{i=1}^{N}\{(\mathbf{I}_i - \rho\mathbf{F}_i)^{-1}\mathbf{X}_i\}^{\mathrm{T}}\Sigma^{-1}_i\mathbf{Y}_i \\ \sum_{i=1}^{N}\mathbf{Y}^{\mathrm{T}}_i\Sigma^{-1}_i(\mathbf{I}_i - \rho\mathbf{F}_i)^{-1}\mathbf{X}_i & \sum_{i=1}^{N}\mathbf{Y}^{\mathrm{T}}_i\Sigma^{-1}_i\mathbf{Y}_i \end{bmatrix}$$

また，$\mathrm{DET}_{N,T_N} = \sum_{i=1}^{N}\log|\Sigma_i|$ となる．(4.10) 式に示した固定効果を除いた $-2ll$ に $\mathbf{M}_{N,T_N}$ の該当部分と DET_{N,T_N} を代入し，$-2ll$ を求める．何らかの最適化法で $-2ll$ を最小にする分散成分のパラメータと ρ の最尤推定値を得る．これらの最尤推定値が与えられたもと，固定効果の最尤推定値は (4.9) 式で得られる．

4.6.5 標準誤差を求めるステップ

標準誤差を求めるために，ステップを次のように変更する．ステップ 1 では，予測に固定効果を含め，次式とする．

$$\mathbf{s}_{i(t|t-1)} = \mathbf{\Phi}_{(t,t-1)}\mathbf{s}_{i(t-1|t-1)} + \mathbf{f}^{(\mathrm{S})}_{i,t}$$

ステップ 2 はスキップする．ステップ 3 では，次の観測の予測はスカラーで次式となる

$$Y_{i,(t|t-1)} = \mathbf{H}_{i,t}\mathbf{s}_{i(t|t-1)}$$

ステップ 4 では，イノベーションはスカラーで次式となる．

$$e_{i,t} = Y_{i,t} - Y_{i,(t|t-1)}$$

ステップ5では，$\mathbf{M}_{i,t}$ はスカラーで，次式となる．

$$M_{i,t} = M_{i,t-1} + e_{i,t}^{\mathrm{T}} V_{i,t}^{-1} e_{i,t}$$

また，初期値は $M_{i,-1}=0 (i=1)$ と $M_{i,-1}=M_{i-1,T_{i-1}} (i>1)$ である．ステップ6では，状態ベクトルの推定値を更新する．M_{N,T_N} は次式となる．

$$\{\mathbf{Y}_i - (\mathbf{I}_i - \rho \mathbf{F}_i)^{-1} \mathbf{X}_i \boldsymbol{\beta}\}^{\mathrm{T}} \boldsymbol{\Sigma}_i^{-1} \{\mathbf{Y}_i - (\mathbf{I}_i - \rho \mathbf{F}_i)^{-1} \mathbf{X}_i \boldsymbol{\beta}\}$$

(4.8) 式に示した $-2ll$ の条件付きでない式に M_{N,T_N} を代入し対数尤度が得られる．何らかのルーチンを用い，対数尤度を2階微分し，ヘシアンを求め，標準誤差を得る．変量効果の予測値は各対象者の最後のステップ6での $\mathbf{s}_{i(t|t)}$ により得られる．

4.6.6 多変量自己回帰線形混合効果モデルの状態空間表現

4.4.2項の2変量自己回帰線形混合効果モデルの状態空間表現を示す．状態方程式と観測方程式をそれぞれ次のようにする．

$$\begin{pmatrix} \boldsymbol{\mu}_{i,t} \\ \mathbf{b}_i \end{pmatrix} = \begin{pmatrix} \rho & \mathbf{Z}_{i,t} \\ \mathbf{0}_{q \times 2} & \mathbf{I}_{q \times q} \end{pmatrix} \begin{pmatrix} \boldsymbol{\mu}_{i,t-1} \\ \mathbf{b}_i \end{pmatrix} + \begin{pmatrix} \mathbf{X}_{i,t} \boldsymbol{\beta} \\ \mathbf{0}_{q \times 1} \end{pmatrix} + \begin{pmatrix} \boldsymbol{\varepsilon}_{(\mathrm{AR})i,t} \\ \mathbf{0}_{q \times 1} \end{pmatrix}$$

$$\mathbf{Y}_{i,t} = (\mathbf{I}_{2 \times 2} \quad \mathbf{0}_{2 \times q}) \begin{pmatrix} \boldsymbol{\mu}_{i,t} \\ \mathbf{b}_i \end{pmatrix} + \boldsymbol{\varepsilon}_{(\mathrm{ME})i,t}$$

ここで，$\mathbf{I}_{a \times a}$ は $a \times a$ の単位行列，$\mathbf{0}_{b \times c}$ は $b \times c$ の全要素が0の行列とする．前述の式との対応は次のようになる．

$$\mathbf{s}_{i(t)} = \begin{pmatrix} \boldsymbol{\mu}_{i,t} \\ \mathbf{b}_i \end{pmatrix}, \quad \boldsymbol{\Phi}_{i(t|t-1)} = \begin{pmatrix} \rho & \mathbf{Z}_{i,t} \\ \mathbf{0}_{q \times 2} & \mathbf{I}_{q \times q} \end{pmatrix}, \quad \mathbf{f}_{i,t}^{(\mathrm{S})} = \begin{pmatrix} \mathbf{X}_{i,t} \boldsymbol{\beta} \\ \mathbf{0}_{q \times 1} \end{pmatrix}, \quad \boldsymbol{\upsilon}_{i,t} = \begin{pmatrix} \boldsymbol{\varepsilon}_{(\mathrm{AR})i,t} \\ \mathbf{0}_{q \times 1} \end{pmatrix}$$

$$\mathbf{H}_{i,t} = (\mathbf{I}_{2 \times 2} \quad \mathbf{0}_{2 \times q}), \quad \mathbf{f}_{i,t}^{(\mathrm{O})} = \mathbf{0}, \quad \boldsymbol{\xi}_{i,t} = \boldsymbol{\varepsilon}_{(\mathrm{ME})i,t}$$

状態方程式の $\boldsymbol{\mu}_{i,t}$ と反応ベクトルには次の関係がある．

$$\boldsymbol{\mu}_{i,t} = \mathbf{Y}_{i,t} - \boldsymbol{\varepsilon}_{(\mathrm{ME})i,t}, \quad \begin{pmatrix} \mu_{1i,t} \\ \mu_{2i,t} \end{pmatrix} = \begin{pmatrix} Y_{1i,t} - \varepsilon_{(\mathrm{ME})1i,t} \\ Y_{2i,t} - \varepsilon_{(\mathrm{ME})2i,t} \end{pmatrix}$$

1変量のときと同様，$\boldsymbol{\mu}_{i,t}$ は潜在変数で，もしも測定誤差がなかったら得られたであろう値と考えられる．$\mathbf{Q}_{i,t} = \mathrm{Var}(\boldsymbol{\upsilon}_{i,t})$ と $\mathbf{r} = \mathrm{Var}(\boldsymbol{\xi}_{i,t})$ は次のようにする．

$$\mathbf{Q}_{i,0} = \mathbf{0}_{(q+2) \times (q+2)}, \quad (t=0)$$

$$\mathbf{Q}_{i,t} = \begin{pmatrix} \mathbf{r}_{\mathrm{AR}} & \mathbf{0}_{2 \times q} \\ \mathbf{0}_{q \times 2} & \mathbf{0}_{q \times q} \end{pmatrix}, \quad (t>0)$$

$$\mathbf{r} = \mathbf{r}_{\mathrm{ME}}$$

4.6 状態空間表現

各対象者の最初の状態を $\mathbf{s}_{i(-1|-1)} = \mathbf{0}_{(2+q) \times 1}$ とし,その分散共分散行列は次のようにする.

$$\mathbf{P}_{i(-1|-1)} = \begin{pmatrix} \mathbf{0}_{2 \times 2} & \mathbf{0}_{2 \times q} \\ \mathbf{0}_{q \times 2} & \mathbf{G} \end{pmatrix}$$

変量効果 $\mathbf{b}_i$ は平均ベクトル $\mathbf{0}$ の q 変量正規分布に従うと仮定しているため,対象者 i のデータが得られる前の $\mathbf{b}_i$ の初期推定値は $\mathbf{0}_{q \times 1}$ である.

より具体的に,4.4.3 項の例での状態方程式と観測方程式は次のようになる.ここで,$z_{\text{base } i,t}$ と $x_{\text{base } i,t}$ は $t=0$ で 1,$t \neq 0$ で 0,$z_{\text{int } i,t}$ と $x_{\text{int } i,t}$ は $t=0$ で 0,$t \neq 0$ で 1 の指示変数とする.

$$\begin{pmatrix} \mu_{1i,t} \\ \mu_{2i,t} \\ b_{1 \text{ base } i} \\ b_{1 \text{ int } i} \\ b_{1 \text{ dose } i} \\ b_{2 \text{ base } i} \\ b_{2 \text{ int } i} \\ b_{2 \text{ dose } i} \end{pmatrix} = \begin{pmatrix} \rho_{11} & \rho_{12} & z_{\text{base } i,t} & z_{\text{int } i,t} & \text{dose}_{i,t} & 0 & 0 & 0 \\ \rho_{21} & \rho_{22} & 0 & 0 & 0 & z_{\text{base } i,t} & z_{\text{int } i,t} & \text{dose}_{i,t} \\ 0 & 0 & 1 & 0 & 0 & 0 & 0 & 0 \\ 0 & 0 & 0 & 1 & 0 & 0 & 0 & 0 \\ 0 & 0 & 0 & 0 & 1 & 0 & 0 & 0 \\ 0 & 0 & 0 & 0 & 0 & 1 & 0 & 0 \\ 0 & 0 & 0 & 0 & 0 & 0 & 1 & 0 \\ 0 & 0 & 0 & 0 & 0 & 0 & 0 & 1 \end{pmatrix} \begin{pmatrix} \mu_{1i,t-1} \\ \mu_{2i,t-1} \\ b_{1 \text{ base } i} \\ b_{1 \text{ int } i} \\ b_{1 \text{ dose } i} \\ b_{2 \text{ base } i} \\ b_{2 \text{ int } i} \\ b_{2 \text{ dose } i} \end{pmatrix}$$

$$+ \begin{pmatrix} x_{\text{base } i,t} \beta_{1 \text{ base}} + x_{\text{int } i,t} \beta_{1 \text{ int}} + \text{dose}_{i,t} \beta_{1 \text{ dose}} \\ x_{\text{base } i,t} \beta_{2 \text{ base}} + x_{\text{int } i,t} \beta_{2 \text{ int}} + \text{dose}_{i,t} \beta_{2 \text{ dose}} \\ 0 \\ 0 \\ 0 \\ 0 \\ 0 \\ 0 \end{pmatrix} + \begin{pmatrix} \varepsilon_{(\text{AR})1,i,t} \\ \varepsilon_{(\text{AR})2,i,t} \\ 0 \\ 0 \\ 0 \\ 0 \\ 0 \\ 0 \end{pmatrix}$$

$$\begin{pmatrix} Y_{1i,t} \\ Y_{2i,t} \end{pmatrix} = \begin{pmatrix} 1 & 0 & 0 & 0 & 0 & 0 & 0 & 0 \\ 0 & 1 & 0 & 0 & 0 & 0 & 0 & 0 \end{pmatrix} \begin{pmatrix} \mu_{1i,t} \\ \mu_{2i,t} \\ b_{1 \text{ base } i} \\ b_{1 \text{ int } i} \\ b_{1 \text{ dose } i} \\ b_{2 \text{ base } i} \\ b_{2 \text{ int } i} \\ b_{2 \text{ dose } i} \end{pmatrix} + \begin{pmatrix} \varepsilon_{(\text{ME})1i,t} \\ \varepsilon_{(\text{ME})2i,t} \end{pmatrix}$$

4.7 関連文献と出典

自己回帰線形混合効果モデルについては次の論文を参照されたい(Funatogawa *et al.*, 2007a;Funatogawa *et al.*, 2008a;Funatogawa *et al.*, 2008c;Funatogawa and Funatogawa, 2012a;Funatogawa and Funatogawa, 2012b).現在の反応を直前の反応に回帰させるモデルを,Rosner *et al.* (1985) および Rosner and Muñoz (1988) は自己回帰モデル,Rosner and Muñoz (1992) は条件付モデル,Schmid (1996) は条件付自己回帰モデル,Lindsey (1993) は状態依存モデル,Diggle *et al.* (2002) は遷移モデル,Anderson and Hsiao (1982) および Schmid (1996) はダイナミックモデル,Rabe-Hesketh and Skrondal (2012) は lagged-response モデルと呼んでいる.1980 年代に,Rosner *et al.* (1985),Rosner and Muñoz (1988) は自己回帰モデルを疫学で応用しているが,Stanek *et al.* (1989) は自己回帰モデルの批判を行っている.一方,1980 年代には,線形混合効果モデルの主要な論文である Laird and Ware (1982),一般化推定方程式の Liang and Zeger (1986) が発表されている.Dwyer *et al.* eds. (1992) は反応に関する自己回帰モデルを取り上げている書籍である.

4.4.3 項の PTH の 1 変量経時データに対する自己回帰線形混合効果モデルは Funatogawa *et al.* (2007a) を,さらに補正 Ca を加えた 2 変量経時データに対する 2 変量自己回帰線形混合効果モデルは Funatogawa *et al.* (2008a) を参照されたい.

経済学の分野で Anderson and Hsiao (1982) は自己回帰モデルはある均衡値に向かう推移を示すことを述べ,個体の違いを表す変量切片を含めたモデルを用いており,初期値の仮定に関する研究を行っている.経済学分野の時系列解析に関しては,Harvey (1993, 2 版) および 1 版 (1981) の訳 (国友・山本訳 1985),沖本 (2010) を参照されたい.パネルデータ分析の書籍は,経済学では Arellano (2003),Baltagi eds. (2006),Baltagi (2008),千木良ほか (2011),Hsiao (2003;国友訳, 2007),樋口ほか (2006),北村 (2005),Wooldridge (2002) など,社会学では Bollen and Curran (2006),Castilla (2007),Frees (2004),Skrondal and Rabe-Hesketh (2004) などがある.STATA のパネルデータ分析のマニュアルは Stata Release 9 (2005),書籍は Rabe-Hesketh and Skrondal (2012) がある.

カルマンフィルターに関してはKalman（1960）を参照されたい．ジョーンズは線形混合効果モデルに対し修正カルマンフィルター（Jones, 1986）を提案し，論文（Jones and Ackerson, 1990；Jones and Boadi-Boateng, 1991）と書籍（Jones, 1993）で状態空間モデルを用いている．カルマンフィルターとコレスキー分解に関してはJones（1986）およびJones（1993）に記載されている．自己回帰線形混合効果モデルでの修正カルマンフィルターと状態空間モデルはFunatogawa and Funatogawa（2012a）を参照されたい．

Chapter 5
介入前後の2時点データ

ある介入により変化が生じるか，介入に効果があるかを知りたい場合がしばしばある．介入前後の2時点のデータは医学，教育学，心理学など様々な分野でみられ，Pretest-Posttest データあるいは処置前後データとも呼ばれる．測定が2時点のみの経時データの特別な場合であると考えられる．5.1節では介入前後の値の比較，5.2節では介入前後の2時点データを用いた群間比較，5.3節から5.5節ではさらに無作為化比較試験での群間比較について，特に前値を共変量とした共分散分析を中心に述べる．

5.1 介入前後の比較

5.1.1 対応のある検定

同一対象者からの治療前後の血圧や，親の身長と子供の身長など，ペアで得られているデータを対応のあるデータといい，ペアであることを考慮した解析を行う．パラメトリックな検定では対応のある t 検定，ノンパラメトリックな検定ではウィルコクソン符号付順位検定あるいは符号検定がしばしば用いられる．例えば治療前の血圧と治療後の血圧を比較するには，各対象者の治療前後の血圧の差を反応変数とし，この差の平均と信頼区間を計算する．差の平均が0であるかのt検定が対応のあるt検定である．しかし，治療前後の血圧の差の検討は，介入による効果をみる研究デザインとしては弱い．介入を行わなくても値が変化するかもしれないからである．介入による効果をみるには，介入前後の値の変化ではなく，対照群（コントロール群）との比較が必要となる．図5.1(a)に2群比較の模式図を示した．このようにどちらの群でも介入後に値が大きく変化することは，対照群が実薬群でも薬理作用のないプラセボ群でも，しばしば起こる．このような介入後の変化の原因の一つに次に示す平均への回帰がある．

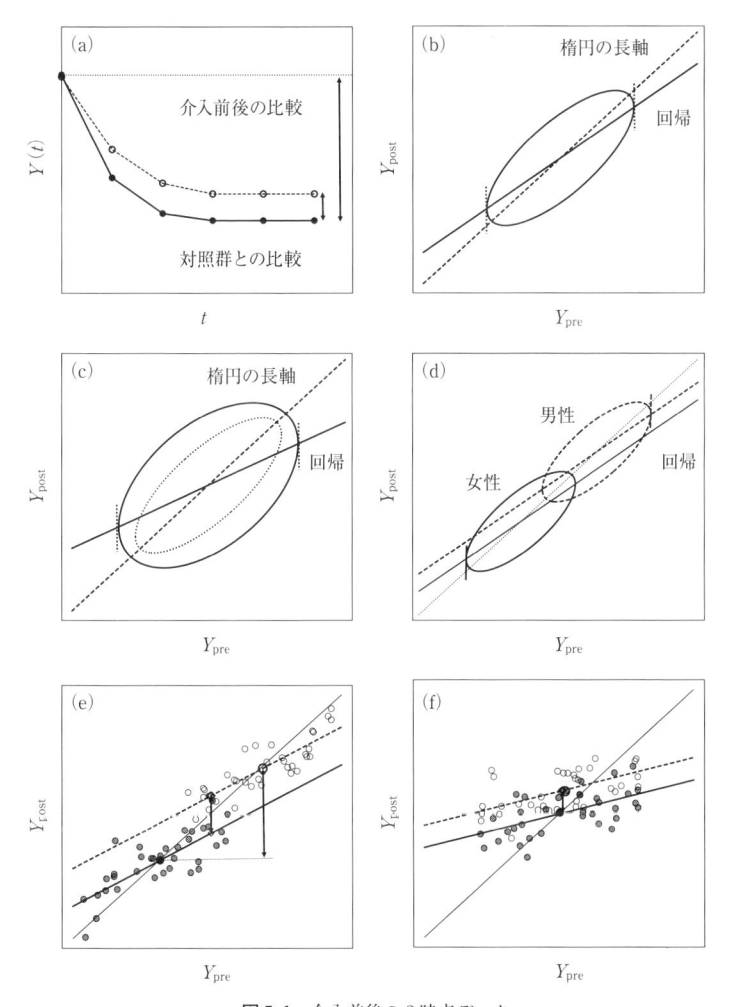

図 5.1 介入前後の 2 時点データ
(a)介入前後の比較と対照群との比較，(b)回帰直線と楕円の長軸，(c)測定誤差と回帰直線，(d)ロートのパラドクス，(e)前値の分布が異なる場合の共分散分析，(f)無作為割り付けでの共分散分析．

5.1.2 平均への回帰，説明変数の誤差

偶然極端な値であったものを再度測定すると，より平均に近い値となりやすい．これを平均への回帰（regression to the mean）という．これは回帰（regression）の語源となった現象である．例えば，スクリーニングで血圧がある値以上であった人たちを対象とし，再度血圧を測定すると何もしなくても，これら

の対象者の平均血圧は減少する．二つの変数 Y_pre と Y_post は2変量正規分布に従っているとする．簡単のため，どちらも平均が μ，分散が同じで $\sigma_\text{pre}^2 = \sigma_\text{post}^2$，共分散が σ_cov とする．2変量正規分布の確率密度関数の等高線は楕円で表される．図5.1(b)に示したように，回帰直線は楕円に垂直な二つの接線と楕円の両接点を通る直線となる．Y_post の Y_pre への回帰直線の傾きは $\sigma_\text{cov}/\sigma_\text{pre}^2$ である．楕円の長軸は傾き1（45度線）で，回帰直線とは異なる直線である．なお，Y_pre の Y_post への回帰直線も異なる．Y_pre の値として値 x が与えられたもと，Y_post の期待値は Y_post の Y_pre への回帰直線より，次式となる．

$$\mathrm{E}(Y_\text{post}|Y_\text{pre}=x) = \mu + \frac{\sigma_\text{cov}}{\sigma_\text{pre}^2}(x-\mu)$$

$$= x - \left(1 - \frac{\sigma_\text{cov}}{\sigma_\text{pre}^2}\right)(x-\mu)$$

ここで，$\sigma_\text{pre}^2 = \sigma_\text{post}^2$ の前提より $(1-\sigma_\text{cov}/\sigma_\text{pre}^2) > 0$ である．x が平均 μ よりも大きな値のとき，Y_post の条件付期待値は x よりも小さい値となる．

回帰では説明変数には誤差がないと仮定するが，実際には誤差，特に測定誤差が含まれる場合が多い．説明変数の誤差が大きいほど回帰直線の傾きの絶対値は小さくなり，この現象を希薄化（attenuation）という．例えば，測定誤差の大きい測定法を使ったとし，先ほどの例で，Y_pre と Y_post にそれぞれ独立な測定誤差 σ_ME^2 を足すと，Y_pre の分散は $\sigma_\text{pre}^2 + \sigma_\text{ME}^2$ に増え，共分散 σ_cov は変わらないため，図5.1(c)に示したように，回帰直線の傾きは $\sigma_\text{cov}/\sigma_\text{pre}^2$ から $\sigma_\text{cov}/(\sigma_\text{pre}^2+\sigma_\text{ME}^2)$ になり，絶対値は減少する．反応変数と説明変数のどちらもが誤差を含むと仮定したモデルを測定誤差モデルあるいは errors in variable モデルといい，線形関係式が提唱されている．

第2章から第4章で取り扱った混合効果モデルでみてきたように，介入に対する反応の個体間差により，介入前後の分布が異なることがある．特に治療効果をみる際には，しばしば治療法への反応性が高い対象者と，反応性の低い対象者がみられ，治療前と治療後の分布のシフトだけではなく，ばらつきが増加あるいは減少するなど，形状が変化することがある．

5.2 介入前後のデータの2群比較

2種類の介入を比較する2群比較を考える．介入前の値（前値，ベースライン

値）Y_pre と介入後の値（後値）Y_post がある．一般に，同じ対象者の前値と後値には相関があり，後値のみを2群で比較するt検定の検出力は低いことが多い．そこで，介入前後の変化量 $Y_\text{post}-Y_\text{pre}$ を反応変数としたt検定，あるいは前値を共変量とした共分散分析がしばしば用いられる．共分散分析は反応を後値としても変化量としても群間差の検定結果は同じであり，P値は一致する．これらの三つの検定は，$Y_\text{post}-\lambda Y_\text{pre}$ の群間比較となっており，後値の比較では $\lambda=0$，変化量では $\lambda=1$，共分散分析では λ は前値の回帰係数である．$Y_\text{post}-\lambda Y_\text{pre}$ の分散が群間で等しいときは，共分散分析の検出力が最も高い．薬効評価の分野などでは，実際には多時点のデータが測定されていても，投与開始時（ベースライン）と最終時（各対象者の最後に測定された時点）の2時点を検証的な解析に用いることが多い．このとき，経時データの解析は副次的あるいは探索的な位置付けとなる．ただし，最近では，6.3節で述べるように，経時データを検証的な解析に用いることもある．

右裾を引く分布であれば，対数変換をしたうえで，後値のみのt検定，変化量のt検定，前値を共変量とした共分散分析が解析法の候補となる．対数変換した値の変化量は次式で表され，前後の値の比の対数である．

$$\log(Y_\text{post})-\log(Y_\text{pre})=\log\left(\frac{Y_\text{post}}{Y_\text{pre}}\right)$$

変化率（percent change）である次式を用いる場合もある．

$$\left(\frac{Y_\text{post}-Y_\text{pre}}{Y_\text{pre}}\right)\times 100\ (\%)$$

しかし，対数変換の方が一般に好まれている．変化率は $(Y_\text{post}/Y_\text{pre}-1)\times 100\ (\%)$ で，前後の値の比の関数である．変化が2倍と1/2倍のとき，変化率は100%と -50% であり，その平均は $(100-50)/2=25\ (\%)$ で0ではない．対数変換した値の変化量の平均は $\{\log(2)+\log(0.5)\}/2=0$ となる．対数変換を用いた解析例を6.5節に示す．

ロードのパラドクス（Lord's paradox）と呼ばれる興味深い例を紹介する．大学での食事が体重に与える影響の男女間の違いを検討するため，年度初めと終わりの体重を測定した．図5.1(d)に模式図を示した．45度線上のデータは初めと終わりで値が同じである．男性の体重の方が女性よりも高い値に分布する．1人の統計家は男女別に年度初めと終わりの平均体重や分散を計算し，これらが変化していないことをみた．男女とも体重に変化がないのだから，男女間で食事の影

響に違いはないと結論した．もう1人の統計家は等しい傾きの共分散分析を行い，男女で切片が有意に異なった．そこで，年度初めに同じ体重である男性と女性を比べると，男性の方が体重が増加すると結論した．このように同じデータをみても異なる結論が得られるというパラドクスである．これは，比較したい2群で，開始時点で共変量が大きく異なる例である．このように，共変量の分布が群間で大きく異なる場合には，直線を当てはめる共分散分析が適当であるか，そもそも比較が可能であるかなどに注意する必要がある．

共分散分析は偏りの補正と推定精度や検出力の向上の主に二つの目的のために使われる．興味のある説明変数とは別の共変量の値によって反応変数の値が異なるとする．さらに，興味のある説明変数によってこの共変量の分布が異なっていると，そのために反応変数の値が変化してしまう．疫学の分野では，このような共変量のことを交絡因子（confounding factor）という．ただし，交絡因子は中間媒介変数ではない．共分散分析などの統計モデルにより，この偏りを補正する．水準間で前値（共変量）の分布が大きく異なる場合には，共変量を調整した場合としない場合で，群間差の推定値が大きく変わり得る．図5.1(e)に模式図を示した．

5.3 無作為化比較試験での介入前後のデータ

臨床試験（clinical trial）では，無作為化比較試験（randomized controlled trial：RCT）がしばしば行われる．無作為化（randomization）とは，対象者をいずれかの群に無作為に割り付けること，無作為割り付け（random allocation）であり，対象者を無作為に抽出する無作為抽出（random sampling）ではない．例えば，2種類の治療法があるとき，対象者をどちらかの治療法に1/2の確率で割り付ける．実際には，対象者の特性や施設などを考慮して，さらに複雑な割り付け方法が用いられている．無作為割り付けを行うことで，共変量の分布が群間で大きく異ならないようにしており，比較可能性（comparability）が保証される．特に，未知の交絡因子（unknown confounding factor）の分布が等しくなると期待される．

要因（介入）を無作為に割り付けている実験的状況では，前値（共変量）の分布が似ていることが期待されるため，図5.1(f)に示したように前値を調整した場合としない場合で群間差の推定値はさほど変わらないと期待される．その場合

でも，共変量をモデルに含めることにより，誤差分散が減少し，推定精度や検定の検出力が向上することを期待して，共分散分析などの統計モデルを用いる．次に無作為化を行った場合どのようなデータが得られるかを述べる．

5.3.1 無作為化比較試験のデータ

Y_{gij} を群 $g\,(g=1,2)$ の対象者 $i\,(i=1,\cdots,n_g)$ の時点 $j\,(j=1,2)$ の反応とする．$N=n_1+n_2$ とする．Y_{gi1} と Y_{gi2} は介入前と介入後の測定である．(Y_{gi1}, Y_{gi2}) は次の平均と分散共分散行列に従い分布しているとする．ここで，正規分布は仮定していない．

$$\begin{cases} \mathrm{Mean}(Y_{gi1}, Y_{gi2}) = \begin{pmatrix} \mu_{\mathrm{pre}} \\ \mu_{g\,\mathrm{post}} \end{pmatrix} \\ \mathrm{Cov}\begin{pmatrix} Y_{gi1} \\ Y_{gi2} \end{pmatrix} = \begin{pmatrix} \sigma_{\mathrm{pre}}^2 & \sigma_{g\,\mathrm{cov}} \\ \sigma_{g\,\mathrm{cov}} & \sigma_{g\,\mathrm{post}}^2 \end{pmatrix} \end{cases} \quad (5.1)$$

無作為割り付けにより，μ_{pre} と σ_{pre}^2 は群間で等しいが，$\mu_{g\,\mathrm{post}}$，$\sigma_{g\,\mathrm{cov}}$，$\sigma_{g\,\mathrm{post}}^2$ は群間で異なり得る．μ_{pre} が群間で等しいので，$\mu_{2\,\mathrm{post}}-\mu_{1\,\mathrm{post}}$ は治療効果であると考えられる．

モデル (5.1) に各群で回帰直線を当てはめた場合，漸近的に傾きは $\sigma_{g\,\mathrm{cov}}/\sigma_{\mathrm{pre}}^2$ であり，$\sigma_{g\,\mathrm{cov}}$ が群間で等しければ傾きも漸近的に等しくなる．残差分散は $\sigma_{g\,\mathrm{post}}^2-\sigma_{g\,\mathrm{cov}}^2/\sigma_{\mathrm{pre}}^2$ で，$\sigma_{g\,\mathrm{cov}}$ とさらに $\sigma_{g\,\mathrm{post}}^2$ が群間で等しければ，残差分散も漸近的に等しくなる．つまり，分散共分散行列が等しければ，傾きが等しく，残差分散が等しい共分散分析はデータに当てはまる．しかし，共分散も後値の分散も群間で等しいとする仮定はしばしば強すぎる．

5.3.2 無作為化比較試験での血中鉛濃度のデータの例

共分散 $\sigma_{g\,\mathrm{cov}}$ と後値の分散 $\sigma_{g\,\mathrm{post}}^2$ が群間で異なる無作為化比較試験の例を示す．小児を対象に薬剤 succimer の血中鉛濃度を下げる効果をみるため，プラセボ対照無作為化比較試験が行われた．ここでは例示のため，薬効の大きい投与1週後での群間比較を100名のサンプルデータで考える．図5.2は投与開始時と投与1週後の血中鉛濃度の散布図である．試験参加の選択基準が血中鉛濃度 20 μg/dL 以上であるため，投与開始時は切断した分布となり，正規分布ではない．各群の投与開始時と投与1週後の血中鉛濃度の平均と分散共分散行列を示す．

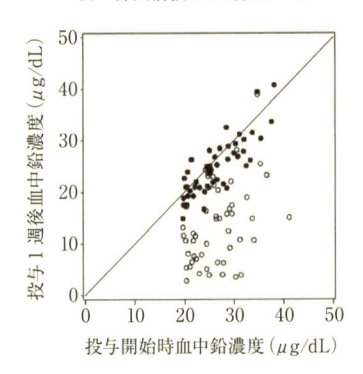

図 5.2 無作為化比較試験の治療前後の散布図
(Funatogawa et al., 2011)

実薬群：$\begin{pmatrix}27\\14\end{pmatrix}, \begin{pmatrix}25 & 15\\15 & 59\end{pmatrix}$　プラセボ群：$\begin{pmatrix}26\\25\end{pmatrix}, \begin{pmatrix}25 & 23\\23 & 30\end{pmatrix}$

無作為割り付けのため，投与開始時の平均と分散は群間でほぼ等しい．投与後の値は実薬群（白丸）では減少がみられるが，プラセボ群（黒丸）ではほとんど変化がない．実薬群での減少の大きさには個体差がある．投与後の分散は群間で明らかに異なる．投与前後の共分散も異なり，前値への回帰直線の傾きも異なる．

5.3.3　無作為化比較試験でのデータ発生モデル

無作為化臨床試験でどのようにデータが発生しているかを概念的に考えるため，モデル（5.1）の分散共分散行列を個体間分散と個体内分散に分解した次のデータ発生モデルを考える．

$$\begin{cases}\begin{pmatrix}Y_{gi1}\\Y_{gi2}\end{pmatrix}=\begin{pmatrix}\mu_{\mathrm{pre}}\\\mu_{g\,\mathrm{post}}\end{pmatrix}+\begin{pmatrix}S_{gi1}\\S_{gi2}\end{pmatrix}+\begin{pmatrix}\varepsilon_{gi1}\\\varepsilon_{gi2}\end{pmatrix}\\\mathrm{Cov}\begin{pmatrix}Y_{gi1}\\Y_{gi2}\end{pmatrix}=\begin{pmatrix}\sigma^2_{S\,\mathrm{pre}} & \sigma_{gS\,\mathrm{cov}}\\\sigma_{gS\,\mathrm{cov}} & \sigma^2_{gS\,\mathrm{post}}\end{pmatrix}+\begin{pmatrix}\sigma^2_{\varepsilon\,\mathrm{pre}} & 0\\0 & \sigma^2_{g\varepsilon\,\mathrm{post}}\end{pmatrix}\end{cases} \quad (5.2)$$

変量効果 S_{gi1} と S_{gi2} は平均ベクトル $\mathbf{0}$，分散が $\sigma^2_{S\,\mathrm{pre}}$ と $\sigma^2_{gS\,\mathrm{post}}$ で共分散が $\sigma_{gS\,\mathrm{cov}}$ の分散共分散行列に従うとする．ε_{gi1} と ε_{gi2} はランダムな誤差で，S_{gi1}, S_{gi2} と独立で互いに独立で平均 0，分散がそれぞれ $\sigma^2_{\varepsilon\,\mathrm{pre}}$ と $\sigma^2_{g\varepsilon\,\mathrm{post}}$ であると仮定する．無作為割り付けにより $\mu_{\mathrm{pre}}, \sigma^2_{S\,\mathrm{pre}}, \sigma^2_{\varepsilon\,\mathrm{pre}}$ が群間で等しいと期待されるが，$\mu_{g\,\mathrm{post}}$，$\sigma_{gS\,\mathrm{cov}}, \sigma^2_{gS\,\mathrm{post}}, \sigma^2_{g\varepsilon\,\mathrm{post}}$ は等しいとは限らない．ε_{gij} は測定誤差で時点間でその分散は変わらないと考え，$\sigma^2_{g\varepsilon\,\mathrm{post}}=\sigma^2_{\varepsilon\,\mathrm{pre}}$ を追加で仮定できるかもしれない．ここで，

$\mu_\text{pre}+S_{gi1}$ と $\mu_{g\,\text{post}}+S_{gi2}$ は対象者 i の介入前後の真の値である．対象者 i の介入による真の変化は $\mu_{g\,\text{post}}-\mu_\text{pre}+S_{gi2}-S_{gi1}$ である．このモデルの分散共分散のパラメータ数は大きすぎ，介入前後の2時点のデータから推定することはできない．モデル（5.2）のパラメータを推定するには，外部情報の追加などが必要である．一方，モデル（5.1）のパラメータは推定可能である．

さらに $S_{gi1}=S_{gi2}$ とし，$\sigma^2_{g\varepsilon\,\text{post}}$ が群間で等分散であると仮定した次のモデルは change from baseline モデルと呼ばれる．

$$\begin{cases} \begin{pmatrix} Y_{gi1} \\ Y_{gi2} \end{pmatrix} = \begin{pmatrix} \mu_\text{pre} \\ \mu_{g\,\text{post}} \end{pmatrix} + S_{gi}\begin{pmatrix} 1 \\ 1 \end{pmatrix} + \begin{pmatrix} \varepsilon_{gi1} \\ \varepsilon_{gi2} \end{pmatrix} \\ \text{Cov}\begin{pmatrix} Y_{gi1} \\ Y_{gi2} \end{pmatrix} = \begin{pmatrix} \sigma^2_S & \sigma^2_S \\ \sigma^2_S & \sigma^2_S \end{pmatrix} + \begin{pmatrix} \sigma^2_{\varepsilon\,\text{pre}} & 0 \\ 0 & \sigma^2_{\varepsilon\,\text{post}} \end{pmatrix} \end{cases} \quad (5.3)$$

$S_{gi1}=S_{gi2}$ は，モデル（5.2）で $\sigma^2_{gS\,\text{cov}}=\sigma^2_{S\,\text{pre}}$ かつ $\sigma^2_{gS\,\text{post}}=\sigma^2_{S\,\text{pre}}$ を意味する．パラメータは推定可能である．共変量である前値を変量と考えると，通常の共分散分析の仮定を満たしていない．しかしながら，2変量正規分布に従う change from baseline モデル，すなわち分散共分散が群間で等しいモデルからデータが発生しているときには，前値が与えられたもとで後値は同一の正規分布に従うと捉えることができ，データ数の少ない有限標本の設定であっても共分散分析は妥当であることが証明されている．ただし，このモデルでは，対象者 i の真の変化は $\mu_{g\,\text{post}}-\mu_\text{pre}$ であり，それぞれの群で全ての対象者で同じである．真の治療効果に個体間差がないことを意味し，真の変化は開始時の値によらない．この仮定は実際の臨床試験ではしばしば疑わしい．群間で分散共分散行列が等しい，つまり共分散と介入後の値の分散が群間で等しいと仮定しているが，無作為割り付けからは保証されない．

モデル（5.2）の変量効果 S_{gi1} と S_{gi2} は自己回帰線形混合効果モデルでベースラインと漸近値を変量とした（4.1）式や図 4.2(a)(b)，あるいは線形混合効果モデルで切片と傾きを変量とした（2.3）式や図 2.1(c)(d) および図 2.2(c)(d) から開始時と介入後の1時点の値を抜き出した場合に相当する．一方，change from baseline モデル（5.3）の変量効果 S_{gi} は線型混合効果モデルで変量切片を仮定した図 2.1(a)(b) や図 2.2(b) に相当する．

5.4 無作為化比較試験での共分散分析

無作為化比較試験では,介入効果をみるために連続型の反応を群間比較する際,検出力の観点から,前値を共変量とした共分散分析がしばしば使用される.前値を共変量とした共分散分析のモデルで等しい傾きを仮定した場合は,次のように表される.

$$\begin{pmatrix} Y_{112} \\ \vdots \\ Y_{1n_12} \\ Y_{212} \\ \vdots \\ Y_{2n_22} \end{pmatrix} = \begin{pmatrix} 1 & 0 & Y_{111} \\ \vdots & \vdots & \vdots \\ 1 & 0 & Y_{1n_11} \\ 1 & 1 & Y_{211} \\ \vdots & \vdots & \vdots \\ 1 & 1 & Y_{2n_21} \end{pmatrix} \begin{pmatrix} \beta_{\text{int}} \\ \beta_{\text{trt}} \\ \beta_{\text{slope}} \end{pmatrix} + \begin{pmatrix} \varepsilon_{11} \\ \vdots \\ \varepsilon_{1n_1} \\ \varepsilon_{21} \\ \vdots \\ \varepsilon_{2n_2} \end{pmatrix} \quad (5.4)$$

ここで,$\mathbf{Y}^{\text{T}} = (Y_{112}, \cdots, Y_{1n_12}, Y_{212}, \cdots, Y_{2n_22})$,$\mathbf{x}_{1i}^{\text{T}} = (1, 0, Y_{1i1})$,$\mathbf{x}_{2i}^{\text{T}} = (1, 1, Y_{2i1})$,$\mathbf{X}^{\text{T}} = (\mathbf{x}_{11}, \cdots, \mathbf{x}_{1n_1}, \mathbf{x}_{21}, \cdots, \mathbf{x}_{2n_2})$,$\boldsymbol{\beta}^{\text{T}} = (\beta_{\text{int}}, \beta_{\text{trt}}, \beta_{\text{slope}})$,$\boldsymbol{\varepsilon}^{\text{T}} = (\varepsilon_{11}, \cdots, \varepsilon_{1n_1}, \varepsilon_{21}, \cdots, \varepsilon_{2n_2})$ とすると,モデル (5.4) は $\mathbf{Y} = \mathbf{X}\boldsymbol{\beta} + \boldsymbol{\varepsilon}$ で表せる.β_{int} は切片,β_{trt} は介入効果(群間差),β_{slope} は傾きである.通常の共分散分析では等分散を仮定しており,$\boldsymbol{\beta}$ の推定に次式の最小二乗法(ordinary least squares:OLS)による推定量を用いる.

$$\hat{\boldsymbol{\beta}}_{\text{ols}} = (\mathbf{X}^{\text{T}}\mathbf{X})^{-1}\mathbf{X}^{\text{T}}\mathbf{Y}$$

共分散分析の仮定に基づく $\hat{\boldsymbol{\beta}}_{\text{ols}}$ の分散を求める標準的な公式は次式である.

$$\text{Cov}(\hat{\boldsymbol{\beta}}_{\text{ols}}) = \sigma_{\text{res}}^2 (\mathbf{X}^{\text{T}}\mathbf{X})^{-1}$$

ここで,σ_{res}^2 は誤差分散である.また,不等分散を仮定した場合,次式の一般化最小二乗法(generalized least squares:GLS)による推定量を用いる.

$$\hat{\boldsymbol{\beta}}_{\text{gls}} = (\mathbf{X}^{\text{T}}\mathbf{V}^{-1}\mathbf{X})^{-1}\mathbf{X}^{\text{T}}\mathbf{V}^{-1}\mathbf{Y}$$

$\mathbf{V}$ は大きさ $n_1 + n_2$ の対角行列で,その要素は各群の誤差分散 $\sigma_{1\text{res}}^2$ と $\sigma_{2\text{res}}^2$ である.$\hat{\boldsymbol{\beta}}_{\text{gls}}$ の分散を求める標準的な公式は次式である.

$$\text{Cov}(\hat{\boldsymbol{\beta}}_{\text{gls}}) = (\mathbf{X}^{\text{T}}\mathbf{V}^{-1}\mathbf{X})^{-1}$$

傾きが異なる場合は,$\mathbf{x}_{1i}^{\text{T}} = (1, Y_{1i1}, 0, 0)$,$\mathbf{x}_{2i}^{\text{T}} = (0, 0, 1, Y_{2i1})$,$\boldsymbol{\beta}^{\text{T}} = (\beta_{1\text{int}}, \beta_{1\text{slope}}, \beta_{2\text{int}}, \beta_{2\text{slope}})$ とし,同様に $\hat{\boldsymbol{\beta}}_{\text{ols}}$ あるいは $\hat{\boldsymbol{\beta}}_{\text{gls}}$ を用いる.

通常の共分散分析では,傾きが等しく誤差が等分散のモデルを仮定しているが,5.3 節に示したように無作為割り付けからこれらの仮定は保証されない.このような状況下での共分散分析の性質について述べる前に,t 検定で 2 群の平均

5.4 無作為化比較試験での共分散分析

を比較する際の群間の不等分散とデータ数の関係について述べる．1.4節に述べたようにt検定では，不等分散を仮定するときには，サタスウェイトの自由度調整とともに用いる．ただし，データ数が2群間で等しい場合は，等分散を仮定したスチューデントのt検定を用いても，第1種の過誤，つまり実際には差がないのに検定で有意となる確率は名義有意水準と漸近的に等しい．一方，データ数が異なる場合は有意水準が保たれない．データ数が大きい群の分散の方が大きい場合は，第1種の過誤は名義水準よりも小さくなり，保守的である．一方，データ数が大きい群の分散の方が小さい場合は，第1種の過誤は名義水準よりも大きくなる．

t検定でみられるように，共分散分析においても，不等分散の影響はデータ数に不均衡がある場合は特に重要である．また，異なる傾きや不等分散を仮定した共分散分析において有意水準が保たれるかも重要である．そこで，無作為割り付けのみを仮定したときのデータに対して，解析の仮定として，傾きが等しく等分散，傾きが等しく不等分散，傾きが異なり等分散，傾きが異なり不等分散の四つの共分散分析のモデルを考え，仮定別に漸近的に群間差の検定の有意水準が保たれるかを表5.1にまとめた．ここでは，分散の計算には標準的な式を用い，不等分散を仮定して一般化最小二乗法を用いた場合はサタスウェイトの自由度調整を行う．また，傾きが異なる場合は前値の全体平均での後値の群間差で比較する．これらの結果の導出方法を5.5節に示す．共分散が群間で異なるデータであって

表5.1 無作為化割り付けでの共分散分析モデルの仮定と実質有意水準の漸近的関係

発生データ			共分散分析モデルの仮定			
			傾き：等しい		傾き：異なる	
共分散	後値の分散	データ数*	等分散 OLS**	不等分散 GLS	等分散 OLS	不等分散 GLS
等しい	等しい	n_iによらず	$\alpha^\dagger$	α	α	α
等しい	異なる	$n_1=n_2$	α	α	α	α
		$n_1>n_2$	αより小	α	αより小	α
		$n_1<n_2$	αより大	α	αより大	α
異なる	後値の分散によらず	$n_1=n_2$	α	α	αより大	αより大
		$n_1\neq n_2$	αでない‡	α	αでない‡	αより大

*n_1：分散が大きい群のデータ数，n_2：分散が小さい群のデータ数．
**OLS：ordinary least squares，GLS：generalized least squares, GLSはサタスウェイトの自由度調整と用いる．
†αは名義有意水準．αより小のとき保守的である．
‡これらはデータ数の比と共分散行列の値に依存する．

も,データ数が等しいときは傾きが等しく等分散を仮定した通常の共分散分析は有意水準を保つ.しかし,データ数が異なる場合は,傾きが等しく不等分散を仮定した場合のみ有意水準を保つ.したがって,1:2割り付けなどデータ数が異なる場合は,有意水準を保つには傾きが等しく,不等分散を仮定した共分散分析をサタスウェイトの自由度調整と伴に用いる必要がある.また,傾きが異なると仮定した共分散分析は,共分散が群間で異なるとデータ数が等しくても有意水準が保たれない.統計ソフトウェア SAS のプログラム例を 9.10 節に示した.

5.5 無作為化比較試験での共分散分析の数理

ここでは,5.4 節で述べた無作為化比較試験での共分散分析の漸近的な性質をさらに詳しく述べる.無作為割り付けのみを仮定したモデル(5.1)から発生されるデータ,つまり前値の平均と分散のみが群間で等しいデータに対して,モデル(5.4)の傾きが等しく等分散を仮定した共分散分析モデルに続き,傾きが等しく不等分散,傾きが異なり等分散,傾きが異なり不等分散の四つの共分散分析モデルを当てはめた場合を考える.

5.5.1 等しい傾きを仮定した共分散分析モデル

傾きが等しく等分散を仮定した共分散分析モデルでは,β の最小二乗推定量は $\hat{\beta}_{\mathrm{ols}}=(\mathbf{X}^{\mathrm{T}}\mathbf{X})^{-1}\mathbf{X}^{\mathrm{T}}\mathbf{Y}$ で,$\hat{\beta}_{\mathrm{ols}}$ の各要素の推定量 $\hat{\beta}_{\mathrm{ols\_int}}, \hat{\beta}_{\mathrm{ols\_trt}}, \hat{\beta}_{\mathrm{ols\_slope}}$ と $\hat{\sigma}_{g\,\mathrm{cov}}, \hat{\sigma}_{g\,\mathrm{pre}}^{2}$ は次式となる.

$$\hat{\beta}_{\mathrm{ols\_int}} = \frac{1}{n_1}\left(\sum_{i=1}^{n_1} Y_{1i2} - \hat{\beta}_{\mathrm{ols\_slope}} \sum_{i=1}^{n_1} Y_{1i1}\right)$$

$$\hat{\beta}_{\mathrm{ols\_trt}} = \frac{1}{n_2}\sum_{i=1}^{n_2} Y_{2i2} - \frac{1}{n_1}\sum_{i=1}^{n_1} Y_{1i2} - \hat{\beta}_{\mathrm{ols\_slope}}\left(\frac{1}{n_2}\sum_{i=1}^{n_2} Y_{2i1} - \frac{1}{n_1}\sum_{i=1}^{n_1} Y_{1i1}\right)$$

$$\hat{\beta}_{\mathrm{ols\_slope}} = \frac{n_1 \hat{\sigma}_{1\,\mathrm{cov}} + n_2 \hat{\sigma}_{2\,\mathrm{cov}}}{n_1 \hat{\sigma}_{1\,\mathrm{pre}}^{2} + n_2 \hat{\sigma}_{2\,\mathrm{pre}}^{2}}$$

$$\hat{\sigma}_{g\,\mathrm{cov}} = \frac{1}{n_g}\sum_{i=1}^{n_g}\left\{\left(Y_{gi1} - \frac{1}{n_g}\sum_{i=1}^{n_g} Y_{gi1}\right)\left(Y_{gi2} - \frac{1}{n_g}\sum_{i=1}^{n_g} Y_{gi2}\right)\right\}$$

$$\hat{\sigma}_{g\,\mathrm{pre}}^{2} = \frac{1}{n_g}\sum_{i=1}^{n_g}\left(Y_{gi1} - \frac{1}{n_g}\sum_{i=1}^{n_g} Y_{gi1}\right)^{2}$$

無作為割り付けのみを仮定したもとで,$\hat{\beta}_{\mathrm{ols\_trt}}$ は群間差 $\beta_{\mathrm{trt}} = \mu_{2\mathrm{post}} - \mu_{1\mathrm{post}}$ の一致推定量であり,$N^{1/2}(\hat{\beta}_{\mathrm{ols\_trt}} - \beta_{\mathrm{trt}})$ は平均 0 の正規分布に収束する.$\hat{\beta}_{\mathrm{ols\_trt}}$ の漸近的

な分散 $V_{\text{ols}}^{\text{ES}}$ は次式となる.

$$V_{\text{ols}}^{\text{ES}} = \left(\frac{1}{n_1} + \frac{1}{n_2}\right)\left\{\left(\frac{n_2\sigma_{1\text{post}}^2 + n_1\sigma_{2\text{post}}^2}{n_1+n_2}\right) - \frac{1}{\sigma_{\text{pre}}^2}\left(\frac{n_1\sigma_{1\text{cov}} + n_2\sigma_{2\text{cov}}}{n_1+n_2}\right)\left(\frac{p\sigma_{1\text{cov}} + q\sigma_{2\text{cov}}}{p+q}\right)\right\}$$

ここで,$p=2n_2-n_1$,$q=2n_1-n_2$ である.また,添字 ES は equal slope を表す.ここでの議論では,$o(1/N)$ の項は無視する.$o(1/N)$ は収束の速さに関する用語で,9.9節に説明を記載する.次に,$\hat{\beta}_{\text{ols}}$ の分散を求める標準的な公式 $\text{Cov}(\hat{\boldsymbol{\beta}}_{\text{ols}}) = \sigma_{\text{res}}^2(\mathbf{X}^{\text{T}}\mathbf{X})^{-1}$ から求めた $\hat{\beta}_{\text{ols\_trt}}$ の漸近的な分散 $V_{\text{ols\_f}}^{\text{ES}}$ は次式となる.ここで,添字 f は formula(公式)を表す.

$$V_{\text{ols\_f}}^{\text{ES}} = \left(\frac{1}{n_1} + \frac{1}{n_2}\right)\left\{\left(\frac{n_1\sigma_{1\text{post}}^2 + n_2\sigma_{2\text{post}}^2}{n_1+n_2}\right) - \frac{1}{\sigma_{\text{pre}}^2}\left(\frac{n_1\sigma_{1\text{cov}} + n_2\sigma_{2\text{cov}}}{n_1+n_2}\right)^2\right\}$$

正しい漸近的な分散 $V_{\text{ols}}^{\text{ES}}$ と公式による分散 $V_{\text{ols\_f}}^{\text{ES}}$ との差は次式となる.

$$V_{\text{ols\_f}}^{\text{ES}} - V_{\text{ols}}^{\text{ES}} = \left(\frac{1}{n_1} + \frac{1}{n_2}\right)\left\{\frac{(n_1-n_2)\sigma_{1\text{post}}^2 + (n_2-n_1)\sigma_{2\text{post}}^2}{n_1+n_2}\right.$$
$$\left. - \frac{2}{\sigma_{\text{pre}}^2}\frac{n_1\sigma_{1\text{cov}} + n_2\sigma_{2\text{cov}}}{n_1+n_2}\frac{(n_1-n_2)\sigma_{1\text{cov}} + (n_2-n_1)\sigma_{2\text{cov}}}{n_1+n_2}\right\}$$

データ数が群間で等しいとき,この差は0になり,$V_{\text{ols\_f}}^{\text{ES}}$ に基づく信頼区間や有意水準は漸近的に正しい.

傾きが等しく不等分散を仮定した共分散分析モデルを当てはめた場合も同様の議論ができる.一般化最小二乗推定量 $\hat{\boldsymbol{\beta}}_{\text{gls}} = (\mathbf{X}^{\text{T}}\mathbf{V}^{-1}\mathbf{X})^{-1}\mathbf{X}^{\text{T}}\mathbf{V}^{-1}\mathbf{Y}$ から求まる群間差 $\beta_{\text{trt}} = \mu_{2\text{post}} - \mu_{1\text{post}}$ の推定値 $\hat{\beta}_{\text{gls\_trt}}$ は一致推定量となる.$\hat{\beta}_{\text{gls\_trt}}$ の分散 $V_{\text{gls}}^{\text{ES}}$ と公式 $\text{Cov}(\hat{\boldsymbol{\beta}}_{\text{gls}}) = (\mathbf{X}^{\text{T}}\mathbf{V}^{-1}\mathbf{X})^{-1}$ から求まる $\hat{\beta}_{\text{gls\_trt}}$ の分散 $V_{\text{gls\_f}}^{\text{ES}}$ は,データ数が群間で等しいか否かにかかわらず等しく,$V_{\text{gls\_f}}^{\text{ES}}$ に基づく信頼区間や有意水準は漸近的に正しい.

5.5.2 異なる傾きを仮定した共分散分析モデル

次に,異なる傾きと等分散を仮定した共分散分析モデルを当てはめた場合を考える.傾きが異なる場合は,$\mathbf{x}_{1i}^{\text{T}} = (1, Y_{1i1}, 0, 0)$,$\mathbf{x}_{2i}^{\text{T}} = (0, 0, 1, Y_{2i1})$ とし,$\boldsymbol{\beta}$ を次のようにする.

$$\boldsymbol{\beta}^{\text{T}} = (\beta_{1\text{int}}, \beta_{1\text{slope}}, \beta_{2\text{int}}, \beta_{2\text{slope}})$$

群間差 $\beta_{\text{trt}} = \mu_{2\text{post}} - \mu_{1\text{post}}$ は対比 $\mathbf{L} = (-1 \quad -\mu_{\text{pre}} \quad 1 \quad \mu_{\text{pre}})$ を用いて最小二乗推定量 $\hat{\beta}_{\text{ols\_trt}} = \mathbf{L}\hat{\boldsymbol{\beta}}_{\text{ols}}$ により推定する.ただし,前値の平均 μ_{pre} は未知であり,次の推定値を用いる.

$$\hat{\mu}_{\text{pre}} = \frac{n_1\hat{\mu}_{1\text{pre}} + n_2\hat{\mu}_{2\text{pre}}}{n_1+n_2}$$

$\hat{\mu}_{\text{pre}}$ を代入した次の対比を用い群間差を推定する．

$$\mathbf{L} = \begin{pmatrix} -1 & -\hat{\mu}_{\text{pre}} & 1 & \hat{\mu}_{\text{pre}} \end{pmatrix}$$

対比を用いた群間差の分散を求める標準的な公式は次式である．

$$\text{Cov}(\mathbf{L}\hat{\boldsymbol{\beta}}_{\text{ols}}) = \sigma^2_{\text{res}} \mathbf{L}(\mathbf{X}^{\text{T}}\mathbf{X})^{-1}\mathbf{L}^{\text{T}}$$

無作為割り付けのみを仮定したもとで，$\hat{\beta}_{\text{ols\_trt}} = \mathbf{L}\hat{\boldsymbol{\beta}}_{\text{ols}}$ は群間差 $\beta_{\text{trt}} = \mu_{\text{2post}} - \mu_{\text{1post}}$ の一致推定量であり，$N^{1/2}(\hat{\beta}_{\text{ols\_trt}} - \beta_{\text{trt}})$ は平均 0 の正規分布に収束する．$\hat{\beta}_{\text{ols\_trt}}$ の漸近的な分散 $V^{\text{US}}_{\text{ols}}$ は次式となる．ここで，添字 US は unequal slope を表す．

$$V^{\text{US}}_{\text{ols}} = \left(\frac{1}{n_1} + \frac{1}{n_2}\right)\left\{\left(\frac{n_2\sigma^2_{\text{1post}} + n_1\sigma^2_{\text{2post}}}{n_1 + n_2}\right) - \frac{1}{\sigma^2_{\text{pre}}}\left(\frac{n_2\sigma_{\text{1cov}} + n_1\sigma_{\text{2cov}}}{n_1 + n_2}\right)^2\right\}$$

また，公式から求めた漸近的な分散 $V^{\text{US}}_{\text{ols\_f}}$ は次式となる．

$$V^{\text{US}}_{\text{ols\_f}} = \left(\frac{1}{n_1} + \frac{1}{n_2}\right)\left\{\left(\frac{n_1\sigma^2_{\text{1post}} + n_2\sigma^2_{\text{2post}}}{n_1 + n_2}\right) - \frac{1}{\sigma^2_{\text{pre}}}\left(\frac{n_1\sigma^2_{\text{1cov}} + n_2\sigma^2_{\text{2cov}}}{n_1 + n_2}\right)\right\}$$

正しい漸近的な分散 $V^{\text{US}}_{\text{ols}}$ と公式による分散 $V^{\text{US}}_{\text{ols\_f}}$ との差は次式となる．

$$V^{\text{US}}_{\text{ols\_f}} - V^{\text{US}}_{\text{ols}} = \frac{(n_1 - n_2)\sigma^2_{\text{1post}} + (n_2 - n_1)\sigma^2_{\text{2post}}}{n_1 n_2} - \frac{(n_1 - n_2)(\sigma^2_{\text{1cov}} - \sigma^2_{\text{2cov}})}{n_1 n_2 \sigma^2_{\text{pre}}}$$

$$- \frac{(\sigma_{\text{1cov}} - \sigma_{\text{2cov}})^2}{(n_1 + n_2)\sigma^2_{\text{pre}}}$$

データ数が群間で等しいときでも，第 3 項が残り，この場合公式に基づく分散 $V^{\text{US}}_{\text{ols\_f}}$ は過少評価となる．

　傾きが異なり不等分散を仮定した共分散分析モデルの一般化最小二乗推定量 $\hat{\beta}_{\text{gls\_trt}} = \mathbf{L}\hat{\boldsymbol{\beta}}_{\text{gls}}$ は等分散の場合の $\hat{\beta}_{\text{ols\_trt}}$ と一致する．したがって，$\hat{\beta}_{\text{gls\_trt}}$ の分散 $V^{\text{US}}_{\text{gls}}$ は $V^{\text{US}}_{\text{ols}}$ と等しい．また，分散の公式は次式となる．

$$\text{Cov}(\mathbf{L}\hat{\boldsymbol{\beta}}_{\text{gls}}) = \mathbf{L}(\mathbf{X}^{\text{T}}\mathbf{V}^{-1}\mathbf{X})^{-1}\mathbf{L}^{\text{T}}$$

この公式から求めた漸近的な分散 $V^{\text{US}}_{\text{gls\_f}}$ は次式となる．

$$V^{\text{US}}_{\text{gls\_f}} = \left(\frac{1}{n_1} + \frac{1}{n_2}\right)\left\{\left(\frac{n_2\sigma^2_{\text{1post}} + n_1\sigma^2_{\text{2post}}}{n_1 + n_2}\right) - \frac{1}{\sigma^2_{\text{pre}}}\left(\frac{n_2\sigma^2_{\text{1cov}} + n_1\sigma^2_{\text{2cov}}}{n_1 + n_2}\right)\right\}$$

正しい漸近的な分散 $V^{\text{US}}_{\text{gls}}$ と公式による分散 $V^{\text{US}}_{\text{gls\_f}}$ との差は次式となり，公式に基づく分散はデータ数が群間で等しいか否かにかかわらず過少評価となる．

$$V^{\text{US}}_{\text{gls\_f}} - V^{\text{US}}_{\text{gls}} = -\frac{(\sigma_{\text{1cov}} - \sigma_{\text{2cov}})^2}{(n_1 + n_2)\sigma^2_{\text{pre}}}$$

この差は $V^{\text{US}}_{\text{ols\_f}} - V^{\text{US}}_{\text{ols}}$ の第 3 項と等しく，前値の全体平均を対比の μ_{pre} に代入していることに起因する．

5.5.3　各種の共分散分析モデルの性質のまとめ

5.5.1項と5.5.2項をまとめると，無作為割り付けのみを仮定したデータ，すなわち共分散が異なり後値の分散が異なるデータに対し，傾きが等しく等分散を仮定した通常の共分散分析の第1種の過誤は割り付け比が等しいときのみ，漸近的に名義水準を保つ．等しい傾きと異なる残差分散を仮定した共分散分析の第1種の過誤は，割り付け比が等しくなくても漸近的に名義水準を保つ．異なる傾きを仮定した共分散分析の第1種の過誤は，残差分散の仮定にかかわらず名義水準を保たない．さらに，各モデルの推定値の分散を比較することにより，割り付け比が等しいとき，通常の共分散分析の推定効率は，異なる傾きを仮定した共分散分析と同じで，等しい傾きと異なる残差分散を仮定した共分散分析よりも高い．

5.6　関連文献と出典

Pretest-Posttest データの解析に関しては，Bonate（2000），岩崎（2002），清見（2004），Milliken and Johnson（2002）に詳しい．無作為化比較試験は臨床試験でしばしば用いられるデザインであり，臨床試験に関しては，Friedman et al.（2010），Pocock（1983）とその訳（コントローラー委員会監訳，1989）に詳しい．

5.1節で述べた平均への回帰は岩崎（2006b）を参照されたい．Laird（1983）は共分散分析の反応が後値でも変化量でも群間の差の検定結果が同じことを示した．5.2節で述べたロードのパラドクスは Lord（1967）を参照されたい．5.3.2項の血中鉛濃度のデータは Fitzmaurice et al.（2011）に示されている．5.3.3項で述べたモデル（5.2）のパラメータの外部情報による推定は Blomqvist（1977）を，change from baseline モデルに従うデータを共分散分析で解析することの妥当性は Crager（1987）を参照されたい．5.4節と5.5節で述べた無作為割り付けのもとでの四つの共分散分析のモデルの仮定別の漸近的な性質については，5.3.2項の血中鉛濃度のデータを例として Funatogawa et al.（2011）および Funatogawa and Funatogawa（2011）に示されている．Yang and Tsiatis（2001）により，5.5節で述べた無作為割り付けのもとで共分散分析による推定量 $\hat{\beta}_{\text{ols\_trt}}$ が群間差の一致推定量であること，およびその漸近的な分散が示された．

Chapter 6
経時データ解析のトピックス

　この章では医学系の経時データ解析に関するトピックスを取り上げる．6.1節では繰り返し測定分散分析および多変量分散分析について簡単に述べる．6.2節では欠測および脱落，6.3節では経時データ解析の検証的使用，6.4節では時間依存性共変量，6.5節ではクロスオーバー試験について述べる．

6.1　繰り返し測定分散分析モデル・多変量分散分析モデル

　全対象者で欠測がなく同じ時期に観測されている場合をバランスドデータ（balanced data）といい，薬効評価など実験的研究で多くみられる．線形混合効果モデルが実用化される以前は，繰り返し測定分散分析（repeated measures ANOVA）がしばしば用いられた．グリーンハウス-ガイザー（Greenhouse-Geisser）あるいはヒューン-フェルト（Huynh-Feldt）の自由度調整を用いる．球面性（sphericity）の仮定が成り立つ必要がある．これは2水準間の反応の差の分散が全ての組み合わせで等しいという仮定で，compound symmetry（CS）と似た構造である．球面性の仮定が成り立たない場合は，多変量分散分析（multivariate ANOVA：MANOVA）が用いられた．多変量分散分析では各時点の反応を別の変数と考えるため，1変量の経時データでも多変量という．いずれの手法も，1時点でも欠測のある対象者は全時点のデータが解析から除かれる点が，欠測の生じやすい医学研究で用いる際の欠点である．

　実験計画法（design of experiments）において，実験条件をランダムに配置することを完全無作為化法，局所管理のためブロック内で実験条件をランダムに配置することを乱解法（randomized block design），無作為化を何段階かに分けて行うものを分割法（split-plot design）という．乱解法や分割法のモデルが経時データ解析に応用されている．分散分析型モデルについては，高橋（1994），高

橋(1996),高橋ほか(1989),岸本(1996)に詳しい.

6.2 欠測および脱落

　人を対象とする医学分野の経時データでは,欠測 (missing) あるいは脱落 (dropout) の問題は頻出である.脱落では,ある時点以降その対象者の全ての測定が欠測となる.欠測について議論するため,データとして反応に加えて,欠測の指示変数を考える.反応が生じる反応プロセスと欠測の指示変数が生じる欠測プロセスの同時確率密度関数を,反応プロセスの周辺密度と,反応変数の条件付きでの欠測プロセスの条件付密度に分解する.欠測プロセスは次のように三つに分類される.

1. Missing completely at random (MCAR)
   欠測は反応プロセスに依存しない
2. Missing at random (MAR)
   欠測は反応プロセスの観測された部分のみに依存
3. Missing not at random (MNAR)
   欠測は反応プロセスの観測されていない部分に依存

　MCAR の場合,最尤法を含め多くの推定方法は妥当である.欠測が共変量に依存する場合も MCAR に含む.

　MAR は欠測の観測値への依存は確率的でも,決定論的でも良い.例えば,プロトコールで反応がある値を超えたらその対象者の観測を中止すると規定している場合は MAR である.ただし,超えたときの値を解析に含めなくてはならない.MAR の場合,最尤法は妥当であるが,平均構造だけではなく,分散共分散構造や分布の仮定を含めモデルを正しく特定する必要がある.

　反応がある値を超えると欠測するが,そのときの値が観測されていない場合は MNAR である.また,観測されない真の反応や,観測されない変量効果の値に依存して欠測する場合も MNAR である.MNAR の場合,反応プロセスのみをモデル化した最尤法は妥当ではなく,欠測プロセスも考慮する必要が生じる.反応の条件付きで欠測プロセスをモデル化する selection モデル,欠測パターンごとに反応をモデル化する pattern-mixture モデル,反応プロセスと欠測プロセス両方に同じ変量効果が含まれる shared parameter モデルなどのアプローチが提案されている.これらの手法は主要な解析手法により得られた結果の頑健性を確

認するための感度分析（sensitivity analysis）の位置付けで用いられている．

MCAR と MAR では最尤法で欠測プロセスをモデル化する必要がないため，欠測プロセスを無視できるという意味で ignorable といい，MNAR を non-ignorable ということもある．Non-informative censoring と informative censoring という用語も使われる．

欠測値に何らかの値を補完（imputation）するアプローチもある．一つの値だけを補完する single imputation に比べ，複数の値を補完する多重補完法（multiple imputation）は欠測値を補完することによる不確かさを反映するため推奨される．6.3 節の経時データ解析の検証的使用は欠測に関連した議論である．次に多くの対象者が試験途中で脱落した臨床試験の解析例を紹介する．

例 6.1 統合失調症患者を対象とした無作為化比較試験での PANSS スコア反応に依存した脱落の例を紹介する．統合失調症患者を対象とした無作為化比較試験で，主要評価項目は陽性・陰性症状評価尺度（positive and negative symptom rating scale：PANSS）の総合スコア（1 から 7 点で評価される 30 項目の合計点）である．プラセボ（P）群（疑似薬），haloperidol（H）群，risperidone（R）群の 3 群を比較した．図 6.1(a) に haloperidol 群の各対象者の PANSS スコアの推移を示す．高スコアほど症状が悪く，薬剤投与によりスコアが下がることを期待している．8 週間の評価期間を通じて観測されている対象者では，初期の変化が大きく，それぞれの漸近値に向かい推移している．脱落直前の反応が高い傾向があり，明らかに MCAR ではない．最も多い脱落理由は反応が十分でないためであった．図 (a) に示したように脱落直前に高スコアがみられ，多くの脱落は観測された反応により決められているようであり，これは MAR である．観測されていない反応による脱落もありえ，これは MNAR である．脱落した患者の割合はプラセボ群で 65.9%，haloperidol 群で 51.8%，risperidone 群で 42.0% であった．脱落割合は 3 群で異なり，プラセボ群で最も高かった．

図 6.1(b) に各群の単純平均の推移と (4.2) 式の自己回帰線形混合効果モデルで推定した各群の平均推移を示す．単純平均はプラセボ群でも時間とともにスコアが減少するが，これはスコアが悪い人が選択的に脱落し，スコアが良い人，つまりスコアが低い人が長く観測されていることが影響している．一方，モデルに基づく推定値はプラセボ群では，ほとんど減少がみられない．実薬群でも同様に，単純平均よりもモデルに基づく推定値の方が高い．自己回帰線形混合効果モ

デルの開始時の値と漸近値の推定値はプラセボ（P）群で 92.4 と 91.8，haloperidol（H）群で 93.6 と 85.1，risperidone（R）群で 92.4 と 77.8 であった．自己回帰係数の推定値は $\hat{\rho}=0.451$ であった．変量効果の分散共分散行列，均衡値の分散 $\sigma_{G\,equi}^2=(1-\rho)^2\sigma_{G1}^2$，AR(1) 誤差の分散，測定誤差の分散の推定値を示す．

$$\begin{pmatrix} \hat{\sigma}_{G0}^2 & \hat{\sigma}_{G01} \\ \hat{\sigma}_{G01} & \hat{\sigma}_{G1}^2 \end{pmatrix} = \begin{pmatrix} 199.0 & 133.5 \\ 133.5 & 107.7 \end{pmatrix}, \quad \hat{\sigma}_{G\,equi}^2=442.9, \quad \hat{\sigma}_{AR}^2=159.5, \quad \hat{\sigma}_{ME}^2=0.4066$$

欠測が MAR でモデルの仮定が正しければ，最尤推定は妥当である．この例では，多くの脱落は MAR であると考えられる．

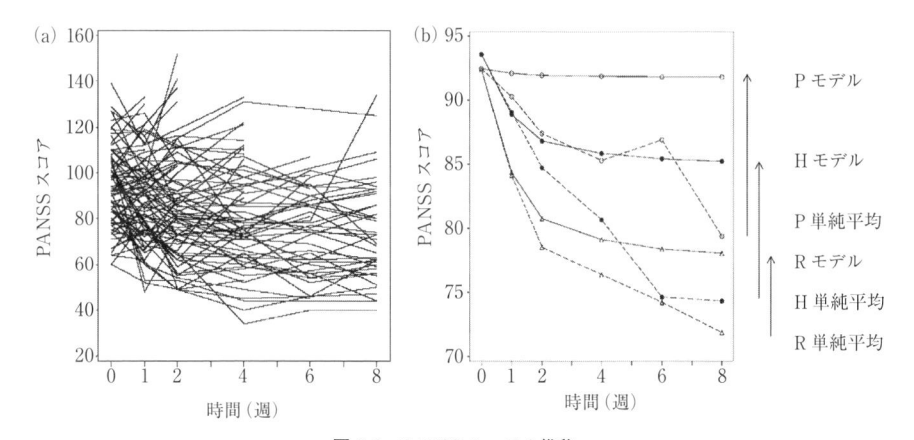

図 6.1 PANSS スコアの推移
(a)haloperidol（H）群の各対象者の推移，(b)単純平均と自己回帰線型混合効果モデルによる各群（P, H, R）の推移の期待値（Funatogawa et al., 2008c）．

Little and Rubin (2002) は欠測に関する書籍である．Verbeke and Molenberghs (2000) は経時データ解析に関する書籍で，欠測について詳しい．経時データや臨床試験での欠測に特化した書籍もある（Daniels and Hogan, 2008；Molenberghs and Kenward, 2007）．Rubin (1976) は欠測について議論する枠組みを示した．Rubin (1976)，Little and Rubin (2002)，Laird (1988) は欠測プロセスを三つに分類している．Selection モデルは Diggle and Kenward (1994)，pattern-mixture モデルは Little (1993) および Little (1994)，shared parameter モデルは Wu and Carroll (1988) を参照されたい．Wu and Bailey (1988, 1989)，

Wu and Carroll (1988) は informative censoring という用語を用いている. PANSS スコアデータの解析事例については Diggle et al. (2002) および Funatogawa et al. (2008c) を参照されたい. 欠測値の補完法については Little and Rubin (2002) および Verbeke and Molenberghs (2000) を参照されたい.

6.3 経時データ解析の検証的使用

　経時データ解析も以前は探索的 (exploratory) な意味合いが強かった. しかし, 最近の臨床試験では, 第5章で述べた Pretest-Posttest データではなく, 多時点の経時データを検証的 (confirmatory) な群間比較に用いる例がでてきている. 特に, mixed-effects model repeated measures (MMRM) アプローチが近年注目されている. Last observation carried forward (LOCF) 法は, 脱落後の欠測値に全て最後に観察された値を挿入する single imputation の方法である. LOCF という用語で経時データをさす場合と, 最後に観察された値 (last value) のみの1変量データをさす場合があり, 注意が必要である. 前者の LOCF による経時データは, 同じ対象者に同じ値が挿入されることとなり, ばらつきの評価が適切に行われず, 明らかに問題のある解析方法である. 一方, 後者にあたる最終観測値は, 新薬承認などの検証的な試験の主要評価項目とし, 第5章のように開始時の値とともに介入前後のデータの解析を行うことが多い. しかし, この手法に対する批判もあり, 脱落の多い疾患分野を中心に MMRM が研究されている. 6.2節に記載したように, 欠測が MAR であれば, モデルの仮定が正しいときに, 最尤法に基づく推測が妥当なことが背景にある. 全員が同じ時点に観測される試験計画で, 観測時点数が少ない薬効評価において, 平均構造に時点平均, 誤差の分散共分散行列に無構造を仮定したモデルで最終時点の群間差の対比 (コントラスト) を用い, 群間差をしばしば評価する. ここで, モデルの仮定には分布の仮定なども含まれることに注意が必要である. 第5章に記載したように, 無作為割り付けのもとで仮定が成り立たない際の共分散分析による群間差の推定値の漸近一致性が示されたのは近年のことであり, その際の推定値の漸近分散は一般に用いられているものとは異なる. MMRM に関しても多角的な観点からの頑健性 (robustness) の評価が必要であろう.

　MMRM に関しては Mallinckrodt et al. (2001), Mallinckrodt et al. (2004), Siddiqui et al. (2009), Siddiqui (2011) を参照されたい. LOCF を用いた経時

データ解析に関しては Verbeke and Molenberghs eds.（1997）を参照されたい．

6.4　時間依存性共変量

4.4.3項に示したPTHと補正Caのデータの例では，薬剤投与量は値が可変である時間依存性共変量（time dependent covariate）である．反応であるPTHと補正Caの観測値に基づいて投与量が逐次決定された．通常の説明変数は確率変数ではないが，この例での投与量は反応に依存する確率変数である．ある時点の共変量の値がそれ以前の反応の履歴と独立なときを外性変数（exogenous），独立でないときを内性変数（endogenous）という．投与量がその時点までの反応の値によって繰り返し決定される場合，投与量は内性変数である．このような場合，通常の経時データ解析を用いることはできるだろうか．

最尤法を用いた通常の経時データ解析に基づく用量反応の評価が妥当な場合は次のように示される．対象者 $i(i=1,\cdots,N)$ の開始時の反応を $Y_{i,0}$，時点 $j(j=1,\cdots,T_i)$ の反応を $Y_{i,j}$，用量を $X_{i,j}$ とする．確率変数である $Y_{i,0}$ と $Y_{i,j}$ の反応プロセスと，$X_{i,j}$ の用量選択プロセスを考える．反応プロセスのパラメータを $\boldsymbol{\theta}$，用量選択プロセスのパラメータを $\boldsymbol{\Psi}$ とする．$\mathbf{Y}_{i,j}^{(h)}$ を時点0から j までの反応のベクトル，$\mathbf{X}_{i,j}^{(d)}$ を時点1から j までの用量のベクトルとする．反応プロセスと用量選択プロセスの同時確率密度関数を考え，対象者 i の尤度を次のように分解する．

反応プロセスの尤度　　$L_i(\boldsymbol{\theta}) = f(Y_{i,0}|\boldsymbol{\theta})\prod_{t=1}^{T_i} f(Y_{i,t}|\mathbf{Y}_{i,t-1}^{(h)}, \mathbf{X}_{i,t}^{(d)}, \boldsymbol{\theta})$

用量選択の尤度　　$L_i(\boldsymbol{\Psi}) = f(X_{i,1}|Y_{i,0}, \boldsymbol{\Psi})\prod_{t=2}^{T_i} f(X_{i,t}|\mathbf{Y}_{i,t-1}^{(h)}, \mathbf{X}_{i,t-1}^{(d)}, \boldsymbol{\Psi})$

(6.1)

全体の尤度は $L_i(\boldsymbol{\theta},\boldsymbol{\Psi})=L_i(\boldsymbol{\theta})\times L_i(\boldsymbol{\Psi})$ である．ここでは，反応プロセスのパラメータ $\boldsymbol{\theta}$ に興味があり，特に用量反応を表す部分に興味があるとする．欠測問題での missing at random（MAR）と類似の議論から，$\boldsymbol{\theta}$ と $\boldsymbol{\Psi}$ が分離可能であれば，尤度 $L_i(\boldsymbol{\theta})$ のみに基づく反応プロセスの最尤推定は妥当であり，用量反応の評価が妥当である．これは，用量選択が，観測された反応の値に基づくが，観測されていない反応の値には基づかない場合に相当する．ただし，経時データモデルの仮定が正しい必要がある．(6.1) 式は一見，条件付きで独立な自己回帰モデルを示唆するようだが，個体の変量効果を含んだより一般的な経時データモデルの尤度も (6.1) 式の形で表すことができ，モデルは限定されない．この点は，

線形混合効果モデルと自己回帰線形混合効果モデルで本性質を調べたシミュレーションにより確認されている．PTHと補正Caのデータの例では，投与量が反応であるPTHと補正Caの観測値に基づいて決定されていたため，モデルの仮定が正しければ，用量反応曲線は妥当であると考えられる．

用量反応を検討する臨床試験デザインには，並行群間比較試験，群用量漸増法，個体内用量漸増法などがある．並行群間比較試験と群用量漸増法では，1人に1用量が割り付けられ，対象者ごとの用量反応はわからない．群用量漸増法では，安全のため低用量群から順に実施する．一方，個体内用量漸増法では，対象者ごといくつかの用量を検討する．クロスオーバー試験と同様，持ち越し効果や反応を観察するまでに時間がかかる場合どうするかといった問題がある．観察された反応に応じて対象者ごと投与量を変更した場合の解析方法はまだ定まっていない．反応の良い対象者ほど低用量が投与される場合，単純集計では低用量ほど反応が良いという誤った用量反応となる場合がある．モデル解析が有用であると考えられる．次に，対象者ごと逐次投与量を変更したデータに自己回帰線形混合効果モデルを当てはめた別の例を紹介する．

例 6.2 多発性硬化症に対する薬剤治療での免疫指標の用量反応性

多発性硬化症患者を対象に，azathioprine 単独（AP）と azathioprine と methylprednisolone 併用（AM）とプラセボ（PP）の3群の無作為化比較試験が行われた．反応変数は AFCR と呼ばれる免疫指標である．試験期間は4年間で期間中投与量は白血球数に応じて調整された．AFCR は治療開始前，治療開始時，4週，8週，12週，その後は12週おきに測定することが計画されていたが，予定日とは異なる日に測定されることもあった．図6.2(a)に azathioprine 単独（AP）群の患者の $AFCR^{1/2}$ の推移および投与量の推移を示す．このデータには，微分方程式により非線形成長曲線である一般化ロジスティック曲線，時間の2次曲線の線形混合効果モデル，自己回帰線形混合効果モデルなどを当てはめた解析事例がある．

Azathioprine 単独（AP）群に 4.2.1 項の（4.3）式の自己回帰線形混合効果モデルを次のように当てはめた例を紹介する．

$$\begin{cases} Y_{i,t} = \beta_{\text{base}} + b_{\text{base}\,i}, & (t=0) \\ Y_{i,t} - Y_{i,t-1} = (1-\rho)(Y_{\text{equi},\,i} - Y_{i,t-1}), & (t>0) \end{cases}$$

$$Y_{\text{equi},\,i} = (1-\rho)^{-1}\{(\beta_{\text{int}} + b_{\text{int}\,i}) + (\beta_{\text{dose}} + b_{\text{dose}\,i})x_{i,t}\}$$
$$= \beta^{*}_{\text{int}} + b^{*}_{\text{int}\,i} + (\beta^{*}_{\text{dose}} + b^{*}_{\text{dose}\,i})x_{i,t}$$

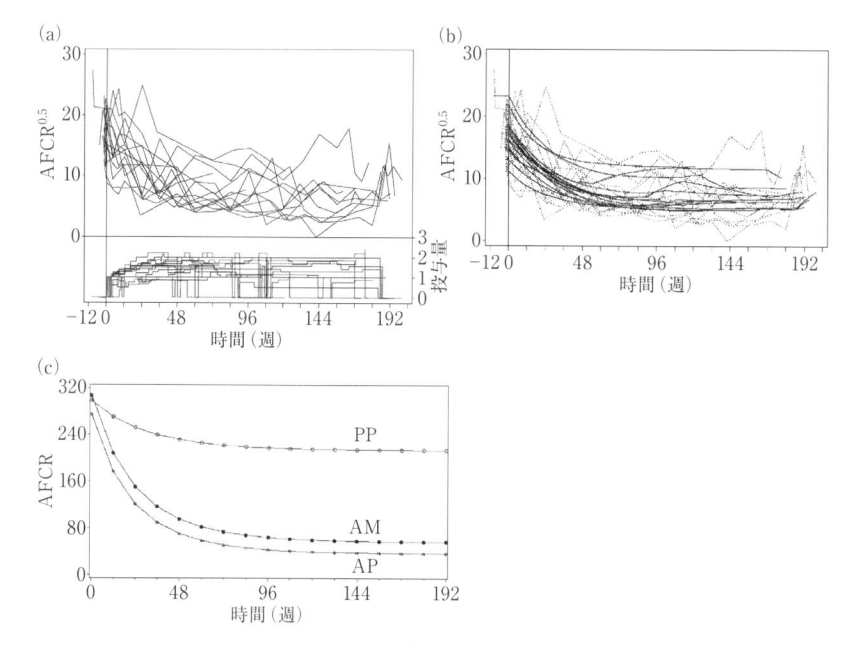

図 6.2 免疫指標の推移

(a)azathioprine 単独（AP）群の各対象者の免疫指標の観測値と投与量の推移．(b)自己回帰線型混合効果モデルに基づく予測値の推移．(c)自己回帰線型混合効果モデルによる各群（AP, AM, PP）の推移の期待値（Funatogawa et al., 2007a；Funatogawa and Funatogawa, 2012a）．

誤差項は省略して示しているが，AR(1) 誤差と測定誤差（ME）を仮定する．測定間隔が等間隔ではなく，日単位のデータであったため，測定間隔を 1 日とした．時点数と欠測が多いデータとなるため，4.6 節に示した状態空間表現とカルマンフィルターを用いて尤度の最適化を行った．この方法では，各ステップは時点数によらず計算が可能である．

パラメータの推定値は，$\hat{\beta}_{\text{base}}=17.0$（SE=0.9），$\hat{\beta}^*_{\text{int}}=9.6$（SE=1.3），$\hat{\beta}^*_{\text{dose}}=-2.2$（SE=1.2），$\hat{\sigma}_{\text{AR equi}}=1.70$，$\hat{\sigma}_{\text{ME}}=2.48$ であった．ここで，$\sigma_{\text{AR equi}}=\sigma_{\text{AR}}(1-\rho^2)^{0.5}$ である．12 週（84 日）間隔での自己回帰係数は，$\hat{\rho}^{84}=0.627$ である．変量効果である $(b_{\text{base}\,i}, b^*_{\text{int}\,i}, b^*_{\text{dose}\,i})$ の標準偏差は $(3.15, 2.65, 3.13)$，$b_{\text{base}\,i}$ と $b^*_{\text{int}\,i}, b^*_{\text{dose}\,i}$ の相関は -0.07 と 0.48，$b^*_{\text{int}\,i}$ と $b^*_{\text{dose}\,i}$ の相関は -0.91 であった．図 6.2(b)は自己回帰線形混合効果モデルに基づく患者ごとの予測値である．

このモデルの $-2ll$ は 1243.2（AIC=1267.2）であった．AR(1) 誤差，測定誤差，変量効果をそれぞれ除いたときの $-2ll$ は 1251.3（AIC=1273.3），

1273.9（AIC=1297.9），1308.0（AIC=1332.0）であり，各誤差項と変量効果により適合度が上昇した．特に測定誤差と変量効果を含めたときの適合度の上昇が大きい．投与量の変量効果を除いたときの $-2ll$ は 1251.9（AIC=1269.9）で，さらに投与量の固定効果を除くと $-2ll$ は 1254.5（AIC=1270.5）であり，用量反応の個体差があり，集団平均としても用量の効果があると考えられる．$\rho=0$，つまり，線形混合効果モデルとし，AR(1) 誤差を定常としたときの $-2ll$ は 1285.9（AIC=1309.9）で，適合度は非常に悪い．線形混合効果モデルで現在の投与量のみを共変量とした場合，現在の反応は現在の投与量のみに基づき過去の投与量に基づかず，投与量変更により反応の変化が速やかに起こると仮定している．一方，自己回帰線形混合効果モデルは現在の反応は過去の投与量にも依存し，投与量変更による反応の変化は徐々に起こると仮定している．また，3.3.5項で述べたように母集団薬物動態解析での反復投与の際，過去の投与履歴が重ね合わせの原理により現在の血中薬物濃度に反映される．この例では，投与量の変更の判断に用いた白血球数が反応変数である $AFCR^{1/2}$ と相関している場合，厳密には，白血球数を経時データモデルに含めるか，用量選択プロセスのモデル化が必要となる．

　自己回帰線形混合効果モデルを用いた3群間比較を紹介する．固定効果は群間で異なるパラメータとしている．図6.2(c)は投与量を固定した場合の各群の期待値の推移である．固定効果である切片と投与量の効果が AM と AP，AM と PP，AP と PP で等しいかの尤度比検定の P 値は，それぞれ 0.29，<0.001，<0.001 であり，プラセボと各実薬は異なるが，実薬同士の違いは明らかでなかった．また，投与量の効果の Wald 検定は，AM と AP では有意であったが，PP での P 値は 0.126 で有意でなかった．

　時間依存性共変量について Diggle et al.（2002）に記載がある．反応プロセスと用量選択プロセスへの分解による通常の経時データ解析の妥当性の議論ついては Funatogawa and Funatogawa（2012b）を参照されたい．臨床試験での用量反応性の評価方法に関しては上坂（2006）を参照されたい．免疫指標のデータは Lindsey（1993）に掲載されており，Heitjan（1991）は一般化ロジスティック曲線を，Lindsey（1993）は時間の 2 次曲線の線形混合効果モデルを当てはめた．自己回帰線形混合効果モデルを用い，Funatogawa et al.（2007a）は 3 群比較，Funatogawa and Funatogawa（2012a）は 4.6 節の状態空間表現とカルマンフィ

ルターにより azathioprine 単独（AP）群の解析を行っている．

6.5　クロスオーバー試験

　2種類の治療を比較する場合を考える．例えば，標準治療 R（Reference）と新治療 T（Test）を比較する．各対象者で治療 R の評価が終了した後，治療 T の評価を行うというように，同一対象者で複数の治療を評価する．この場合，5.1.1 項に述べた対応のある検定が用いられる．個体間分散が大きいときなど，対応を考慮した解析により，個体内で比較するとばらつきが小さくなり，推定精度や検出力が上昇する．しかし，この方法で効果があったとしても，単に後に行った治療が効いているだけかもしれない．治療法の効果であるのか，時期の効果であるのかがわからない．クロスオーバー試験（cross-over study）では，治療法を比較する際に，どの順序（sequence）で治療を行うかを対象者によって変える．

　サンプルサイズは平均の差（シグナル）とばらつき（ノイズ）の相対的な大きさ，シグナルノイズ比（SN 比）により決まる．並行群間比較試験でのばらつきは個体間分散と個体内分散があるが，クロスオーバー試験での治療法の比較のばらつきは個体内分散のみのため，効率の良い試験デザインである．ただし，対象者の状態が治療 R の前と治療 T の前で同じでなくてはならない．先に受けた治療の効果が後に受けた治療の反応へ影響することを持ち越し効果（carry over effect）といい，持ち越し効果が認められた場合は結果の解釈が難しくなり，検証的な試験では試験の失敗と捉えることもある．このため，通常，治療法間には十分なウオッシュアウト期間を設ける．なお，眼科や皮膚科領域で，目や腕の左右に異なる治療を無作為に割り当てる試験があり，これもクロスオーバー試験である．

　医薬品の臨床開発では，薬効評価の際には並行群間比較試験に比べてクロスオーバー試験は少ないが，経口剤の先発医薬品と後発医薬品の薬物濃度の同等性を評価する際には2剤2期で 2×2 のクロスオーバー試験が標準的に用いられている．剤型変更前と後，開発初期と後期で使用した製剤などの薬物濃度の同等性を評価する際にもしばしば用いられる．ここでは，反応変数は連続型データとし，よく用いられる 2×2 のクロスオーバーとその解析方法を示す．続いて，先発医薬品と後発医薬品の生物学的同等性の解析方法について述べる．

6.5.1 2×2のクロスオーバー

2×2のクロスオーバーデザインの例を示す．標準治療Rと新治療Tを比較する．対象者をA群とB群に無作為に割り付ける．A群（R→T）でははじめ（第Ⅰ期）に治療R，次（第Ⅱ期）に治療Tを受け，B群（T→R）でははじめに治療T，次に治療Rを受けるとする．i番目（$i=1,\cdots,N$）の対象者が，治療j（治療Rは$j=0$，治療Tは$j=1$）を時期t（第Ⅰ期は$t=0$，第Ⅱ期は$t=1$）に受けたときの反応をY_{ijt}とする．反応を次の線形混合効果モデルで表す．

$$Y_{ijt}=\beta_{\text{int}}+\beta_{\text{trt}}\,x_{\text{trt},it}+\beta_{\text{period}}\,x_{\text{period},it}+b_i+\varepsilon_{ijt}$$

b_iは個体の変量効果，ε_{ijt}は誤差項である．治療Rは$x_{\text{trt},it}=0$，治療Tは$x_{\text{trt},it}=1$，第Ⅰ期は$x_{\text{period},it}=0$，第Ⅱ期は$x_{\text{period},it}=1$とする．$(x_{\text{trt},i0},x_{\text{period},i0})$と$(x_{\text{trt},i1},x_{\text{period},i1})$はA群の対象者では$(0,0)$と$(1,1)$，B群の対象者では$(1,0)$と$(0,1)$である．$\beta_{\text{trt}}$と$\beta_{\text{period}}$により治療効果と時期効果を推定する．

次に治療と時期の交互作用を入れた次のモデルを考える．

$$Y_{ijt}=\beta_{\text{int}}+\beta_{\text{trt}}\,x_{\text{trt},it}+\beta_{\text{period}}\,x_{\text{period},it}+\beta_{\text{trt}\times\text{period}}\,x_{\text{trt},it}\,x_{\text{period},it}+b_i+\varepsilon_{ijt}$$

$x_{\text{trt},i0}\,x_{\text{period},i0}$と$x_{\text{trt},i1}\,x_{\text{period},i1}$はA群の対象者では0と1，B群の対象者では0と0である．A群とB群それぞれで次式となる．

$$\begin{pmatrix}Y_{i00}\\Y_{i11}\end{pmatrix}=\begin{pmatrix}1&0&0&0\\1&1&1&1\end{pmatrix}\begin{pmatrix}\beta_{\text{int}}\\\beta_{\text{trt}}\\\beta_{\text{period}}\\\beta_{\text{trt}\times\text{period}}\end{pmatrix}+\begin{pmatrix}1\\1\end{pmatrix}b_i+\begin{pmatrix}\varepsilon_{i00}\\\varepsilon_{i11}\end{pmatrix},\quad\text{(A群)}$$

$$\begin{pmatrix}Y_{i10}\\Y_{i01}\end{pmatrix}=\begin{pmatrix}1&1&0&0\\1&0&1&0\end{pmatrix}\begin{pmatrix}\beta_{\text{int}}\\\beta_{\text{trt}}\\\beta_{\text{period}}\\\beta_{\text{trt}\times\text{period}}\end{pmatrix}+\begin{pmatrix}1\\1\end{pmatrix}b_i+\begin{pmatrix}\varepsilon_{i10}\\\varepsilon_{i01}\end{pmatrix},\quad\text{(B群)}$$

交互作用$\beta_{\text{trt}\times\text{period}}$は時期により治療効果が異なることを表す．その理由として持ち越し効果が考えられる．$\beta_{\text{trt}\times\text{period}}$はA群の第Ⅰ期の治療Rが第Ⅱ期へ持ち越す効果，B群の第Ⅰ期の治療Tが第Ⅱ期へ持ち越す効果の差に相応する．検証的試験では，持ち越し効果が認められた場合は試験の失敗を意味することがあり注意する必要がある．2×2クロスオーバーデザインでは，持ち越し効果は順序効果と分離することができない．順序効果は群効果とも呼ばれる．A群とB群は無作為に割り付けられるが，偶然の不均衡が発生した場合にも交互作用項に現れる．交互作用項の検定が有意となった場合は，持ち越し効果，順序効果（群効

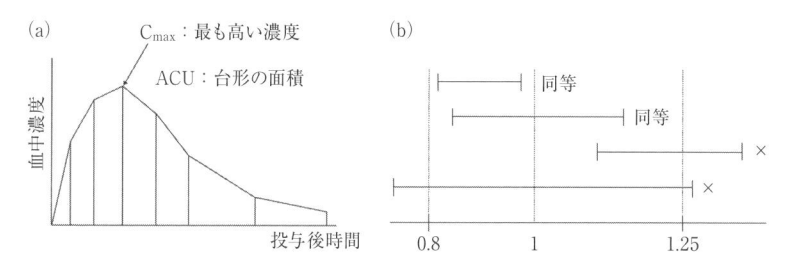

図 6.3 生物学的同等性
(a) AUC と C_{max} の算出，(b) 比の 90％信頼区間を用いた生物学的同等性の判定．

果)，またはその両方が考えられる．上記のモデルでは，交互作用項を用いたが，順序（群）の項を用いる場合もある．持ち越し効果と順序効果（群効果）を分離するため，3期や4期のクロスオーバーデザインが用いられる．

6.5.2 生物学的同等性試験

経口剤の先発医薬品と後発医薬品の投与後の薬物濃度が同等であることを示すために2剤2期で2×2のクロスオーバーデザインが用いられる．評価方法の詳細は「後発医薬品の生物学的同等性試験ガイドラインについて（1997）」に示されている．生物学的同等性とは，ある製剤が示すバイオアベイラビリティが標準製剤と同等であることをいう．バイオアベイラビリティは投与された薬物のうち，全身循環血中に到達した薬物の量（extent of bioavailability）および投与された薬物の全身循環血中に現れる速度（rate of bioavailability）のことをいう．通常，量は薬物濃度曲線下面積（area under the concentration-time curve：AUC），速度は最高血中濃度（maximum concentration：C_{max}）で評価し，両方が製剤間で同等のとき生物学的同等と判断する．AUC と C_{max} の説明を図 6.3 (a) に示した．血中薬物濃度は，右に裾を引く分布であることが多いため，薬物濃度から導かれる AUC と C_{max} は対数変換をして解析する．

対象者 $i\,(i=1,\cdots,N)$ の試験製剤投与時の反応を Y_{Ti}，標準製剤投与時の反応を Y_{Ri} とする．次式に示すように試験製剤と標準製剤の対数変換後の算術平均の差は，もとのスケールでの幾何平均の比の対数となる．

$$\frac{\sum_{i=1}^{N}\log Y_{Ti}}{N}-\frac{\sum_{i=1}^{N}\log Y_{Ri}}{N}=\log\frac{\sqrt[N]{\prod_{i=1}^{N}Y_{Ti}}}{\sqrt[N]{\prod_{i=1}^{N}Y_{Ri}}}$$

これより，対数変換後の平均の差を次式のように指数変換すると，もとのスケールでの幾何平均の比が得られる．

$$\exp(\overline{\log Y_T} - \overline{\log Y_R}) = \frac{\sqrt[N]{\prod_{i=1}^{N} Y_{Ti}}}{\sqrt[N]{\prod_{i=1}^{N} Y_{Ri}}}$$

このように対数変換後のスケールでの推定値の差はもとのスケールでの比として解釈できる．また，対数変換後のデータに対し，線型混合効果モデルを当てはめて平均の差の信頼区間の上限と下限を求め，それぞれを指数変換することで比の信頼区間が求められる．比の 90％信頼区間が 80％から 125％の範囲に収まるときに生物学的に同等と判断する．非対称に見えるが 8/10 から 10/8＝1.25 の範囲であり，標準製剤と試験製剤のどちらが分母となっても同等性の判断には影響しない．図 6.3(b) に，比の 90％信頼区間が同等と判断される場合，判断されない場合の例を示した．

6.5.3 生物学的同等性試験でのサンプルサイズ設定

次に，2×2 のクロスオーバーデザインを用いた生物学的同等性試験のサンプルサイズの設定方法を示す．一般的なサンプルサイズ設定について 9.2 節に述べる．対数変換後のデータを線型混合効果モデルにより解析するため，対数変換後のデータのばらつきを見積もる必要がある．確率変数 Y が対数正規分布（log-normal distribution）$LN(\mu, \sigma^2)$ に従うとき，その対数 $\log Y$ は平均 μ，分散 σ^2 の正規分布 $N(\mu, \sigma^2)$ に従う．Y の平均と分散は次式である．

$$E(Y) = \exp\left(\mu + \frac{\sigma^2}{2}\right)$$

$$\mathrm{Var}(Y) = \exp\left\{2\left(\mu + \frac{\sigma^2}{2}\right)\right\}\{\exp(\sigma^2) - 1\}$$

また，Y の変動係数（coefficient of variation）CV_Y は次式となる．

$$CV_Y = \frac{\sqrt{\mathrm{Var}(Y)}}{E(Y)} = \sqrt{\exp(\sigma^2) - 1}$$

変動係数は標準偏差/平均値でしばしばパーセントで表示する．対数正規分布に従う変数の変動係数は σ^2 の関数で，μ によらず一定の値である．テイラー展開により，σ^2 が小さいとき，次式が成り立つ．

$$\exp(\sigma^2) \simeq 1 + \sigma^2$$

たとえば，$\sigma^2 = 0.3$ のとき，$\exp(\sigma^2) = 1.35$，$1 + \sigma^2 = 1.30$ である．これより，σ^2

が小さいとき，変動係数に関して次式が成り立つ．

$$\mathrm{CV}_Y = \sqrt{\exp(\sigma^2)-1} \simeq \sigma$$

このとき，Y の対数スケールでの標準偏差 σ はもとのスケールの Y の変動係数 CV_Y で近似できる．この関係はサンプルサイズの設定の際に利用されている．

両製剤の値が等しいと仮定すると，個体内分散の大きさのみで，次式により必要なサンプルサイズを求めることができる．簡単のため正規近似を使用しているが，実際には t 分布を用いる．

$$n = \frac{\sigma_W^2 (z_{1-\beta/2} + z_{1-\alpha/2})}{d^2}$$

ここで，σ_W^2 は対数変換後の個体内分散（within subject variance），$Z_{1-\alpha/2}$ と $Z_{1-\beta/2}$ は正規分布の％点で，90％信頼区間と対応して $\alpha=0.10$，検出力 0.8 のときは $\beta=0.2$ とする．d は同等限界許容域である．比の信頼区間が 80％から 125％の範囲に収まるかを見る場合，d は $\log(10/8) \simeq 0.223$ とする．なお，群間のサンプルサイズが等しい並行群間比較試験で同等性を評価する場合に必要な 2 群の総サンプルサイズは以下となる．

$$n = \frac{(2\sigma_W^2 + 2\sigma_B^2)(z_{1-\beta/2} + z_{1-\alpha/2})}{d^2}$$

ここで，σ_B^2 は個体間分散（between subject variance）である．上の二つの式から，2×2 のクロスオーバー試験と比較し，並行群間比較試験では，個体内分散から 2 倍，個体間分散が個体内分散と同じ大きさと仮定してもさらに 2 倍，つまり 4 倍のサンプルサイズが必要となる．

Chapter 7
無作為抽出による繰り返し横断調査

　これまで，各対象者の反応を時間の経過とともに繰り返し測定した経時データの解析方法について述べてきた．この章では，個人の経時的変化ではなく，集団の平均や割合の経時的変化を考える．疫学あるいは予防医学では，人生初期の経験が高齢での健康に影響を与えている可能性が考えられている．そこで，ここでは，数十年あるいは半世紀以上にわたる長期のデータを念頭におく．7.1 節では研究デザイン，特に無作為抽出による繰り返し横断調査について，7.2 節では身長，体重，body mass index（BMI）の変化について，7.3 節では喫煙指標と肺癌死亡率の変化について，7.4 節では age-period-cohort モデルについて述べる．

7.1 研究デザインと無作為抽出による繰り返し横断調査

　疫学（epidemiology）において，研究デザインは大きく観察研究（observational study）と介入研究に分かれ，観察研究には横断研究，前向きコホート研究（prospective cohort study），症例対照研究（ケースコントロール研究：case-control study），ケースコホート研究，エコロジカル研究（地域相関研究）などがある．しばしば，喫煙と肺癌死亡のように，曝露（exposure）と結果（outcome）との因果関係をみることに興味がある．横断研究はある一時点に一度だけ観測を行う．前向きコホート研究は，ある集団を追跡する研究である．コホートとは共通した因子を持つ集団である．イベントの発生の観察が目的であることが多く，生存時間解析や 2 値データの解析が行われ，曝露ありと曝露なしでイベントの発生状況を比較する．特に，同時期に生まれた集団を対象に追跡研究を行う場合，出生コホート研究（birth cohort study）という．因果関係をみるには，曝露と結果が同時期に得られる横断研究よりも，順序関係の明確な前向きコホート研究が望ましい．ケースコントロール研究は疾病の発症者と非発症者で曝露状況を比較するため，後ろ向き研究ともいう．まれな発症の研究に適するが，リス

ク比は得られず，オッズ比をリスク比の近似として用いる．ケースコホート研究は疾病の発症者の曝露状況をコホートのサブサンプルの曝露状況と比較する．サブサンプルには発症者と非発症者どちらも含まれる可能性があるため，リスク比が得られる．これらの研究は個人レベルのデータが解析対象である．これに対し，地域相関研究は地域など集団レベルのデータの相関，例えば塩分摂取量と脳卒中発症との相関を調べるが，因果関係を述べるには不確かである．

　縦断研究（longitudinal study，経時研究，継時研究）は，各対象者を経時的に追跡する研究で，狭義には観察研究である前向きコホート研究を指すこともある．一方，経時データ（longitudinal data）は，各対象者から繰り返し反応を測定したデータで，介入研究からも観察研究からも得られる．経時データにより集団および対象者ごとの変化，対象者間の変化の違い，共変量との関係を評価できる．7.4 節の age-period-cohort モデル（APC モデル）は年齢や時代，出生年による違いをみるモデルで，コホートは出生コホートのことである．同じ意味として，団塊の世代のように世代（generation，ジェネレーション）ともいうが，若い世代のように世代を年齢の意味で使うこともある．APC モデルは一つの出生コホートを追跡する研究に用いるのではなく，出生年に幅のあるデータに用いる．

　無作為抽出（random sampling）による繰り返し横断調査（repeated cross-sectional survey，継続調査）では，各対象者は一度だけ観測されるが，各出生コホートは時間の経過とともに複数回観測される．医学分野において，研究デザインとして取り上げられることはあまりなく，注目されていない研究デザインであるが，長期間のデータが得られ，かつ幅広い世代のデータが持続的に得られることは大きな利点である．無作為抽出により代表性があり，平均値やパーセンタイル，標準偏差など分布の形状を表す指標を推定できる．数十年にわたる長期の集団レベルの加齢変化をみるためには，この研究デザインに優れた点があるだろう．さらに，集団レベルでの曝露要因の加齢変化をみるだけでなく，死亡率の加齢変化と対比した例を 7.3 節に示す．

　無作為割り付け同様，無作為抽出も，地域を層とするなど，複雑な方法で行われている．統計数理研究所では，日本人の国民性調査という社会調査を 1953 年から 5 年ごと継続実施している．例えば，男女の生まれ変わりに関する質問では，女性で「女性に生まれ変わりたい」という答えは 1958 年の 3 割弱が 2013 年には約 7 割に増加しているが，男性では時代によらず 9 割近くが「男性に生まれ

変わりたい」と答えている．このような社会調査では，反応が質的変数の事例が多くある．

7.2 身長・体重・BMI

　身長や体重など連続型データを計測する繰り返し調査も行われている．国民健康・栄養調査（旧国民栄養調査）は戦後の貧困状態の1945年に始まり，1948年より全国調査となり，層別無作為抽出法により調査地区を選定し，毎年行われ，2015年現在，約70年にわたる．食物摂取状況と身長・体重は初期より計測し，その後血圧や運動，飲酒，喫煙，降圧剤の服用，血液検査などの調査項目が加えられている．厚生労働省の乳幼児身体発育調査は1960年から10年ごと，乳幼児の身長，体重などを計測している．文部科学省の学校保健統計調査は，1948年から毎年行われ，あらかじめ指定する学校の5歳から17歳を対象とし，層化二段無作為抽出法により身長や体重を計測している．

　無作為抽出による繰り返し横断調査より，経時的な加齢推移を求めた例を紹介する．国民健康・栄養調査の結果を用いて，20歳代から60歳代までの男女の身長，体重，body mass index（BMI）の変化，1歳から25歳の女性のBMIの変化を示した例である．この節では，横断的加齢変化と経時的加齢変化の違いに着目する．

7.2.1 成人期における身長・体重の加齢変化

　成人の身長は，高齢期を除くと，世代（出生コホート）内ではあまり加齢変化せず，世代間で大きな違いがある典型的な例である．図7.1(a)に日本人男性の平均身長の20歳代から60歳代までの加齢変化を世代ごとに示した．世代内でみると男性ではほとんど変化はなく，40歳代から60歳代で1cm未満の低下がある．一方，世代間の違いは大きく，最近の世代ほど高い．1920年代生れでは約162cm，1960年代生れでは約171cmであり，40年の生れの違いで約9cmの上昇が生じた．特に1930年代から1950年代生れの20年間には5cm以上の伸びがある．ここで，1時点のみに実施した横断的調査の情報だけが得られていた場合を考えてみる．すると，1990（1986～95）年の調査より，20歳代は1960年代生れ，30歳代は1950年代生れ，…，60歳代は1920年代生れの値だけがわかることになる．20歳代は約171cm，60歳代は約162cmであり，一見，加齢によ

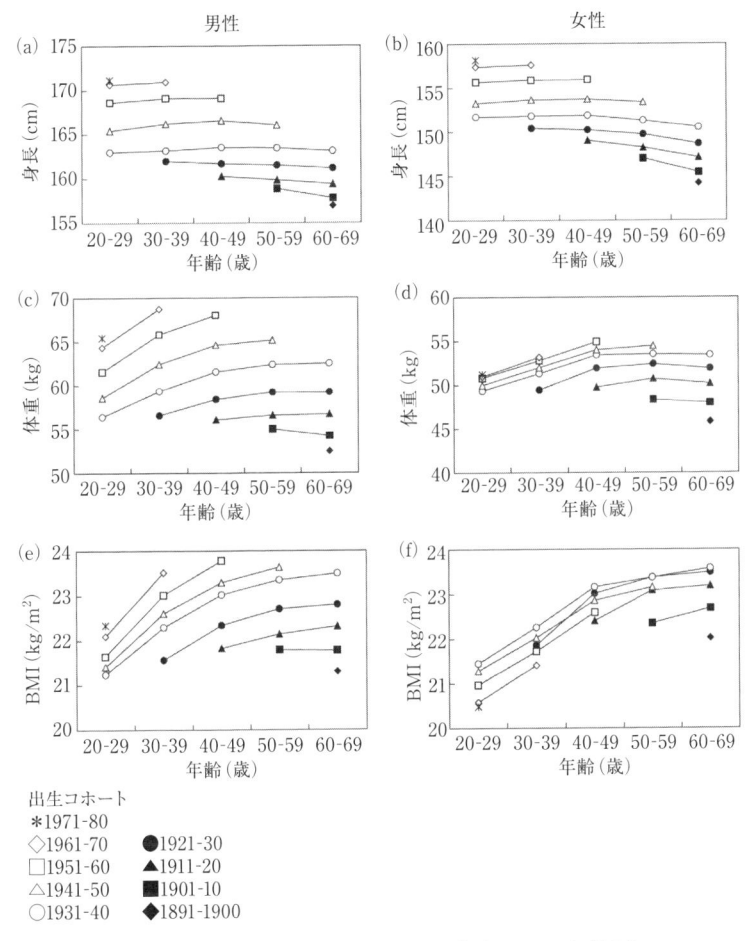

図 7.1 成人の出生コホート別の身長，体重，BMI の加齢変化
(a) 男性の身長，(b) 女性の身長，(c) 男性の体重，(d) 女性の体重，(e) 男性の BMI，(f) 女性の BMI(Funatogawa et al., 2009).

出生コホート
* 1971-80
◇ 1961-70　● 1921-30
□ 1951-60　▲ 1911-20
△ 1941-50　■ 1901-10
○ 1931-40　◆ 1891-1900

り身長が大きく低下するようにみえる．しかし，既にみたように，また成人期の身長に関する固有の知識からも，これは身長が加齢により低下したのではなく，前の世代ほど低かったためである．

図 7.1(b) に図 (a) と同様に女性の平均身長を示した．女性でも，最近の世代ほど身長が高い．1920 年代生れでは約 150 cm，1960 年代生れは約 157 cm で，40 年の生れの違いで約 7 cm の上昇が生じた．世代内でみると，40 歳代から 60 歳

図 7.1(c) に図 (a) と同様に日本人男性の平均体重を示した．世代内で加齢変化をみると体重は 20 歳代から 40 歳代で約 6 kg 上昇している．40 歳代から 60 歳代での変化はわずかである．世代間の違いも大きい．30 歳代の体重は，1920 年代生れでは約 56 kg，1960 年代生れでは約 69 kg で，40 年の生れの違いで約 12 kg の上昇が生じた．ここで，先ほどと同様に 1990（1986～95）年の 1 時点のみに実施した横断的調査の情報から，20 歳代は 1960 年代生れ，60 歳代は 1920 年代生れの値だけがわかるとする．すると 20 歳代は約 64 kg，60 歳代は約 59 kg であり，一見，加齢により体重は低下するようにみえる．しかし，体重は加齢とともに上昇しており，加齢により低下するようにみえるのは前の世代ほど軽かったためである．体重は身長に比べ食事や運動により成人後も変化しやすいこと，国民栄養調査は戦後の食糧難の時期に始まっている点にも注意が必要である．

図 7.1(d) に図 (a) と同様に日本人女性の平均体重を示した．世代内で加齢変化をみると体重は 20 歳代から 40 歳代で約 4 kg 上昇している．40 歳代から 60 歳代では，若干上昇し，低下するが，変化はわずかである．世代間の違いは 1930 年代生れまでは，はっきりと新しい世代ほど体重が重い．しかしそれ以降の 1930 年代生れから 1970 年代生れの違いは小さく，新しい世代ほど体重が重いが，40 年間で 2 kg ほどしか変わらない．男性では，1930 年代生れから 1970 年代生れでは体重が 9 kg 上昇しており，対照的である．

7.2.2 成人期における BMI の加齢変化

次に肥満の指標である BMI の変化をみる．BMI は体重/身長^2（kg/m^2）で算出する．初期の国民栄養調査では個人ごとの BMI を計算しておらず，平均 BMI も算出されていないため，ここでは，入手可能な平均体重／平均身長^{2}を用いる．世界保健機構（WHO）は，BMI が 30 以上を肥満（obese），25 以上 30 未満を過体重（overweight），18.5 未満をやせ（低体重，underweight）と判定する．日本では，25 以上を肥満（obese）と判定する．18.5 から 25 の範囲が正常であり，その幅は 6.5 である．

図 7.1(e) に図 (a) と同様に日本人男性の BMI を示した．世代内で加齢変化をみると BMI は 20 歳代から 60 歳代で 2.3 上昇しており，特に 20 歳代から 40 歳代での上昇が大きい．世代間の違いも明瞭で，新しい世代ほど高いが，特に

1930 年代生れまでの上昇が大きい．30 歳代の BMI は，1920 年代生れでは 21.6，1960 年代生れでは 23.5 であり，40 年の生れの違いで約 2 の上昇が生じた．ここで，先ほどと同様に 1990（1986〜95）年の 1 時点のみに実施した横断的調査の情報から，20 歳代は 1960 年代生れ，30 歳代は 1950 年代生れ，…，60 歳代は 1920 年代生れの値だけがわかるとすると，20 歳代から 60 歳代までの各年齢層の BMI は 22.1, 23.0, 23.3, 23.4, 22.8 となる．一見，BMI は加齢により，一旦上昇した後，低下する逆 U 字型の推移のようにみえる．しかし，BMI は加齢とともに上昇しており，加齢により低下するようにみえるのは前の世代ほど低かったためである．実際に，1930 年代生れの 20 歳代から 60 歳代までの各年齢層の BMI は 21.2, 22.3, 23.0, 23.4, 23.5 であり，加齢により BMI は上昇している．

図 7.1(f) に図 (a) と同様に日本人女性の BMI を示した．世代内で加齢変化をみると BMI は 20 歳代から 60 歳代で 2.1 上昇しており，特に 20 歳代から 40 歳代での上昇が大きい．世代間の違いは，1930 年代生れまでは新しい世代ほど高いが，1930 年代生れ以降は新しい世代ほど低い．30 歳代の BMI は，1920 年代生れでは 21.9，1930 年代生れでは 22.3，1960 年代生れでは 21.4 であり，1930 年代生れがピークとなっている．ここで，1 時点のみに実施した横断的調査の情報を考える．1970（1966〜75）年の調査より，20 歳代は 1940 年代生れ，30 歳代は 1930 年代生れ，…，60 歳代は 1900 年代生れの値だけがわかるとする．20 歳代から 60 歳代までの各年齢層の BMI は 21.3, 22.3, 23.0, 23.1, 22.7 となり，男性同様逆 U 字型である．しかし，最近の 2000（1996〜2005）年の調査より，20 歳代が 1970 年代生れ，…，60 歳代は 1930 年代生れの値だけがわかるとすると，20 歳代から 60 歳代までの BMI は 20.5 から 23.5 と急な上昇を示す．これは，加齢による上昇に，前の世代ほど BMI が高い影響が重なったためである．1930 年代生れの 20 歳代から 60 歳代までの各年齢層の BMI は 21.4, 22.3, 23.2, 23.4, 23.6 であり，BMI の加齢に伴う上昇は最近の横断調査よりも緩やかである．

以上，BMI の結果を要約すると，1 時点のみの横断調査から得られる加齢変化と繰り返し横断調査から得られる世代別の加齢変化では，推移パターン自体が異なること，20 歳代から 60 歳代での上昇は世代間で同程度であること，世代間の違いは 20 歳代で既に確立していること（男性では 30 歳代までに少し広がる），男性は 1890 年代生れから 1970 年代生れに向かって，全ての年齢層で BMI が上

昇しているが，女性は1930年代生れまで上昇した後に低下に転じていることがわかる．このように，日本人女性のBMIは世代間の変化が一旦上がって下がる，非単調（nonmonotonic）な例である．また，一国の男女で世代間の変化が質的に異なる例である．なお，1930年代生れは男性と女性でBMIの値が類似している．

7.2.3 少女から若年成人女性におけるBMIの加齢変化

次に日本人女性の若い時期のBMIの加齢変化をみる．図7.2に日本人女性のBMIの1歳から25歳までの加齢変化を世代ごとに示した．図に示すように，BMIの加齢変化は5〜6歳までに15〜16位まで一旦減少した後，16〜18歳頃までに21〜22位まで上昇し，その後19〜25歳では少し減少する．どの世代でも変化のパターンは同様であるが，値は異なる．より最近の世代ほど，子供の頃（6〜14歳）はよりBMIが高いが，若年成人期（17〜25歳）にはBMIが低い．つまり，子供の頃はより太っているが，成人するとよりやせている．なお，その後の成人期の世代別のBMIは図7.1(f)に示したように，加齢とともに上昇する．

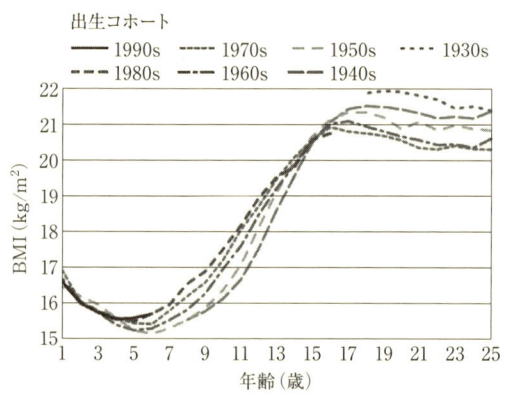

図7.2 少女・若年成人女性の出生コホート別のBMIの加齢変化
(Funatogawa *et al.*, 2008b)

7.2.4 小児の身長・体重・BMIの成長曲線

第2章の線形混合効果モデルや第3章の非線形混合効果モデルで述べた成長曲線（growth curve）は，少数のパラメータで曲線を表すパラメトリックなモデルであった．一方，小学校などでみる小児の身長や体重，BMIの成長曲線は，横断調査から各年齢（月齢）の平均と標準偏差あるいはパーセンタイルより作成

されている．標準偏差曲線では，平均と $-3\,\mathrm{SD}$（standard deviation，標準偏差），$-2.5\,\mathrm{SD}$，$\pm 2\,\mathrm{SD}$，$\pm 1.5\,\mathrm{SD}$，$\pm 1\,\mathrm{SD}$ などの曲線が示される．パーセンタイル曲線では，3，10，25，50，75，90，97 パーセンタイルなどの曲線が示される．例えば，乳幼児身体発育評価マニュアル（2012）では，2000 年の乳幼児身体発育調査と学校保健統計調査の結果から 0 歳から 18 歳までの身長，体重，BMI のパーセンタイル曲線（身体発育曲線）が示されている．曲線は平滑化の手法を用い補正を行っている．乳幼児では BMI はカウプ指数とも呼ばれる．

　思春期には成長スパート（growth spurt）と呼ばれる，身長の成長が急峻となる時期があるが，この時期は個人によって異なるため，各年齢の平均やパーセンタイルによる成長曲線は個人ごとの成長曲線とは形状が異なり，緩やかな曲線となる．このため，縦断的成長曲線が作成され，横断的成長曲線と区別される．これは，3.2 節の非線形混合効果モデルで述べた平均的な対象者の推移と周辺平均の推移が異なることと類似する．

7.2.5　BMI に基づくやせの割合と肥満の割合

　ここまで，集団の平均的な値の加齢変化をみてきたが，分布の端に関連する肥満割合ややせの割合に興味がある場合も多い．個人の値は平均の周りに分布しており，平均と分布の端の人数の割合の関連は強い．国民健康・栄養調査のデータでも，成人の BMI と肥満割合には明瞭な単調であるが非線形な関連がみられ，BMI が 23.5 で肥満（BMI≥25，WHO の過体重）の割合は約 30％程度である．一方，BMI が低ければやせの割合が増す．例えば，1960 年前後生れの女性では，20 歳代，30 歳代，40 歳代で，BMI は上昇し，やせの割合は 17％，12％，8％と減少したが，肥満の割合は 7％，13％，18％と増え，加齢に伴いやせから肥満に問題が移っている．

　米国では 3 人に 2 人が過体重か肥満（BMI≥25），3 人に 1 人は肥満（BMI≥30）である．さらに，小児期の肥満も上昇しており，より肥満割合の高い新しい世代が将来成人人口に加わることとなる．米国に限らず世界的に成人の肥満が問題となっており，さらに小児の肥満が議論されている．日本では 100 人に 3 人程が肥満（BMI≥30）であり，肥満の問題は比較的深刻化していないが，特に男性では若い世代ほど BMI が上昇しているため注意が必要である．

　身長，体重，BMI を例に，横断的加齢変化と経時的加齢変化が異なる例を示したが，コレステロールや肺機能に関しても，前向きコホート研究から得られた

データで議論されている．身長や体重のように半世紀以上のデータが存在することはむしろまれであり，横断的なデータしかない場合にも，経時的加齢変化との乖離を意識することは重要である．

7.3 喫煙指標と肺癌死亡率の加齢変化

無作為抽出による繰り返し横断調査により得られた曝露要因の加齢変化をアウトカムである死亡と対比させた例を紹介する．出生年別に喫煙開始割合と喫煙率の加齢変化を求め，肺癌死亡率と対比させた，日本および英国（Great Britain）の例である．本節では，時代による変化，年齢による変化，出生年による変化の三つの時間軸に着目する．

1949年からJT（旧専売公社）は全国喫煙者率調査という無作為抽出による繰り返し横断調査を毎年行っており，年齢層別の喫煙率（smoking prevalence）を知ることができる．また，1958年のこの調査および最近の国民健康・栄養調査では，喫煙開始年齢（initiation age）を調査している．喫煙開始年齢は調査時の状況ではなく，過去の状況を調査する思い出し法によるものである．特定の年齢層で喫煙を開始している人数と割合が報告されている．調査時の年齢層で世代（出生年）を特定し，累積喫煙開始割合が推定できる．英国においても毎年ではないが，無作為抽出による繰り返し横断調査が実施されており，喫煙率と思い出し法による累積喫煙開始割合が推定できる．

7.3.1 喫煙率と年齢調整肺癌死亡率の時代変化

図7.3(a)に日本人，(b)に英国人の成人喫煙率と年齢調整肺癌死亡率の時代変化を示す．横軸は暦歴（calendar year）である．年齢調整死亡率（age adjusted mortality）は，各年齢階級の死亡率をWHOの基準人口により重みを付けた平均により導出する．図7.3(c)に日本人男性，(d)に英国人男性，(e)に日本人女性，(f)に英国人女性の各年齢階級の肺癌死亡率を示した．中年期の死亡率，高齢での死亡率はそれぞれ社会にとって重要であり，両者のトレンドがみられるよう2種類のスケールで表示した．英国男性では1950年にすでに50歳代で肺癌死亡率が1/1000人の水準であり，英国人女性では1970年代，日本人男性では1960年代，日本人女性では1980年代に肺癌死亡率が1/1000人の水準の年齢層が出現した．図(a)(b)に示したように，日本も英国も男性喫煙率は過去非常に

図 7.3 喫煙率，肺癌死亡率の時代変化
(a)日本人成人喫煙率と年齢調整肺癌死亡率，(b)英国人成人喫煙率と年齢調整肺癌死亡率，(c)日本人男性肺癌死亡率，(d)英国人男性肺癌死亡率，(e)日本人女性肺癌死亡率，(f)英国人女性肺癌死亡率(Funatogawa et al., 2013 を改変)．

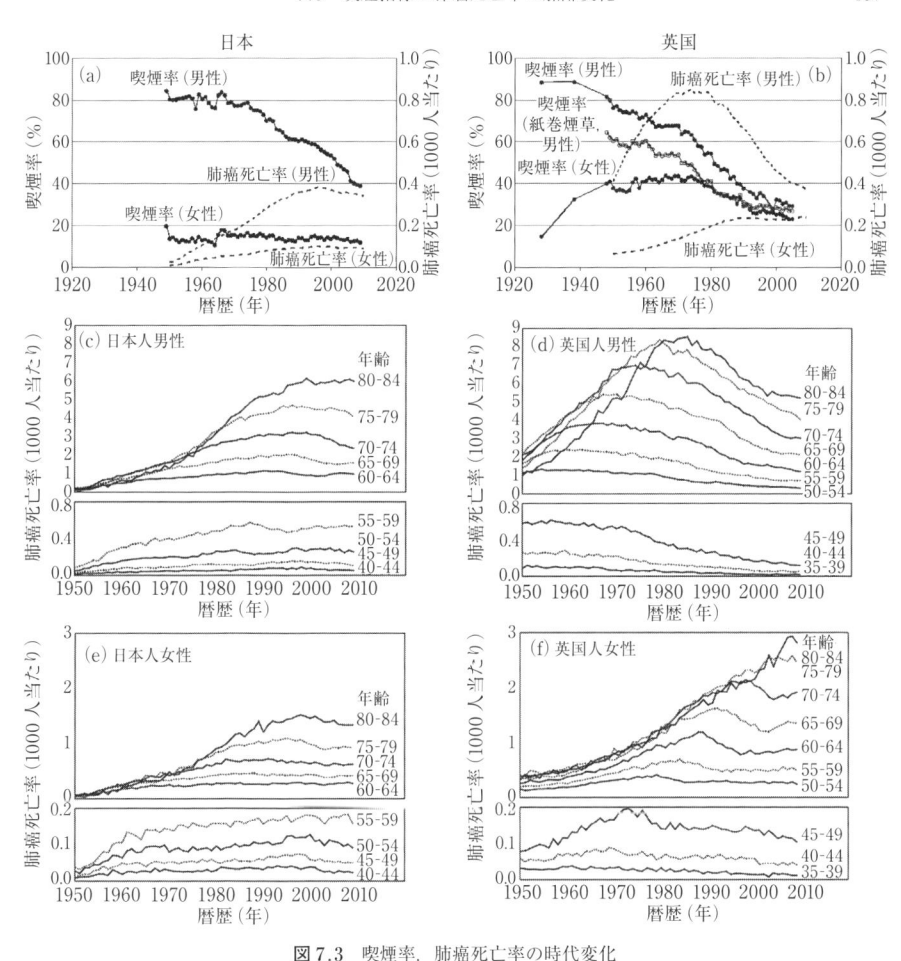

高かったが，英国に比べて日本人男性の年齢調整肺癌死亡率は低い．また，図(a)に示したように，日本人女性の喫煙率は長く横這いだが，死亡率は上昇した．なぜこのような現象が起こるのかを，出生年や若年期の喫煙を考慮し，検討する．

7.3.2 喫煙開始割合・喫煙率・肺癌死亡率の加齢変化
まず，いくつかの出生コホートでの喫煙指標の年齢による変化を検討する．図

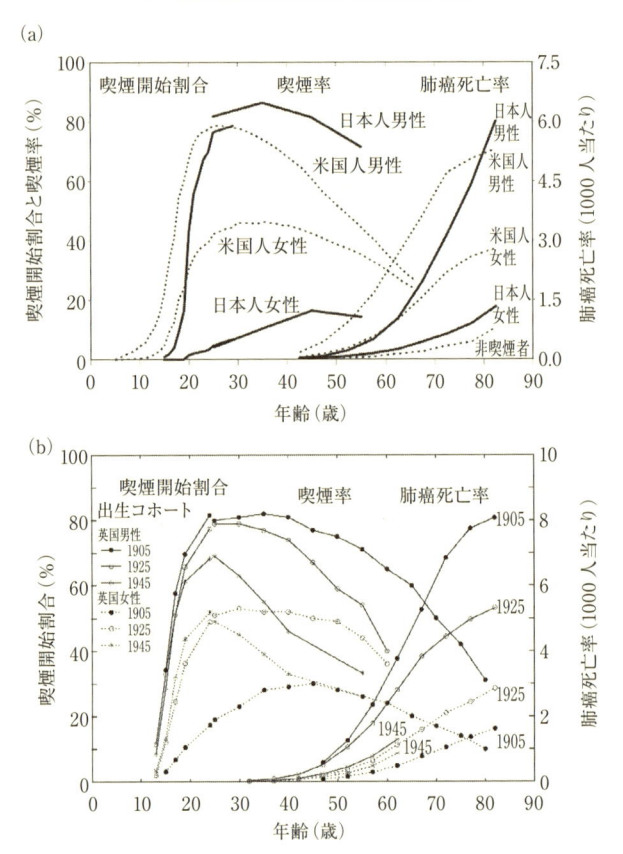

図 7.4 喫煙開始割合，喫煙率，肺癌死亡率の加齢変化
(a) 日本人と米国人 1925 年生れ，(b) 英国人 1905, 1925, 1945 年生れ
(Funatogawa *et al.*, 2013 を改変；http://bmjopen.bmj.com/content/2/5/e001676.draft-revisions.pdf).

7.4(a) に日本人男女の 1925 年生れにおける喫煙指標と肺癌死亡率の加齢変化を示す．比較のため，米国人男女の 1925 年生れの喫煙率と肺癌死亡率の加齢変化，非喫煙者の肺癌死亡率の加齢変化も示した．喫煙習慣およびその後の肺癌死亡率はコホート間で大きく異なり，喫煙と肺癌死亡の強い関係がわかる．男性では，年齢を横軸とした喫煙開始割合（米国人は喫煙率）の上昇は急峻である．米国人男性は日本人男性と比べて数年早い年齢で喫煙を開始しているが，禁煙のためその後の喫煙率は低い．肺癌死亡率は米国人の方が若い年齢で上昇している．

図 7.4(b) に英国男女の 1905, 25, 45 年生れにおける喫煙指標と肺癌死亡率の加

齢変化を示した．この図でも，喫煙習慣およびその後の肺癌死亡率はコホート間で大きく異なり，喫煙と肺癌死亡の強い関係がわかる．喫煙開始割合・喫煙率・肺癌死亡率の三つの指標は，六つの集団中，1905年生れの女性で最も低く，1905年生れの男性で最も高い．女性では，1905年生れに比べ1925年生れでどの指標も大きく上昇した．男性では，どの指標も最近の世代ほど低い．なお，1945年生れは60代後半以降の肺癌死亡率が未観測である．

日英米いずれの男性でもみられたように，年齢を横軸とした喫煙開始割合（あるいは喫煙率）の曲線の上昇部分は急峻な場合が多い．喫煙開始割合の曲線が少し移動することで，死亡率の曲線もシフトすることが考えられる．さらに，15歳未満など若い年齢での喫煙開始はハイリスクであり，死亡率を押し上げる可能性もある．一方，禁煙は肺癌死亡率を押し下げる．喫煙開始割合の曲線を求めるには細かい年齢刻みでの情報が必要であり，15〜24歳など刻みの大きい情報からは作成できない．調査時の年齢別に平均喫煙開始年齢が報告される場合があるが，平均は調査時年齢に依存するため，喫煙開始割合での報告が適する．また，喫煙開始割合の曲線が急峻であることは，一つのコホート内で喫煙開始年齢のばらつきが小さいことを意味し，コホート内で喫煙開始年齢の影響をみる検出力は小さいと考えられる．さらに，英国男性にみられるように，喫煙開始年齢は一国内の世代間のばらつきも小さい場合が多い．

図7.4のような年齢を横軸とした加齢変化は理解しやすい．しかし，出生年による短期間あるいは連続的な変化は捉えにくい．また，喫煙習慣のデータが保存されており，かつ高齢での死亡が観測されている世代は1925年生れなどに限られると考えられる．

7.3.3 喫煙開始割合・喫煙率・肺癌死亡率の出生年による変化

次に，出生年による連続的な変化を検討する．図7.5(a)に英国男性，(b)に英国女性の喫煙指標と肺癌死亡率の出生年による変化を示す．肺癌死亡率は出生時期による違いが明らかで，男性では1900年頃，女性では1920年中頃生れにピークがある．男性では1900〜1925年生れで若年期喫煙開始割合が高く（15, 17, 29歳で >32%, >50%, >80%），対応して肺癌死亡率が高い（50〜54歳で1/1000人以上が死亡）．女性では1898年から1925年生れの間で若年期喫煙開始割合が明らかに上昇し（15, 17, 29歳で2%→12%, 4%→24%, 13%→54%），対応して肺癌死亡率が上昇した（1/1000人以上死亡する年齢が75〜79歳→60〜64歳）．

140   7. 無作為抽出による繰り返し横断調査

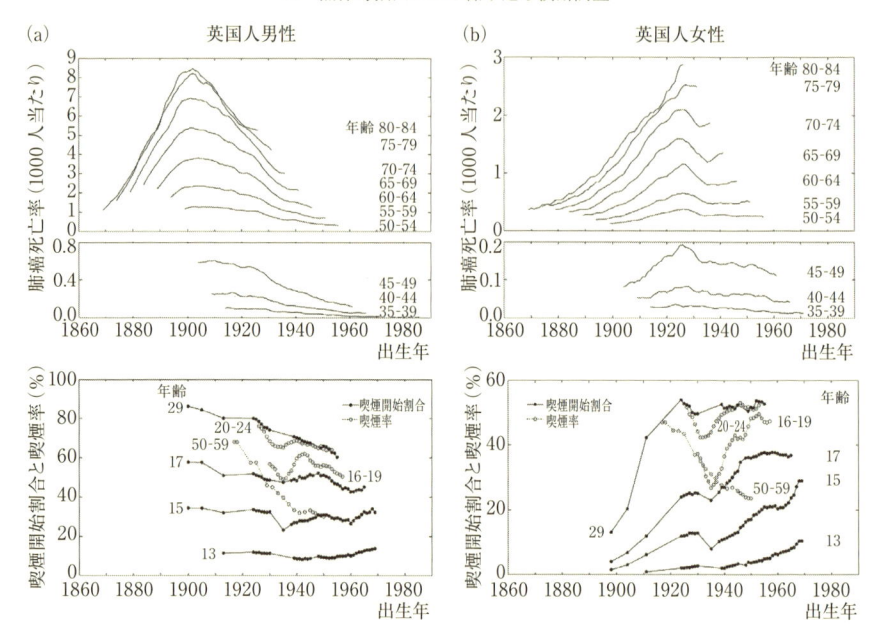

図 7.5 英国の喫煙開始割合，喫煙率，肺癌死亡率の出生年による変化
(a)男性，(b)女性(Funatogawa *et al.*, 2012).

男女とも1920年後半頃生まれで喫煙開始，喫煙率が短期間減少し，対応して肺癌死亡率が減少した．女性では1930年中頃生まれから喫煙開始が再上昇し，対応して肺癌死亡率は60歳代になってから上昇した．女性の若年期喫煙開始はその後長期にわたって上昇しているが，対応する肺癌死亡率は未観測である．なお，図7.3(b)のような英国のデータから，1940年頃生まれが成人期を通して喫煙した女性初の世代であるという推察がある．しかし，図7.5(b)から1920年頃が最初の世代であることがわかる．英国女性の喫煙指標は，短期間の間に世代間で非単調な変化が生じた例である．英国男性の1900年頃生まれでは，15歳で3割が喫煙開始し（1915年頃），後の肺癌死亡率は80〜84歳（1980年頃）に至っても非常に高く，曝露開始から死亡までを非常に長期にみることの必要性を示唆する．

図7.6(a)に日本人男性，(b)に日本人女性の喫煙指標と肺癌死亡率の出生年による変化を示す．他国に比べ日本人男性では，喫煙率が高いが，80歳代などの高齢を除き肺癌死亡率が比較的低く，これらの出生コホートでは若年期の喫煙開始割合が低い．例えば，1900〜1945年生まれでは，喫煙率は78%以上，1/1000人以上死亡する年齢は60〜64歳以上，19歳までの喫煙開始は30%未満である．ま

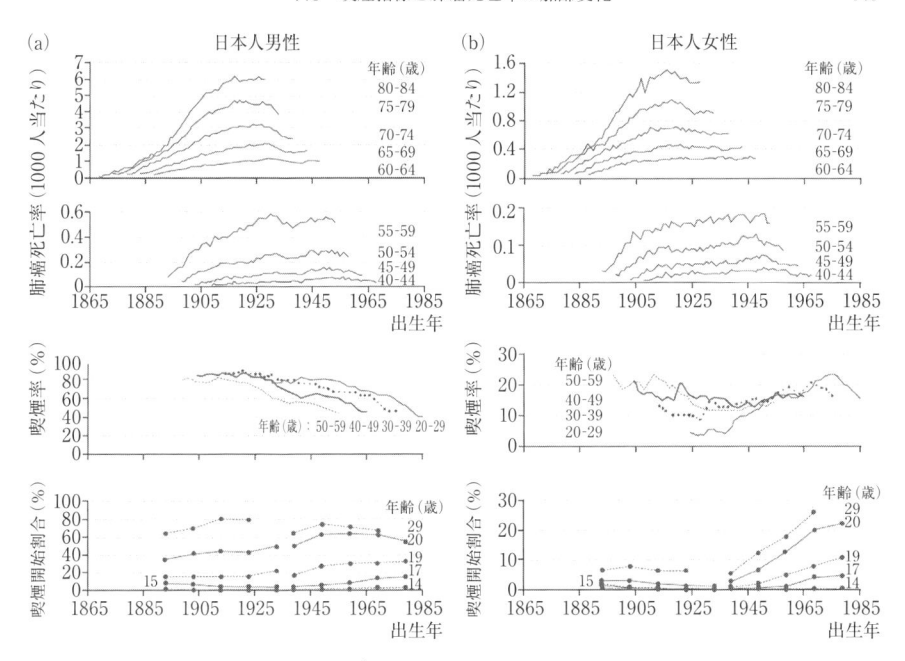

図 7.6 日本の喫煙開始割合，喫煙率，肺癌死亡率の出生年による変化
(a) 男性, (b) 女性 (Funatogawa *et al.*, 2013).

た，日本人女性では図 7.3(a)に示したように，成人喫煙率は長年ほぼ一定のままであるが，年齢調整肺癌死亡率は上昇した．この現象は，図 7.6(b)に示したように，喫煙率が出生年に従って大きな U 字の形状であることで説明される．U 字型の左端にあたるコホートでは喫煙率が比較的高く，肺癌死亡率も高い．それ以前の 19 世紀生れでは肺癌死亡率が低く，肺癌死亡率は時代とともに上昇した．U 字型の底となる喫煙率の低いコホートが存在するため，比較的高い年齢層の喫煙率は低下する一方，若年成人女性の喫煙率は上昇し，成人喫煙率はほぼ一定であった．このように，出生年に対して長期間の非単調な変化が生じる場合があり，複雑な現象が起こり得る．このため，図 7.3(a)のように，幅広い世代のデータを要約した指標の時代変化を単純に解釈すると，しばしば間違った結論に至る．日本人の若年期喫煙開始割合は，図 7.6(a)(b)に示したように，男女とも長年上昇しているが，図 7.5(b)に示した英国女性と同様，肺癌死亡率は未観測である．特に，男性では喫煙率が低下し，禁煙が進む一方で，若年期の喫煙開始割合が上昇しており，複数の喫煙指標に注意を払う必要がある．

英国では喫煙率などの調査結果を 35～59 歳など大きな刻みで報告しているため，出生コホートの特定が難しい．一方，日本では繰り返し年次調査の結果を 10 歳刻みで報告するため，出生コホート別の喫煙率が再現できる．同じことが身長，体重，BMI の場合にも言える．国民健康・栄養調査では 1～25 歳までの身長，体重は 1 歳刻みで報告されており，曲線を求めることができる．出生コホートを特定できるように報告，あるいはデータの保存をすることが望ましい．

7.4　age-period-cohort モデル

ここまでは，図や集計によるアプローチについて述べた．年齢，時代（暦歴），出生年の三つの時間軸が出てきたが，それぞれの効果を分離する age-period-cohort モデル（APC モデル，年齢・時代・コホートモデル）が社会学や疫学で用いられ，コホート分析とも呼ばれる．年齢，時代，コホートは離散変数として，次のようなモデルが用いられる．$i(i=1,\cdots,I)$ 番目の年齢層の $j(j=1,\cdots,J)$ 番目の時期の反応を Y_{ij} とし，次のように仮定する．

$$Y_{ij} = \beta + \beta_i^A + \beta_j^P + \beta_k^C + \varepsilon_{ij}$$

ここで，$\sum \beta_i^A = \sum \beta_j^P = \sum \beta_k^C = 0$

ここで，β_i^A は年齢の効果，β_j^P は時期の効果，$\beta_k^C(k=1,\cdots,K)$ は出生コホートの効果である．三つの時間軸があるが，たとえば，1970 年生れの 2000 年の年齢は 30 歳で，いずれか二つを固定すると最後の一つが決まる．このため，三つの効果を一意に推定できない識別問題が生じる．この問題に対し，何らかの制約条件をおくアプローチと，推定可能な非線形成分に議論を限るアプローチがある．例えば，隣り合うパラメータの差が小さくなるような条件を用いる．また，出生コホートの非線形成分より，主要死因による死亡率において日本人男性では昭和初期（1925 年から 1939 年）生れが特徴的であることを示した例がある．昭和一桁世代と呼ばれる 1926 年（昭和元年）から 1934 年（昭和 9 年）生れの死亡率が特徴的であることは以前から指摘されている．

7.5　関連文献と出典

Rose（1994；水嶋ほか訳，1998）は予防医学（preventive medicine）に関する書籍である．本章で述べたような長期データは人口学でも重要であり，金子

(2008) を参照されたい．生存時間解析に関しては大橋・浜田 (1995) を参照されたい．土屋 (2009) は標本調査法の書籍である．統計数理研究所の日本人の国民性調査に関しては中村ほか (2015) を参照されたい．金藤 (1998) は繰り返し調査である学校保健統計調査のデータに基づき，日本人の児童・生徒の体型の変化を分析している．

7.2 節の国民健康・栄養調査に基づく身長・体重・BMI の分析に関しては，Funatogawa *et al.* (2009)，Funatogawa *et al.* (2008b) に記載され，Web で閲覧できる．また，船渡川 (2014b) は海外の状況なども含めた解説論文である．成長スパートと成長曲線については Tanner *et al.* (1966) を参照されたい．平均と分布の端の人数の割合の関連は Rose and Day (1990)，BMI と肥満割合の関連は Funatogawa *et al.* (2009) を参照されたい．横断的加齢変化と経時的加齢変化に関しては Funatogawa *et al.* (2009)，Laird (2004)，Szklo and Nieto (2007)，Twisk (2003)，Ware *et al.* (1990) を参照されたい．

7.3 節の喫煙指標と肺癌死亡率の分析に関しては，日本については Funatogawa *et al.* (2013)，英国については Funatogawa *et al.* (2012) に記載され，Web で閲覧できる．また，船渡川 (2014a) は解説論文である．Funatogawa (2013) は英国女性では喫煙指標と肺癌死亡の高い最初の世代は 1920 年頃生れであることを述べている．

7.4 節に示した APC モデルに関しては，中村 (1982)，Nakamura (1986)，中村 (2005)，Yang and Land (2013) を参照されたい．APC モデルで隣り合うパラメータの差を小さくする条件について中村 (1982) に記載されている．非線形成分による，昭和初期生れの死亡率の特異性については Tango and Kurashina (1987) を参照されたい．

Chapter 8 離散型反応の経時データ解析

ここまでは反応変数が連続型の場合を中心に述べてきたが,この章では反応変数が2値や頻度(カウント)などの離散型の場合について述べる. 8.1節で反応が独立な場合の一般化線形モデルについて述べた後,反応に相関のある経時データの解析について述べる.第4章でも述べたように,経時データ解析は三つのアプローチに大別される. 8.2節で周辺モデルによるアプローチである一般化推定方程式 (generalized estimating equation:GEE) による推定, 8.3節で混合効果モデルによるアプローチである一般化線形混合効果モデルについて述べる.反応が離散型の場合の遷移モデルによるアプローチは本書では扱わない. 8.4節では周辺アプローチと混合効果モデルの関係を述べる.

8.1 一般化線形モデル

一般線形モデル (general linear model) では,確率モデルに正規分布を仮定し,反応は連続型であった.一般化線形モデル (generalized linear model) は,確率モデルに指数型分布族 (exponential family) を仮定し,反応の期待値の関数と共変量の線形関数をリンクさせるように拡張したモデルである.指数型分布族は,正規分布の他に,2項分布,ポアソン分布,ガンマ分布などを含む.反応変数は連続型の他に,2値や頻度を扱える.指数型分布族の確率密度関数を以下に示す.

$$f(Y;\theta,\phi)=\exp\left\{\frac{Y\theta-b(\theta)}{a(\phi)}+c(Y,\phi)\right\}$$

ここで, $a(\cdot)$, $b(\cdot)$, $c(\cdot)$ は既知の関数である. θ は関心のあるパラメータで,正準パラメータ (canonical parameter),あるいは位置パラメータと呼ばれる. ϕ は局外パラメータ (nuisance parameter) で, dispersion パラメータ,あるいはスケールパラメータと呼ばれる.正規分布, 2項分布,ポアソン分布の確率密度

8.1 一般化線形モデル

表 8.1 一般化線形モデルで用いられる代表的な分布

分布 反応の種類 取り得る値	確率密度関数 f 正準パラメータ θ, $a(\phi)$, $b(\theta)$	正準リンク：$g(\mu)=\theta$, $\mu=g^{-1}(\theta)$ ($\mu=E(Y)$ の取り得る範囲)→(θ の範囲) 正準リンクのモデルの名称 $\mathrm{Var}(Y)$
指数分布族	$f(Y;\theta,\phi)=\exp\left\{\dfrac{Y\theta-b(\theta)}{a(\phi)}+c(Y,\phi)\right\}$	$\mathrm{Var}(Y)=a(\phi)b''(\theta)$
正規分布 連続 $-\infty<Y<\infty$	$f(Y;\mu,\sigma^2)=(2\pi\sigma^2)^{-\frac{1}{2}}\exp\left\{-\dfrac{(Y-\mu)^2}{2\sigma^2}\right\}$ $=\exp\left\{\dfrac{Y\mu}{\sigma^2}-\dfrac{\mu^2}{2\sigma^2}-\dfrac{Y^2}{2\sigma^2}-\dfrac{1}{2}\log(2\pi\sigma^2)\right\}$ $\theta=\mu$, $a(\phi)=\sigma^2$, $b(\theta)=\dfrac{\mu^2}{2}=\dfrac{\theta^2}{2}$	恒等関数：$\mu=\theta$ $(-\infty,\infty)\to(-\infty,\infty)$ 一般線形モデル $\mathrm{Var}(Y)=\sigma^2$
ベルヌーイ 二値 $Y=0,1$	$f(Y;\mu)=\mu^Y(1-\mu)^{1-Y}$ $=\exp[Y\log\{\mu/(1-\mu)\}+\log(1-\mu)]$ $\theta=\log\{\mu/(1-\mu)\}$, $a(\phi)=1$, $b(\theta)=-\log(1-\mu)=\log(1+e^\theta)$	ロジット関数：$\log\{\mu/(1-\mu)\}=\theta$, $\mu=e^\theta/(1+e^\theta)$ $(0,1)\to(-\infty,\infty)$ ロジスティック回帰 $\mathrm{Var}(Y)=\mu(1-\mu)$
ポアソン分布 カウント $Y=0,1,2,\cdots$	$f(Y;\mu)=\mu^Y e^{-\mu}/Y!$ $=\exp(Y\log\mu-\mu-\log Y!)$ $\theta=\log\mu$, $a(\phi)=1$, $b(\theta)=\mu=e^\theta$	$\log$ 関数：$\log\mu=\theta$, $\mu=\exp(\theta)$ $(0,\infty)\to(-\infty,\infty)$ ポアソン回帰（対数線形モデル） $\mathrm{Var}(Y)=\mu$

関数と θ, $a(\phi)$, $b(\theta)$ を表 8.1 に示す.

対数尤度関数 $l(\theta,\phi;Y)=\log f(Y;\theta,\phi)$ を θ で 1 階微分した関数 $U=\partial l/\partial\theta$ をスコア関数（score function）と呼ぶ. 指数型分布族の対数尤度関数 l とスコア U を以下に示す. b' は b の 1 階微分とする.

$$l=\frac{Y\theta-b(\theta)}{a(\phi)}+c(Y,\phi)$$

$$U=\frac{Y-b'(\theta)}{a(\phi)}$$

スコアの性質として期待値と分散に以下の式が成り立つ.

$$E(U)=0$$
$$\mathrm{Var}(U)=\mathrm{E}(U^2)=-\mathrm{E}(U')$$

これより, Y の期待値と分散は次式となる. b'' は b の二階微分とする.

$$\mathrm{E}(Y)=b'(\theta)$$
$$\mathrm{Var}(Y)=a(\phi)b''(\theta)$$

$b''(\theta)$ は分散関数と呼ばれ, 期待値 μ だけの関数である. 2 項分布やポアソン分

布では，ϕ は定数 1 で，分散は平均の関数である．一方，正規分布では，ϕ は分散 σ^2 で，分散は平均に依存しない．

説明変数 $x_1, x_2, \cdots, x_p$ の線形関数を次式で表し，線形予測子（linear predictor）という．

$$\eta = x_1\beta_1 + x_2\beta_2 + \cdots + x_p\beta_p = \mathbf{X}\boldsymbol{\beta}$$

Y の期待値 $\mu = \mathrm{E}(Y)$ と線形予測子 η を単調で微分可能なリンク関数（link function，連結関数）g を用い，次のように関連づける．

$$g(\mu) = \eta = \mathbf{X}\boldsymbol{\beta}$$

リンク関数 g は μ の取り得る範囲をもとに選択することが多い．$(0,1) \to (-\infty, \infty)$ への変換にはロジット関数やプロビット関数，$(0, \infty) \to (-\infty, \infty)$ には log 関数が考えられる．$g(\mu) = \theta$ となるリンク関数を正準リンク（canonical link）という．各分布の正準リンクと，正準リンクを用いたときのモデルの名称を表 8.1 に示した．

8.2 一般化推定方程式

この節では周辺モデルによるアプローチである一般化推定方程式（generalized estimating equation：GEE）について述べる．多変量正規分布の場合，平均構造（1 次モーメント）と分散共分散構造（2 次モーメント）で確率分布，すなわち尤度が定まるが，他の分布ではさらに高次のモーメントが必要となる．反応が連続型変数の場合は，経時データのように個体内で相関のあるデータを混合効果モデルにより表し，最尤推定値を得ることができる．一方，離散データでは，相関のあるデータの同時分布をモデル化することが難しく，周辺アプローチである一般化推定方程式がしばしば用いられる．一般化推定方程式では平均構造（1 次モーメント）を正しく特定する必要があるが，分散共分散構造（2 次モーメント）を誤って特定しても，周辺モデルの平均構造を表すパラメータの一致推定量（consistent estimator）とその漸近分散が得られる．なお，最尤法では確率分布，すなわち全てのモーメントを正しく特定する必要がある．一方，一般化推定方程式での欠測過程は 6.2 節で述べた missing completely at random（MCAR）を前提とする．欠測過程が missing at random（MAR）のとき，最尤法ではモデルが正しければ一致推定量となるが，平均構造だけを正しく特定した一般化推定方程式では推定値に偏りが入る．よって，観測された反応の値に依存して，次の時点

で脱落となる場合は偏りが入る．これに対し，観察される確率の逆数で重みを付ける inverse probability weighted GEE（IPW-GEE）が提案されている．この手法では，観察される確率が小さいほど重みが大きくなる．

8.2.1 疑似尤度

経時データに一般化線形モデルを当てはめる．はじめに反応が互いに独立であると仮定して，疑似尤度（pseudo-likelihood）による推定方程式を述べ，続いて経時データでは個体内相関があるためこれを考慮した一般化推定方程式を述べる．i 番目（$i=1,\cdots,N$）の対象者の t 番目（$t=1,\cdots,n_i$）の反応を Y_{it} とし，$\mathbf{Y}_i=(Y_{i1},\cdots,Y_{in_i})^{\mathrm{T}}$ とする．$\mathbf{X}_i=(\mathbf{X}_{i1}^{\mathrm{T}},\cdots,\mathbf{X}_{in_i}^{\mathrm{T}})^{\mathrm{T}}$ を $n_i\times p$ の計画行列とする．反応 Y_{it} の周辺密度関数は次の指数型分布族に従うとする．

$$f(Y_{it};\theta_{it},\phi)=\exp\left\{\frac{Y_{it}\theta_{it}-b(\theta_{it})}{a(\phi)}+c(Y_{it},\phi)\right\}$$

以下では簡単のため，$a(\phi)=\phi$ とするが，2項分布やポアソン分布など多くの分布がこれを満たす．$\boldsymbol{\mu}_i=(\mu_{i1},\cdots,\mu_{in_i})^{\mathrm{T}}=\mathrm{E}(\mathbf{Y}_i)$ とし，$g(\cdot)$ をリンク関数，$\boldsymbol{\beta}$ を回帰係数とすると，$g(\mu_{it})=\mathbf{X}_{it}^{\mathrm{T}}\boldsymbol{\beta}$ である．分散関数を用い $V(\mu_{it})=b''(\theta_{it})$ とし，$V(\boldsymbol{\mu}_i)=\mathrm{diag}\{V(\mu_{it})\}$ を対角要素が $V(\mu_{it})$ の対角行列とする．反応が互いに独立であるとき $\mathrm{Var}(\mathbf{Y}_i)=\phi V(\boldsymbol{\mu}_i)$ である．$\mathbf{D}_i=\partial\boldsymbol{\mu}_i/\partial\boldsymbol{\beta}$ を l,m 要素が $\partial\mu_{it}/\partial\beta_m$ の $n_i\times p$ 行列とする．疑似尤度推定方程式は次式となる．

$$q(\boldsymbol{\beta};\mathbf{Y})=\sum_{i=1}^{N}\mathbf{D}_i^{\mathrm{T}}V(\boldsymbol{\mu}_i)^{-1}(\mathbf{Y}_i-\boldsymbol{\mu}_i)=\mathbf{0}$$

これは $\mathbf{Y}_i$ と $\boldsymbol{\mu}_i$ の差に分散の逆数をかけ，さらに，$\mathbf{D}_i=\partial\boldsymbol{\mu}_i/\partial\boldsymbol{\beta}$ をかけることで $\boldsymbol{\mu}_i$ の $\boldsymbol{\beta}$ に対する勾配の大きさに比例した重みをかけた式を対象者分足したと解釈できる．$q(\boldsymbol{\beta};\mathbf{Y})=\mathbf{0}$ の解 $\hat{\boldsymbol{\beta}}$ が疑似尤度による推定量となる．

8.2.2 一般化推定方程式

$n_i\times n_i$ の行列 $\mathbf{R}_i$ を $\mathbf{Y}_i$ の相関行列，$n_i\times n_i$ の行列 $\mathbf{A}_i$ を j,j 要素が $V(\mu_{ij})=\phi^{-1}\mathrm{Var}(Y_{ij})$ の対角行列とし，$V(\boldsymbol{\mu}_i)$ を次式とする．

$$V(\boldsymbol{\mu}_i)=\mathbf{A}_i^{1/2}\mathbf{R}_i\mathbf{A}_i^{1/2}$$

第2章で $\mathbf{R}_i$ は分散共分散行列であったが，ここでは相関行列である．この式の $\mathbf{R}_i$ に作業相関行列（working correlation matrix）$\overline{\mathbf{R}}_i(\boldsymbol{\alpha})$ を用い，疑似尤度関数に代入すると，次の一般化推定方程式が得られる．ここで，$\boldsymbol{\alpha}$ は相関に関するパ

ラメータのベクトルである.

$$U(\beta, \alpha) = \sum_{i=1}^{N} U_i(\beta, \alpha)$$
$$= \sum_{i=1}^{N} \mathbf{D}_i^T \{\mathbf{A}_i^{1/2} \overline{\mathbf{R}}_i(\alpha) \mathbf{A}_i^{1/2}\}^{-1} (\mathbf{Y}_i - \mu_i) = \mathbf{0} \tag{8.1}$$

作業相関行列 $\overline{\mathbf{R}}_i(\alpha)$ は α の関数であり,必ずしも真の相関を特定する必要はない.ただし,一般化推定方程式は M 推定理論に基づいており,期待値の構造が正しくモデル化されている必要がある. 1次モーメントが正しく特定されれば,全ての i で $E(\mathbf{Y}_i - \mu_i) = \mathbf{0}$ となるため $E[U(\beta, \alpha)] = \mathbf{0}$ となる.ここで α を $\hat{\alpha}\{\beta, \hat{\phi}(\beta)\}$ で置き換えることにより,(8.1) 式の一般化推定方程式は次のようになる.

$$\sum_{i=1}^{N} U_i[\beta, \hat{\alpha}\{\beta, \hat{\phi}(\beta)\}] = \mathbf{0}$$

また,次の 8.2.3 項では表記を簡単にするため,$\hat{\alpha}\{\beta, \hat{\phi}(\beta)\}$ を $\alpha^*(\beta)$ で置き換え,一般化推定方程式を次のように表す.

$$\sum_{i=1}^{N} U_i\{\beta, \alpha^*(\beta)\} = \mathbf{0} \tag{8.2}$$

作業相関には,2.2.2 項の反応が連続量のときの分散共分散行列 $\mathbf{R}_i$ で使用されていた相関構造と同様,無構造(unstructured:UN),AR(1),compound symmetry(CS)などを仮定する.また,2値データの場合,相関は必ずしも自然ではないため,対数オッズ比で二つの反応間の関連をモデル化するアプローチがある.

8.2.3 一般化推定方程式に関する定理

ここでは一般化推定方程式に関する定理を示すが,$N^{1/2}$ 一致推定量や,$O(1)$,確率収束,分布収束など収束の速さに関する用語が出てくるため,9.9 節にこれらに関して記載する.

上式の一般化推定方程式を用いて以下の定理が導かれる.

定理 8.1 適切な正則条件と以下の a,b,c の条件のもとで一般化推定方程式の解 $\hat{\beta}$ による $N^{1/2}(\hat{\beta} - \beta)$ は漸近的に平均ベクトル $\mathbf{0}$,分散共分散行列が次の $\mathbf{V}_G$ の多変量正規分布に従う.
条件 a,b,c と $\mathbf{V}_G$ は次のとおりである.
a. $\hat{\alpha}$ は β と ϕ が与えられたもとで $N^{1/2}$ 一致推定量である.
b. $\hat{\phi}$ は β が与えられたもとで $N^{1/2}$ 一致推定量である.
c. $|\partial \hat{\alpha}(\beta, \phi)/\partial \phi|$ は $O(1)$ である.

$$\mathbf{V}_G = \lim_{N \to \infty} N \Big(\sum_{i=1}^{N} \mathbf{D}_i^T \hat{\mathbf{V}}_i^{-1} \mathbf{D}_i \Big)^{-1} \Big\{ \sum_{i=1}^{N} \mathbf{D}_i^T \hat{\mathbf{V}}_i^{-1} \mathrm{Var}(\mathbf{Y}_i) \hat{\mathbf{V}}_i^{-1} \mathbf{D}_i \Big\} \Big(\sum_{i=1}^{N} \mathbf{D}_i^T \hat{\mathbf{V}}_i^{-1} \mathbf{D}_i \Big)^{-1}$$

ここで, $\mathbf{V}_i$ は次式とする.

$$\mathbf{V}_i = \mathbf{A}_i^{1/2} \overline{\mathbf{R}}_i(\boldsymbol{\alpha}) \mathbf{A}_i^{1/2}$$

作業相関を誤特定しても漸近的に妥当な $\mathbf{V}_G$ が得られるため, $\mathbf{V}_G$ はロバスト分散と呼ばれる. また, 式の形からサンドイッチ分散とも呼ばれる.

証明 (8.2)式の一般化推定方程式の左辺を $\boldsymbol{\beta} = \hat{\boldsymbol{\beta}}$ 周りでテイラー展開を行うと次式となる.

$$\sum_{i=1}^{N} U_i \{\hat{\boldsymbol{\beta}}, \boldsymbol{\alpha}^*(\boldsymbol{\beta})\} \approx \sum_{i=1}^{N} U_i \{\boldsymbol{\beta}, \boldsymbol{\alpha}^*(\boldsymbol{\beta})\} + \sum_{i=1}^{N} \mathbf{H}_i(\boldsymbol{\beta})(\hat{\boldsymbol{\beta}} - \boldsymbol{\beta})$$

ここで, $\mathbf{H}_i(\boldsymbol{\beta})$ は以下のヘッセ行列 (Hessian matrix) とする.

$$\mathbf{H}_i(\boldsymbol{\beta}) = \frac{\partial U_i \{\hat{\boldsymbol{\beta}}, \boldsymbol{\alpha}^*(\boldsymbol{\beta})\}}{\partial \boldsymbol{\beta}}$$

また, $\sum_{i=1}^{N} U_i \{\hat{\boldsymbol{\beta}}, \boldsymbol{\alpha}^*(\boldsymbol{\beta})\} = \mathbf{0}$ より $N^{1/2}(\hat{\boldsymbol{\beta}} - \boldsymbol{\beta})$ は次式で近似できる.

$$N^{1/2}(\hat{\boldsymbol{\beta}} - \boldsymbol{\beta}) \approx \Big[-N^{-1} \sum_{i=1}^{N} \frac{\partial U_i \{\boldsymbol{\beta}, \boldsymbol{\alpha}^*(\boldsymbol{\beta})\}}{\partial \boldsymbol{\beta}} \Big]^{-1} [N^{-1/2} \sum_{i=1}^{N} U_i \{\boldsymbol{\beta}, \boldsymbol{\alpha}^*(\boldsymbol{\beta})\}]$$

右辺を大括弧 [ ] に従って $Q_1^{-1} Q_2$ と表すと, a, b, c の条件のもとで, 以下に示す第1項 Q_1^{-1} の確率収束 (convergence in probability) と第2項 Q_2 の分布収束 (convergence in low) が証明できる.

$$Q_1^{-1} \xrightarrow{P} N^{-1} \sum_{i=1}^{N} \mathbf{D}_i^T \mathbf{V}_i^{-1} \mathbf{D}_i$$

$$Q_2 \xrightarrow{L} \mathrm{MVN}(\mathbf{0}, N^{-1} \sum_{i=1}^{N} \mathbf{D}_i^T \hat{\mathbf{V}}_i^{-1} \mathrm{Var}(\mathbf{Y}_i) \hat{\mathbf{V}}_i^{-1} \mathbf{D}_i)$$

ここで, $\xrightarrow{P}$ は確率収束, $\xrightarrow{L}$ は分布収束を表す. これらから, スルツキーの定理 (Slutsky's theorem) より, 次式が得られる.

$$N^{1/2}(\hat{\boldsymbol{\beta}} - \boldsymbol{\beta}) \xrightarrow{L} \mathrm{MVN}(\mathbf{0}, \mathbf{V}_G)$$

以上により, $N^{1/2}(\hat{\boldsymbol{\beta}} - \boldsymbol{\beta})$ が漸近的に $\mathrm{MVN}(\mathbf{0}, \mathbf{V}_G)$ に従うという定理8.1が得られる.

8.3 一般化線形混合効果モデル

一般化線形混合効果モデル (generalized linear mixed effects model) は, 8.1節の一般化線形モデルを変量効果が扱えるように拡張したモデルである. 一般化

線形モデルの線形予測子 η を，線形混合効果モデルのように固定効果 β と変量効果 $\mathbf{b}$ の線形和で表す．

$$\eta = \mathbf{X}\beta + \mathbf{Z}\mathbf{b}$$

変量効果には正規分布を仮定することが多い．変量効果が与えられたもとでの観測値の期待値を，一般化線形モデルと同様に，リンク関数 g を用いて線形予測子と次のように関連付ける．

$$g\{E(\mathbf{Y}|\mathbf{b})\} = \eta = \mathbf{X}\beta + \mathbf{Z}\mathbf{b}$$

また，変量効果が与えられたもとでの $\mathbf{Y}$ の分散は，8.2.2 項の一般化推定方程式と同様に次のようにモデル化する．

$$\mathrm{Var}(\mathbf{Y}|\mathbf{b}) = \mathbf{A}_i^{1/2} \mathbf{R} \mathbf{A}_i^{1/2}$$

変量効果が与えられたもと個体内の反応が独立であると仮定した場合，条件付独立という．

　一般化線形混合効果モデルでは尤度に基づいてパラメータを推定するが，尤度関数を明示的に表せず，いくつかの近似方法が提案されている．線形近似によりモデルを近似する場合と数値積分により目的関数を近似する場合がある．

8.4　周辺モデルと混合効果モデル

　混合効果モデルによるアプローチ $g\{E(\mathbf{Y}|\mathbf{b})\} = \mathbf{X}\beta + \mathbf{Z}\mathbf{b}$ で，変量効果 $\mathbf{b}$ が $\mathbf{0}$ であるときの反応 $\mathbf{Y}$ の期待値は $g^{-1}(\mathbf{X}\beta)$ である．一方，この場合の周辺アプローチの期待値は，変量効果が与えられたもとでの反応の条件付期待値をさらに変量効果に関して積分して得られる期待値 $E_b\{E(\mathbf{Y}|\mathbf{b})\}$ である．リンク関数 g が線形混合効果モデルのように恒等関数である場合，$E_b\{E(\mathbf{Y}|\mathbf{b})\}$ は次式となる．

$$E(\mathbf{X}\beta + \mathbf{Z}\mathbf{b}) = \mathbf{X}\beta$$

これより，8.3 節の混合効果モデルによるアプローチでも 8.2 節の周辺モデルによるアプローチでも固定効果のパラメータの解釈は同じである．一方，離散型データに対するロジット関数や log 関数のように g が非線形関数の場合，次式のように等号が成り立たない．

$$E\{g^{-1}(\mathbf{X}\beta + \mathbf{Z}\mathbf{b})\} \neq \mathbf{X}\beta$$

このため，両アプローチで固定効果のパラメータ推定値が異なり，その解釈も異なる．これは，3.2 節の非線形混合効果モデルで変量効果が非線形の場合に，平均値の推移と，平均的な対象，つまり変量効果が 0 である対象の推移は異なるこ

とと同様である．前者は周辺の推測で集団平均モデル（population-averaged model：PA model），後者は変量効果が与えられたもとの条件付きの推測で subject-specific モデル（SS model）とも呼ばれる．例えば，ロジスティック回帰で変量効果 b_i があり，b_i が平均 0，分散 σ_G^2 の正規分布に従う場合を考える．周辺の期待値は次式より得られる．

$$\mathrm{E}_b\{\mathrm{E}(\mathbf{Y}_i|\mathbf{b}_i)\} = \mathrm{E}\left\{\frac{\exp(X_i\beta+b_i)}{1+\exp(X_i\beta+b_i)}\right\}$$

$$= \int_{-\infty}^{\infty} \frac{\exp(X_i\beta+b_i)}{1+\exp(X_i\beta+b_i)} (2\pi\sigma_G^2)^{-1/2} \exp\left(-\frac{b_i^2}{2\sigma_G^2}\right) \mathrm{d}b_i$$

これより周辺の期待値のロジットは次式となる．

$$\mathrm{logit}\{\mathrm{E}(Y_i)\} \approx (1+k^2\sigma_G^2)^{-1/2} X_i\beta$$

一方，混合効果モデルで変量効果が 0 の条件付期待値のロジットは次式であり，両者は一致しない．

$$\mathrm{logit}\{\mathrm{E}(Y_i|b_i=0)\} = X_i\beta$$

8.5 関連文献と出典

反応変数が離散変数である場合の経時データ解析に関しては，Diggle *et al.* (2002)，Fitzmaurice *et al.* (2011)，Vonesh (2012) を参照されたい．一般化線形モデルに関しては，ドブソン（Dobson，第 3 版，2008；田中ほか訳，第 2 版，2008），McCulloch *et al.*（第 2 版，2008；土居ほか訳，2011）を参照されたい．本書では Liang and Zeger (1986) および Vonesh (2012) の表記に従った．

Liang and Zeger (1986) は 8.2.3 項に述べた GEE に関する定理を示した．一般化線形混合効果モデルの近似法は Breslow and Clayton (1993) に述べられている．周辺モデルによるアプローチと混合効果モデルによるアプローチの対応は Fitzmaurice *et al.* (2011) を参照されたい．

Chapter 9 付録

本書は，ある程度の統計の知識を前提としているが，ここでは付録として統計の基礎的内容で特に本書と関わりの深いものについて9.1節から9.9節に述べる．9.10節では本書で述べた解析法に関連する統計ソフトウェアSASのプログラム例を示す．

9.1 連続型データの要約

連続データは，位置の指標とばらつきの指標で要約することが多い．よく用いるのが平均値（mean）と標準偏差（standard deviation：SD）だが，外れ値（飛び離れたデータ）の影響を受けやすい．この場合，中央値（50％点，メディアン）と25％点（第1四分位数）と75％点（第2四分位数）あるいは5％点と95％点を用いる．このほか，ばらつきの指標として最小値と最大値があるが，外れ値の影響を受けやすい．非対称で高値に裾が長いデータ（右裾を引く分布）をみることも多い．少数の外れ値により，平均値や標準偏差が大きく変わる場合がある．例えば，正の値しかとらないデータで平均値より標準偏差が大きい（平均値－標準偏差が負の値になってしまう）場合には，極端な外れ値があると考えられる．

正規分布では，全ての情報が平均値と標準偏差の二つに縮約される．例えば，平均値±1標準偏差の間に68％のデータ，平均値±1.96標準偏差の間に95％のデータが含まれる．したがって，平均値±2標準偏差の間に多くのデータが含まれていると解釈できる．

9.2 推定，検定，サンプルサイズ設定

データから平均値や平均値の差，割合，割合の差などの数値を求めることを（点）推定（estimation），得られた値を推定値（estimate）という．比較試験などでは平均値の差や割合の差を推定する．幅をもって，95%信頼区間などを求めることを区間推定という．95%信頼区間とは，同様の試験を繰り返したとき，100回のうち95回（95%）は真値が存在するように構成された区間である．

検定のおおまかな流れは，帰無仮説を立て，P値を計算し，P値を有意水準と比べ結論をだす．帰無仮説には証明したいことと反対の仮説を立てる．2群の平均値に差がないや割合に差がないなどである．差があることを証明したい場合が多いので，帰無仮説は差なし仮説としばしば呼ばれる．P値とは得られたデータ以上に大きな差が帰無仮説のもとで生じる確率である．P値が有意水準より小さければ，帰無仮説のもとでは起こり得ないようなことが起こっており，帰無仮説が間違っていたのだろうと解釈して「差がある」と結論する．これを帰無仮説を棄却するという．有意水準は通常5%とする．検定では帰無仮説が棄却できないからといって，帰無仮説が正しい，つまり差がないということを積極的にはいえず，結論を保留する．P値は帰無仮説が正しい確率ではないことに注意する．これはP値が1のときに帰無仮説が100%正しいとはいえないことからもわかる．データ数が少ないと，本当は差がある場合にも帰無仮説が棄却されにくい．信頼区間を確認し，これが広ければ，その研究から結論は得られないと考える．一方，信頼区間全体が，当該分野において差がないと考えられる範囲に入っていれば差がないと考えられる．データ数が多いと，ほんの少しの差でも有意になることがある．推定結果から当該分野において意味のある差かどうかを確認することが重要である．

検定では，サンプルサイズ（データ数，対象者数，症例数）が小さいと検出力（power）が低く，実際には差があっても有意となりにくい．サンプルサイズが大きいほど結果は安定するが，臨床試験などでは不必要に大勢の人を対象とすることは倫理的に好ましくない場合がある．試験実施前にサンプルサイズを設定する．本当は差がないのに差があるとすることを第1種の過誤，α（アルファ）エラーという．一方，本当は差があるのに，差がないとすることを第2種の過誤，β（ベータ）エラーという．あわてん坊のαとぼんやりのβと覚えると良い．本

当は差があるときに,差があると結論する確率を検出力といい,$1-\beta$ である.サンプルサイズあるいは検出力を算出するには,差の大きさを見積もる必要がある.第1種の過誤を小さくすると第2種の過誤は大きくなる.有意水準は通常5%が用いられる.有意水準を5%に固定し,サンプルサイズを大きくすると,検出力が高くなる.検出力が80%あるいは90%となるようにサンプルサイズを設定することが多い.サンプルサイズを固定したときの検出力を算出することもある.臨床試験における検出力の重要性は古くから指摘されている(Freiman *et al*. 1978, Pocock, 1983).

図9.1にサンプルサイズの設定の模式図を示した.ある治療法が有効である割合が0.7であると見積もっており,0.5ではないことを示したい.帰無仮説は有効割合=0.5である.まず,サンプルサイズが10人の場合を考える.実際には,正規近似ではなく正確な計算を行うのだが,ここでは説明を簡単にするため,正規近似を用いる.帰無仮説のもと,有効割合は中心が0.5,標準偏差が$(0.5\times 0.5/10)^{1/2}=0.158$の正規分布に従う.実際に10人で試験を行ったとき,この正規分布の97.5%点である0.8099(棄却限界値)よりも有効割合が高ければ,有意に有効割合が0.5よりも高いと結論できる.今,有効割合は0.7であると見積もっており,この対立仮説のもと,有効割合は中心が0.7,標準偏差が$(0.7\times 0.3/10)^{1/2}$の正規分布に従う.この対立仮説のもと0.8099(棄却限界値)よりも有効割合が高くなる確率,つまり検出力は22.4%となる.サンプルサイズを50人に増やした場合,帰無仮説のもと,中心が0.5,標準偏差が$(0.5\times 0.5/50)^{1/2}=0.071$の正規分布に従う.10人のときよりも尖った分布とな

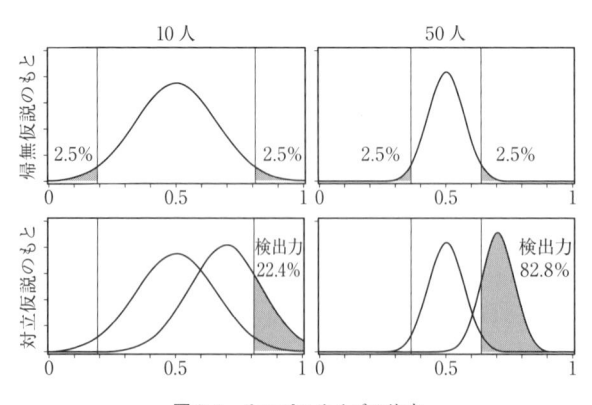

図9.1 サンプルサイズの決定

り，棄却限界値は 0.63859 である．有効割合が 0.7 である対立仮説のもと，中心が 0.7，標準偏差が $(0.3\times 0.7/50)^{1/2}$ の正規分布に従い，検出力は 82.8% となる．

1.4 節で 2 群の平均値の差の推定と検定について述べた．一般に用いる手法において，検定で有意差があることと差の 95% 信頼区間に 0 を含まないことが同値の場合とそうでない場合がある．同値でない場合の例として，2 群の割合の比較を紹介する．群 $g(g=1,2)$ の i 番目 $(i=1,\cdots,n_g)$ の対象者の反応を Y_{gi} とする．反応は 2 値データで，成功のとき 1，失敗のとき 0 とする．2 群の成功割合を比較する．群 g の成功割合を p_g とする．2 値データの期待値は p_g，分散は $p_g(1-p_g)$ であり，分散は反応の期待値に依存する．群 $1(g=1)$ での成功割合の推定値とその SE は次式となる．

$$\hat{p}_1=\frac{\sum_{i=1}^{n_1}Y_i}{n_1},\ \mathrm{SE}=\sqrt{\mathrm{Var}\left(\frac{\sum_{i=1}^{n_1}Y_i}{n_1}\right)}=\sqrt{\frac{n_1\hat{p}_1(1-\hat{p}_1)}{n_1^2}}=\sqrt{\frac{\hat{p}_1(1-\hat{p}_1)}{n_1}}$$

割合の差の SE は推定では一般に次式を用いる．

$$\mathrm{SE}=\sqrt{\frac{\hat{p}_1(1-\hat{p}_1)}{n_1}}+\sqrt{\frac{\hat{p}_2(1-\hat{p}_2)}{n_2}}$$

一方，検定では帰無仮説 $p_1=p_2=p$ のもと SE を計算し，次式となる．

$$\hat{p}=\frac{\sum_{i=1}^{n_1}Y_{1i}+\sum_{i=1}^{n_2}Y_{2i}}{n_1+n_2}$$

$$\mathrm{SE}=\sqrt{\hat{p}(1-\hat{p})\left(\frac{1}{n_1}+\frac{1}{n_2}\right)}$$

この場合，推定と検定で SE は異なり，検定結果と推定結果が一致しない場合が生じる．

9.3 一般化逆行列

実数を m 行 n 列の長方形に並べたものを $m\times n$（実）行列（matrix）という．行と列の数が等しい行列を正方行列（square matrix）という．$m\times m$ 正方行列 $\mathbf{A}$ の階数（rank）が m のとき $\mathbf{A}$ は非特異（nonsingular）という．非特異行列 $\mathbf{A}$ に対して $\mathbf{A}\mathbf{A}^{-1}=\mathbf{A}^{-1}\mathbf{A}=\mathbf{I}$ となる行列 $\mathbf{A}^{-1}$ が一意に存在し，$\mathbf{A}^{-1}$ を $\mathbf{A}$ の逆行列（inverse matrix）という．任意の行列 $\mathbf{A}$ に対して，$\mathbf{A}\mathbf{A}^{-}\mathbf{A}=\mathbf{A}$ を満たす行列 $\mathbf{A}^{-}$ が存在し，$\mathbf{A}^{-}$ を $\mathbf{A}$ の一般化逆行列という．非特異行列の場合は $\mathbf{A}^{-}=\mathbf{A}^{-1}$ で

ある.逆行列の存在が保証されない場合には一般化逆行列を用いる.

9.4 確率変数ベクトル

n 個の確率変数 $x_1, x_2, \cdots, x_n$ は平均が $\mu_1, \mu_2, \cdots, \mu_n$,分散が $\sigma_1^2, \sigma_2^2, \cdots, \sigma_n^2$,共分散が $\sigma_{12}, \sigma_{13}, \cdots, \sigma_{n-1, n}$ であるとする.$x_1, x_2, \cdots, x_n$ を縦に並べたベクトル $\mathbf{x}$ を n 次元確率変数ベクトルという.$\mathbf{x}$ の期待値 (expectation) を $\mu_x = \mathrm{E}(\mathbf{x})$ とし,ベクトルで次のように表す.

$$\mathbf{x} = \begin{pmatrix} x_1 \\ \vdots \\ x_n \end{pmatrix}, \quad \mu_x = \begin{pmatrix} \mu_1 \\ \vdots \\ \mu_n \end{pmatrix} = \mathrm{E}(\mathbf{x}) = \mathrm{E} \begin{pmatrix} x_1 \\ \vdots \\ x_n \end{pmatrix} = \begin{pmatrix} \mathrm{E}(x_1) \\ \vdots \\ \mathrm{E}(x_n) \end{pmatrix}$$

$\mathbf{x}$ の $n \times n$ の分散共分散行列 (variance covariance matrix) を $\mathrm{Var}(\mathbf{x})$ とし,次のように定義する.

$$\mathrm{Var}(\mathbf{x}) = \mathrm{Cov}(\mathbf{x}, \mathbf{x}) = \mathrm{E}(\mathbf{x} - \mu_x)(\mathbf{x} - \mu_x)^\mathrm{T}$$

$\mathrm{Var}(\mathbf{x}) = \mathbf{V}$ の i 番目の対角要素は x_i の分散 σ_i^2 で,$i, j (i \neq j)$ 番目の非対角要素は x_i と x_j の共分散 σ_{ij} で次の行列となる.これは対称行列 (symmetric matrix) で $\mathbf{V}^\mathrm{T} = \mathbf{V}$ である.

$$\mathrm{Var}(\mathbf{x}) = \mathbf{V} = \begin{pmatrix} \sigma_1^2 & \sigma_{12} & \cdots & \sigma_{1n} \\ \sigma_{12} & \sigma_2^2 & & \sigma_{2n} \\ \vdots & & \ddots & \\ \sigma_{1n} & \sigma_{2n} & & \sigma_n^2 \end{pmatrix}$$

x_i と x_j の相関を ρ_{ij} とする.$\rho_{ij} = \rho_{ji} = \sigma_{ij}/(\sigma_i \sigma_j)$ である.相関行列 **Corr** は次のように対角要素が 1 の対称行列である.

$$\mathbf{Corr} = \begin{pmatrix} 1 & \rho_{12} & \cdots & \rho_{1n} \\ \rho_{12} & 1 & & \rho_{2n} \\ \vdots & & \ddots & \\ \rho_{1n} & \rho_{2n} & & 1 \end{pmatrix}$$

$\mathbf{D}$ を次に示す対角要素が σ_i^2 の対角行列 (diagonal matrix) とする.

$$\mathbf{D} = \mathrm{diag}\{\sigma_i^2\} = \begin{pmatrix} \sigma_1^2 & 0 & \cdots & 0 \\ 0 & \sigma_2^2 & & 0 \\ \vdots & & \ddots & \\ 0 & 0 & & \sigma_n^2 \end{pmatrix}$$

$\mathbf{D}$ を用いて相関行列 **Corr** は次式となる．ここで $\mathbf{D}^{1/2}=\mathrm{diag}\{\sigma_i\}$ である．

$$\mathbf{Corr}=\mathbf{D}^{-1/2}\mathrm{Var}(\mathbf{x})\mathbf{D}^{-1/2}$$

$\mathbf{A}$ は $m\times n$ の定数行列とし，次式が成り立つ．

$$\mathrm{E}(\mathbf{Ax})=\mathbf{A}\mathrm{E}(\mathbf{x})$$

$$\mathrm{Var}(\mathbf{Ax})=\mathbf{A}\mathrm{Var}(\mathbf{x})\mathbf{A}^\mathrm{T}$$

$\mathbf{y}$ を m 次元確率変数ベクトル，$\mu_y=\mathrm{E}(\mathbf{y})$ とする．a と b はスカラーとし，次式が成り立つ．

$$\mathrm{E}(a\mathbf{x}-b\mathbf{y})=a\mathrm{E}(\mathbf{x})+b\mathrm{E}(\mathbf{y})$$

$\mathbf{x}$ と $\mathbf{y}$ の $n\times m$ の共分散行列を $\mathrm{Cov}(\mathbf{x},\mathbf{y})$ とし，次のように定義する．

$$\mathrm{Cov}(\mathbf{x},\mathbf{y})=\mathrm{E}(\mathbf{x}-\mu_x)(\mathbf{y}-\mu_y)^\mathrm{T}$$

次式が成り立つ．

$$\mathrm{Cov}(\mathbf{Ax},\mathbf{By})=\mathbf{A}\mathrm{Cov}(\mathbf{x},\mathbf{y})\mathbf{B}^\mathrm{T}$$

9.5 正規分布

正規分布（normal distribution）は，平均値を中心に左右対称に釣り鐘状に分布している．中心極限定理により，母集団が正規分布でなくとも，そこから得られる標本の平均値は漸近的に正規分布に従う．正規分布は統計解析の様々な場面で使用されている．平均 μ，分散 σ^2 の1変量正規分布 $\mathrm{N}(\mu,\sigma^2)$ に従う変数 Y の確率密度関数は次式である．

$$f(Y)=(2\pi\sigma^2)^{-1/2}\exp\left\{-\frac{(Y-\mu)^2}{2\sigma^2}\right\}$$

$\mathbf{Y}$ を n 次元の多変量正規分布（multivariate normal distribution）$\mathrm{MVN}(\mu,\Sigma)$ に従う確率変数ベクトルとする．ここで，μ は平均ベクトル，Σ は分散共分散行列である．$\mathbf{Y}$ の確率密度関数は次式である．

$$f(\mathbf{Y})=(2\pi)^{-n/2}|\Sigma|^{-1/2}\exp\left\{-\frac{(\mathbf{Y}-\mu)^\mathrm{T}\Sigma^{-1}(\mathbf{Y}-\mu)}{2}\right\}$$

ここで，$|\Sigma|$ は Σ の行列式である．これは n 個の変数の同時分布（joint distribution）である．$\mathbf{Y}$, μ, Σ を次のように分割する．

$$\mathbf{Y}=\begin{pmatrix}\mathbf{Y}_1\\\mathbf{Y}_2\end{pmatrix},\ \mu=\begin{pmatrix}\mu_1\\\mu_2\end{pmatrix},\ \Sigma=\begin{pmatrix}\Sigma_{11}&\Sigma_{12}\\\Sigma_{21}&\Sigma_{22}\end{pmatrix}$$

$\mathbf{Y}_2$ の $\mathbf{Y}_1$ を与えたときの条件付分布（conditional distribution）は，次の平均ベ

クトルと分散共分散行列の正規分布となる．
$$E(\mathbf{Y}_2|\mathbf{Y}_1) = \boldsymbol{\mu}_2 + \boldsymbol{\Sigma}_{21}\boldsymbol{\Sigma}_{11}^{-1}(\mathbf{Y}_1 - \boldsymbol{\mu}_1)$$
$$\text{Var}(\mathbf{Y}_2|\mathbf{Y}_1) = \boldsymbol{\Sigma}_{22} - \boldsymbol{\Sigma}_{21}\boldsymbol{\Sigma}_{11}^{-1}\boldsymbol{\Sigma}_{12}$$

$\mathbf{Y}_1$ と $\mathbf{Y}_2$ の同時分布を $\mathbf{Y}_2$ に関して次のように積分して得られる分布を $\mathbf{Y}_1$ の周辺分布（marginal distribution）という．

$$\int f(\mathbf{Y}_1, \mathbf{Y}_2) d\mathbf{Y}_2$$

正規分布の場合，$\mathbf{Y}_1$ および $\mathbf{Y}_2$ の周辺分布は正規分布で，MVN($\boldsymbol{\mu}_1, \boldsymbol{\Sigma}_{11}$) および MVN($\boldsymbol{\mu}_2, \boldsymbol{\Sigma}_{22}$) である．

次に，特に2変量正規分布の場合を考える．分散共分散行列 $\boldsymbol{\Sigma}$ を分散 $\sigma_1^2 (\sigma_1>0)$ と $\sigma_2^2 (\sigma_2>0)$ および相関係数 $\rho (|\rho|<1)$ を用いて表したとき，$\boldsymbol{\Sigma}$，行列式 $|\boldsymbol{\Sigma}|$，逆行列 $\boldsymbol{\Sigma}^{-1}$ は次のようになる．

$$\boldsymbol{\Sigma} = \begin{pmatrix} \sigma_1^2 & \rho\sigma_1\sigma_2 \\ \rho\sigma_1\sigma_2 & \sigma_2^2 \end{pmatrix}$$

$$|\boldsymbol{\Sigma}| = \sigma_1^2\sigma_2^2(1-\rho^2)$$

$$\boldsymbol{\Sigma}^{-1} = \frac{1}{\sigma_1^2\sigma_2^2(1-\rho^2)} \begin{pmatrix} \sigma_2^2 & -\rho\sigma_1\sigma_2 \\ -\rho\sigma_1\sigma_2 & \sigma_1^2 \end{pmatrix}$$

これより，2変量正規分布の同時確率密度関数 $f(Y_1, Y_2)$ は次式となる．

$$\frac{1}{2\pi\sigma_1\sigma_2\sqrt{1-\rho^2}} \exp\left[-\frac{1}{2(1-\rho^2)}\left\{\left(\frac{Y_1-\mu_1}{\sigma_1}\right)^2 - 2\rho\left(\frac{Y_1-\mu_1}{\sigma_1}\right)\left(\frac{Y_2-\mu_2}{\sigma_2}\right) + \left(\frac{Y_2-\mu_2}{\sigma_2}\right)^2\right\}\right]$$

相関ではなく共分散 $\sigma_{12} = \rho\sigma_1\sigma_2$ を用いて表したとき，$\boldsymbol{\Sigma}$，$|\boldsymbol{\Sigma}|$，$\boldsymbol{\Sigma}^{-1}$ は次のようになる．

$$\boldsymbol{\Sigma} = \begin{pmatrix} \sigma_1^2 & \sigma_{12} \\ \sigma_{12} & \sigma_2^2 \end{pmatrix}$$

$$|\boldsymbol{\Sigma}| = \sigma_1^2\sigma_2^2 - \sigma_{12}^2$$

$$\boldsymbol{\Sigma}^{-1} = \frac{1}{\sigma_1^2\sigma_2^2 - \sigma_{12}^2} \begin{pmatrix} \sigma_2^2 & -\sigma_{12} \\ -\sigma_{12} & \sigma_1^2 \end{pmatrix}$$

これより，$f(Y_1, Y_2)$ は次式となる．

$$\frac{1}{2\pi\sqrt{\sigma_1^2\sigma_2^2 - \sigma_{12}^2}} \exp\left[-\frac{\sigma_1^2\sigma_2^2}{2\sigma_1^2\sigma_2^2 - \sigma_{12}^2}\left\{\left(\frac{Y_1-\mu_1}{\sigma_1}\right)^2 - \frac{2\sigma_{12}}{\sigma_1\sigma_2}\left(\frac{Y_1-\mu_1}{\sigma_1}\right)\left(\frac{Y_2-\mu_2}{\sigma_2}\right) + \left(\frac{Y_2-\mu_2}{\sigma_2}\right)^2\right\}\right]$$

Y_2 の Y_1 を与えたときの条件付分布は正規分布で，平均と分散は次式となる．

$$E(Y_2|Y_1) = \mu_2 + \frac{\sigma_{12}}{\sigma_1^2}(Y_1 - \mu_1)$$

$$\mathrm{Var}(Y_2|Y_1) = \sigma_2^2 - \frac{\sigma_{12}^2}{\sigma_1^2}$$

Y_1 および Y_2 の周辺分布は，それぞれ正規分布で $\mathrm{N}(\mu_1, \sigma_1^2)$ と $\mathrm{N}(\mu_2, \sigma_2^2)$ である．

反応を対数変換した値が正規分布に従う場合，もとの反応変数は対数正規分布に従う．対数正規分布を仮定した例を 6.5.3 項に示した．

正規分布と関連し，本書で出てくる分布に χ^2 分布，t 分布，F 分布がある．自由度 n の中心 χ^2 分布 χ_n^2 は，それぞれ標準正規分布に従う n 個の独立な確率変数の 2 乗の和である．$Y_i \sim \mathrm{N}(\mu_i, \sigma_i^2)\,(i=1,\cdots,n)$ のとき，$\sum\{(Y_i-\mu_i)/\sigma_i\}^2$ は χ_n^2 に従う．自由度 n の t 分布 t_n は，標準正規分布に従う確率変数 $z \sim \mathrm{N}(0,1)$ と，中心 χ^2 分布 χ_n^2 に従う確率変数 X^2 を自由度 n で割ったものの平方根の比 $t = z/(X^2/n)^{1/2}$ である．z と X^2 は独立である．自由度 n と m の中心 F 分布 $F_{n,m}$ は，中心カイ 2 乗分布に従う確率変数をそれぞれの自由度で割ったものの比 $F=(X_1^2/n)/(X_2^2/m)$ である．t 分布 t_n に従う確率変数の 2 乗は F 分布 $F_{1,n}$ に従う．

9.6 最小二乗法，一般化最小二乗法，最尤法

最小二乗法（least squares あるいは ordinary least squares）では，観測値と期待値の差の平方和を最小にするパラメータの値を求める．1.3 節の線形モデルでは，次の Q を最小にする β を求める．

$$Q = (\mathbf{Y}-\mathbf{X}\beta)^\mathrm{T}(\mathbf{Y}-\mathbf{X}\beta)$$

このため Q を β で偏微分した次式が $\mathbf{0}$ となる β を求める．

$$\frac{\partial Q}{\partial \beta} = -2\mathbf{X}^\mathrm{T}\mathbf{Y} + 2\mathbf{X}^\mathrm{T}\mathbf{X}\beta = \mathbf{0}$$

これより β の最小二乗推定量は次式となる．

$$\beta = (\mathbf{X}^\mathrm{T}\mathbf{X})^{-1}\mathbf{X}^\mathrm{T}\mathbf{Y}$$

誤差に相関がある場合や，不等分散の場合には，一般化最小二乗法（generalized least squares）を用いる．誤差の分散共分散行列を $\mathbf{V}$（あるいは $\sigma^2\mathbf{V}$）とし，次の Q を最小にする β を求める．

$$Q = (\mathbf{Y}-\mathbf{X}\beta)^\mathrm{T}\mathbf{V}^{-1}(\mathbf{Y}-\mathbf{X}\beta)$$

このため Q を β で偏微分した次式が $\mathbf{0}$ となる β を求める．

$$\frac{\partial Q}{\partial \beta} = -2\mathbf{X}^\mathrm{T}\mathbf{V}^{-1}\mathbf{Y} + 2\mathbf{X}^\mathrm{T}\mathbf{V}^{-1}\mathbf{X}\beta = \mathbf{0}$$

これよりβの一般化最小二乗推定量は次式となる．
$$\beta = (\mathbf{X}^T \mathbf{V}^{-1} \mathbf{X})^{-1} \mathbf{X}^T \mathbf{V}^{-1} \mathbf{Y}$$

パラメータ θ が与えられたときの反応ベクトル $\mathbf{Y}$ の同時確率密度関数を $f(\mathbf{Y};\theta)$ と表す．尤度関数 $L(\theta;\mathbf{Y})$ は代数的には同時確率密度関数と同じで $L(\theta|\mathbf{Y})=f(\mathbf{Y};\theta)$ であるが，反応 $\mathbf{Y}$ が与えられたときのパラメータ θ を考える．最尤法（maximum likelihood method）では，（対数）尤度関数をパラメータ空間の中で最大とする θ の値を求める．最尤推定の不変性を利用して，パラメータそのものではなく，関数に関して最大化することがある．

9.7 対数と指数

対数（logarithm）とは x を a を底とする指数関数（exponential function）により $x=a^y$ と表したときのべき指数 y のことである．$y=\log_a(x)$ と書いて，y は a を底とする x の対数という．指数関数は対数関数の逆関数で，逆対数（antilogarithm）ともいう．次に述べる e^x のみを指数関数とする場合もある．e を底とする対数を自然対数（natural logarithm, logarithmus naturalis）という．$e=2.718281828\cdots$ である．$\ln(x)$ の記法や明示的に $\log_e(x)$ と記載することがあるが，この本では $\log(x)$ と記載する．特に e を底とするとき，e^x を $\exp(x)$ と表記することがある．自然対数は指数関数の逆関数で，$y=\log_e(x)$，$x=e^y$ の関係がある．$\log_e(1+x)=x-x^2/2+x^3/3-\cdots$ とテイラー展開することにより，x が 0 に近いときには，次式が成り立つ．

$$\log_e(1+x) \approx x$$
$$e^x \approx 1+x$$

$e^0=1$，$e^{-\infty}=0$ である．対数および指数の微分は次式となる．

$$\frac{\mathrm{d}\log_e(x)}{\mathrm{d}x} = \frac{1}{x}$$

$$\frac{\mathrm{d}\exp(x)}{\mathrm{d}x} = \exp(x)$$

対数および指数には次のような特徴がある．

$$\log(xy) = \log(x) + \log(y)$$
$$\log(x^b) = b\log(x)$$
$$\exp(x+y) = \exp(x)\exp(y)$$

$$\exp(bx) = \{\exp(x)\}^b$$

対数は乗算を加算に変換する．

10 を底とする対数は常用対数（common logarithm）という．$\log(x)$ の記法を用いることがあるが，この本では $\log_{10}(x)$ と記載する．常用対数の逆関数は 10 のべき乗で，$y = \log_{10} x$, $x = 10^y$ の関係がある．例えば，$\log_{10} 1000 = 3$, $10^3 = 1000$ である．自然対数と常用対数には次の関係があり，定数倍で変換される．

$$\log_e(y) = \log_{10}(y) \log_e(10)$$
$$= \log_{10}(y) \times 2.3026$$

9.8 定常と非定常

時系列分析において，ある確率過程が定常（stationary）であるとは，全ての時間 t に対し次の二つの条件が満たされることをいう．ここで，$\{y_t\}$ を時間とともに観測する確率変数列とする．一つ目の条件は，期待値が時間に依存しない．つまり，次式が成り立つ．

$$E(y_t) = \mu$$

二つ目の条件は，共分散は時間差に依存するが，時間に依存しない．つまり，$\tau = 0, 1, 2, \cdots$ とし，次式が成り立つ．

$$E[(y_t - \mu)(y_{t-\tau} - \mu)] = \gamma(\tau)$$

特に $\tau = 0$ のときは $E[(y_t - \mu)^2] = \gamma(0)$ となり，分散が時間に依存しない．これは，平均と 2 次のモーメントに関する条件であり，弱定常（weak stationary），共分散定常，あるいは 2 次定常という．これに対し，強定常（strict stationary）では，$y_{t_1}, \cdots, y_{t_n}$ の同時分布と $y_{t_1+h}, \cdots, y_{t_n+h}$ の同時分布が同一である．$E[(y_t - \mu)(y_{t-s} - \mu)] = \gamma(s)$ を s 次の自己共分散，$\rho(s) = \gamma(s)/\gamma(0)$ を s 次の自己相関係数という．時系列解析に関しては Harvey（第 2 版，1993）および第 1 版の訳（国友・山本訳，1985），沖本（2010），Diggle（1990）を参照されたい．

9.9 収束の速さ

二つの数列 a_n と b_n があるとする．$n \to \infty$ のとき $a_n/b_n \to 0$ ならば $a_n = o(b_n)$ と記載する．$|a_n/b_n|$ が有界ならば $a_n = O(b_n)$ と記載する．$|a_n/b_n|$ が有界とは，$n > n_0$ である全ての n に対して $|a_n/b_n| < M$ となる n_0 と M が存在するということであ

る．ここで，$o(\cdot)$ はスモールオー，$O(\cdot)$ はビッグオーという．例えば，$n\to\infty$ のとき $a_n\to 0$ ならば $a_n=o(1)$ である．また，$1/n^2=o(1/n)$ である．$a_n=O(1)$ ならば $\{a_n\}$ は有界である．

$n\to\infty$ のとき全ての $\varepsilon>0$ に対して確率変数列 Y_n が $P(|Y_n-C|<\varepsilon)\to 1$ を満たすとき，Y_n は定数 C に確率収束（convergence in probability）するといい，$Y_n \xrightarrow{P} C$ と記載する．$A_n/B_n \xrightarrow{P} 0$ ならば $A_n=o_P(B_n)$ と記載する．$\varepsilon\geq 0$ が与えられたとき $n>n_0$ である全ての n に対して $P(|A_n|\leq M|B_n|)\geq 1-\varepsilon$ となる定数 $M=M(\varepsilon)$ と整数 $n_0=n_0(\varepsilon)$ が存在するならば $A_n=O_P(B_n)$ と記載する．$A_n=O_P(1)$ のとき確率有界（bounded in probability）という．$n^{1/2}(\theta_n-\theta)=O_P(1)$，つまり確率有界のとき，推定量 $\hat{\theta}_n$ は $n^{1/2}$ 一致推定量（$n^{1/2}$ consistent estimator）という．これは，推定量 $\hat{\theta}_n$ は θ に少なくとも $1/\sqrt{n}$ の速さで収束することを意味する．

分布関数 H_n の分布の列は，分布関数 H の連続であるすべての点 x で $H_n(x)\to H(x)$ ならば分布関数 H に収束するといい，$H_n\to H$ と記載する．また，Y_n が分布関数 H_n の確率変数列で，Y が分布関数 H の確率変数のとき，$Y_n \xrightarrow{L} Y$ あるいは $Y_n \xrightarrow{L} H$ と記載する．$\xrightarrow{L}$ は分布収束（convergence in law）を表す．スルツキーの定理（Slutsky's theorem）とは，$Y_n \xrightarrow{L} Y$ で $A_n \xrightarrow{P} a$，$B_n \xrightarrow{P} b$ ならば $A_n+B_nY_n \xrightarrow{L} a+bY$ であることをいう．収束に関しては Lehmann (1999) を参照されたい．

9.10　プログラム

経時データ解析を行うソフトウェアはいくつかある．SAS/STAT には，線形混合効果モデルの MIXED，非線形混合効果モデルの NLMIXED，一般化線形モデルおよび一般化推定方程式の GENMOD，一般化線形混合効果モデルの GLIMMIXED などのプロシジャがある．SAS の行列言語 IML の最適化ルーチンを利用することもできる．ここでは，SAS の MIXED プロシジャと NLMIXED プロシジャのプログラム例を示す．

まず，第 2，4，5，6 章の例に対応する SAS の MIXED プロシジャのプログラム例を示す．PROC MIXED ステートメントでは，METHOD=ML とすると最尤法が，METHOD=REML とすると制限付き最尤法が用いられる．何も指定しないと，デフォルトの REML となる．CLASS ステートメントではカテゴリカル変数を指定する．特に経時データの場合，ここで測定のユニット（id）を指定す

る. MODEL ステートメントには反応変数を左辺, 説明変数を右辺に指定する. スラッシュ (/) の後はオプションで, S は固定効果の推定値を出力させる指定である. RANDOM ステートメントには変量効果を指定する. INT は変量切片の指定である. TYPE には **G** の構造を指定する. オプションの S は変量効果の予測値を出力させる. REPEATED ステートメントには誤差の指定をする. TYPE には $\mathbf{R}_i$ の構造を指定する.

まず, 2.6 節の例題の実薬群のデータを生成するプログラムを示す.

(P2-D) DATA dat; DO id=1 TO 8; DO t=0 TO 3; INPUT y@@;
OUTPUT; END; END; DATALINES;
95 91 72 76   111 75 59 51   95 79 96 94   91 68 60 58
107 91 85 84   100 75 66 57   99 76 65 58   117 88 69 55
：

これはプログラムでデータを生成する方法であるが, データファイルを読み込む方法もある. 2.6 節の線形混合効果モデルの例題の解析に用いたプログラムを (P2-1) から (P2-7) に示す. 解析には 2.1 節の四つの例に出てくるモデルを主に用いている. 最初のモデルは 2.1 節の例 2.1 の (2.2) 式に示した 1 群での時点平均と変量切片のモデル (P2-1) である. 次のモデルは, 時点平均で変量効果はなく誤差の $\mathbf{R}_i$ に無構造 (UN) を仮定したモデル (P2-2) である. プログラムを示す.

(P2-1) PROC MIXED; CLASS id t;
MODEL y=t /S NOINT OUTP=p;
RANDOM INT/SUB=id S; RUN;

(P2-2) PROC MIXED; CLASS id t;
MODEL y=t /S NOINT;
REPEATED t/TYPE=UN SUB=id R RCORR; RUN;

CLASS ステートメントに時間 t を指定しているため, 時間はカテゴリカル変数として扱われ, また NOINT と指定すると固定効果に切片が含まれず, 各時点の平均を推定する. OUTP=p のオプションにより反応の予測値がデータセット p に出力される. (P2-2) の REPEATED ステートメントの R, RCORR により, $\mathbf{R}_i$ とその相関行列が出力される. オプションの TYPE=UN の代わりに CS, AR(1), CSH, ARH(1) とするとそれぞれの構造を仮定したモデルが当てはめられる.

2.1 節の例 2.2 の 1 群の時間の 1 次式で，切片と傾きを変量としたモデルで変量効果に相関がある仮定 (P2-3) と相関がない仮定 (P2-4)，例 2.3 の時間の 1 次式による群間比較で，切片と傾きを変量としたモデルで変量効果に相関がある仮定 (P2-5) のプログラムを示す．

(P2-3) PROC MIXED METHOD=ML; CLASS id;
　　　　MODEL y=t /S CL OUTP=p;
　　　　RANDOM INT t /TYPE=UN SUB=id G GCORR; RUN;
(P2-4) PROC MIXED METHOD=ML; CLASS id;
　　　　MODEL y=t /S CL OUTP=p;
　　　　RANDOM INT t /TYPE=SIMPLE SUB=id G; RUN;
(P2-5) PROC MIXED METHOD=ML; CLASS trt id;
　　　　MODEL y=trt t trt*t /S;
　　　　RANDOM INT t /TYPE=UN SUB=id G GCORR; RUN;

CLASS ステートメントに時間 t が含まれていないため，時間は連続型であり，時間に対する傾きを推定する．MODEL ステートメントの CL オプションにより固定効果の 95% 信頼区間が出力される．RANDOM ステートメントの TYPE=UN のオプションを SIMPLE とすると切片と傾きに相関がない仮定のモデルが当てはめられる．G，GCORR により，**G** とその相関行列が出力される．

2.1 節の例 2.4 の時点平均の群間比較で，切片を変量としたモデル (P2-6)，変量効果はなく誤差に UN を仮定したモデル (P2-7) のプログラムを示す．

(P2-6) PROC MIXED METHOD=ML; CLASS trt id t;
　　　　MODEL y=trt t trt*t /S;
　　　　RANDOM INT /SUB=id; RUN;
(P2-7) PROC MIXED METHOD=ML; CLASS trt id t;
　　　　MODEL y=trt t trt*t /S;
　　　　REPEATED t/TYPE=UN SUB=id; RUN;

2.4 節の 2 変量線形混合効果モデルで各変数の切片と傾きを固定効果および変量効果としたモデルのプログラムを示す．

(P2-8) PROC MIXED METHOD=ML SCORING ORDER=DATA;
　　　　CLASS v id;
　　　　MODEL y=v t*v /NOINT S;
　　　　RANDOM v1 t*v1 v2 t*v2/TYPE=UN SUB=id G GCORR;

REPEATED/TYPE=SIMPLE SUB=id GROUP=v; RUN;

2変量のモデルではどちらの変数であるかを示す指示変数，v, v1, v2を用いる．(v, v1, v2) は一つ目の変数では (0, 1, 0)，二つ目の変数では (1, 0, 1) とする．時間 t は連続型である．G, GCORR により変量効果の分散共分散行列とその相関行列が出力される．この場合，4×4の行列である．REPEATED ステートメント TYPE=SYMPLE により独立等分散の構造が仮定されるが，GROUP オプションでvの水準ごと，つまり変数ごとに異なる分散の値が推定される．

第4章の自己回帰線形混合効果モデルのプログラムを示す．4.2.1項の共変量のある例4.2の (4.2) 式を4.2.3項の AR(1) 誤差と測定誤差と伴に用いたモデルである．

(P4-1) PROC MIXED METHOD=ML; CLASS trt id time;
    MODEL y=trt*t2 trt*t1 yt1 /S NOINT;
    RANDOM t1 t2 /TYPE=UN SUB=id;
    REPEATED time /TYPE =TOEP(2) SUB=id; RUN;

これは，間接的に固定効果の最尤推定値を求める方法である．この方法は途中欠測がないときのみ可能である．より直接的には，IMLなどで最適化ルーチンを用いる．標準誤差の推定は別にプログラムが必要である．(t1, t2, yt1) は，開始時は (1, 0, 0)，それ以降は (0, 1, 1時点前の反応の値) とする．TYPE=TOEP(2) により，AR(1) 誤差と測定誤差を仮定したこととなる．

5.4節の介入前後データの前値を共変量とした共分散分析の例において，共通の傾きと等分散を仮定した場合 (P5-1)，共通の傾きと不等分散を仮定しサタスウェイトの自由度調整を用いた場合 (P5-2) のプログラムを示す．

(P5-1) PROC MIXED METHOD=REML; CLASS trt;
    MODEL post=pre trt/S ; RUN;

(P5-2) PROC MIXED METHOD=REML; CLASS trt;
    MODEL post=pre trt/S DDFM=SATTERTH;
    REPEATED /GROUP=trt; RUN;

反応 (後値) は1人1時点で，誤差はスカラーである．REPEATED ステートメントでの TYPE による構造の指定はないが，オプションの GROUP=trt により，群間 (trt) で異なる誤差分散を仮定する．METHOD=REML と指定することで，通常の共分散分析と同様に不偏分散が用いられる．

6.5節の2×2のクロスオーバーのプログラムを示す．交互作用項のある場合

(P6-1) とない場合 (P6-2) を示す.

(P6-1) PROC MIXED METHOD=REML; CLASS trt id period;
MODEL y=trt period trt*period;
RANDOM id;
LSMEANS trt /TDIFF PDIFF CL ALPHA=0.1; RUN;

(P6-2) PROC MIXED METHOD=REML; CLASS trt id period;
MODEL y=trt period;
RANDOM id;
LSMEANS trt /TDIFF PDIFF CL ALPHA=0.1; RUN;

LSMEANS ステートメントにより，治療間の差とその90%信頼区間を計算する．95%信頼区間の場合 ALPHA=0.05 とする．

次に，3.3.2項の経口単回投与1コンパートメントモデルの非線形混合効果モデルに対応する SAS の NLMIXED プロシジャのプログラムを示す．

(P3-1) PROC NLMIXED DATA=theoph;
PARMS beta1=-3.22 beta2=0.47 beta3=-2.45
s2b1=0.03 cb12=0 s2b2=0.4 s2=0.5;
cl=exp(beta1 + b1);
ka=exp(beta2 + b2);
ke=exp(beta3);
pred=dose*ke*ka*(exp(-ke*time)-exp(-ka*time))/cl/(ka-ke);
MODEL conc~NORMAL(pred,s2);
RANDOM b1 b2~NORMAL([0,0],[s2b1,cb12,s2b2])
SUBJECT=id; RUN;

PARMS ステートメントでは，パラメータと初期値を指定する．cl=, ka=, ke=, pred=で始まるステートメントはプログラムで関数を指定する．MODEL ステートメントでは，反応変数の変数名，正規分布に従うこととその平均と分散の変数名を指定している．RANDOM ステートメントに，変量効果とその分布（ここでは，2変量正規分布），および対象者（ユニット）を表す変数を指定する．

謝　辞

執筆の機会を与えていただきました岩崎学先生に深く感謝いたします．今までお世話になりました多くの先生方，同僚の皆様，朝倉書店編集部の皆様，有益な

コメントをいただきました岩崎学先生，深谷肇一先生に感謝申し上げます．科学研究費基盤研究（C）24500349 および統計数理研究所共同研究プログラム（26-共研-1026，27-共研-2047）の助成を受けました．3.3 節のカドララジンのデータは the Resource Facility for Population Kinetics and National Institutes of Health grant EB-01975 より使用しました．執筆期間中にささえてくれました家族に感謝申し上げます．

参考文献

Anderson TW and Hsiao C (1982) Formulation and estimation of dynamic models using panel data. *Journal of Econometrics* **18**, 47-82.

Arellano M (2003) *Panel Data Econometrics. Advanced Texts in Econometrics*. Oxford University Press.

Baltagi B (eds) (2006) *Panel Data Econometrics*. Elsevier.

Baltagi B (2008) *Econometric Analysis of Panel Data*, 4th edn. John Wiley.

Beal SL and Sheiner LB (1982) Estimating population kinetics. *Critical Reviews in Biomedical Engineering* **8**, 195-222.

Beal SL and Sheiner LB (1988) Heteroscedastic nonlinear regression. *Technometrics* **30**, 327-338.

von Bertalanffy L (1957) Quantitative laws in metabolism and growth. *The Quarterly Review of Biology* **32**, 217-231.

Blomqvist N (1977) On the relation between change and initial value. *Journal of the American Statistical Association* **72**, 746-749.

Bollen KA and Curran PJ (2006) *Latent Curve Models. A Structural Equation Perspective*. John Wiley.

Bonate PL (2000) *Analysis of Pretest-Posttest Designs*. Chapman & Hall/CRC.

Bonate PL (2011) *Pharmacokinetic-Pharmacodynamic Modeling and Simulation*, 2nd edn. Springer.

Breslow NE and Clayton DG (1993) Approximate inference in generalized linear mixed models. *Journal of the American Statistical Association* **88**, 9-25.

Castilla EJ (2007) *Dynamic Analysis in the Social Sciences*. Elsevier.

千木良弘明, 早川和彦, 山本 拓 (2011) 動学的パネルデータ分析. 知泉書館.

Crager MR (1987) Analysis of covariance in parallel-group clinical trials with pretreatment baselines. *Biometrics* **43**, 895-901.

Daniels MJ and Hogan JW (2008) *Missing Data in Longitudinal Studies. Strategies for Bayesian Modeling and Sensitivity Analysis*. Chapman & Hall/CRC.

Davidian M and Gallant RA (1993) The nonlinear mixed effects model with a smooth random effects density. *Biometrika* **80**, 475-488.

Davidian M and Giltinan DM (1995) *Nonlinear Models for Repeated Measurement Data*. Chapman & Hall.

Diggle PJ (1988) An approach to the analysis of repeated measurements. *Biometrics* **44**, 959-971.

Diggle PJ (1990) *Time Series : a Biostatistical Introduction*. Oxford University Press.

Diggle PJ, Heagerty P, Liang KY and Zeger SL (2002) *Analysis of Longitudinal Data*, 2nd edn. Oxford University Press.

Diggle PJ and Kenward MG (1994) Informative drop-outs in longitudinal data analysis (with discussion). *Applied Statistics* **43**, 49-93.

Diggle PJ, Liang KY and Zeger SL (1994) *Analysis of Longitudinal Data*. Oxford University Press.

Dobson AJ (2002) *An Introduction to Generalized Linear Models*, 2nd edn. Chapman & Hall/CRC. [田中　豊，森川敏彦，山中竹春，富田　誠（訳）（2008）一般化線形モデル入門，原著第2版．共立出版．]

Dobson AJ (2008) *An Introduction to Generalized Linear Models*, 3rd edn. Chapman & Hall/CRC.

Dwyer JH, Feinleib M, Lippert P and Hoffmeister H (eds) (1992) *Statistical Models for Longitudinal Studies of Health*. Oxford University Press.

Fitzmaurice GM, Davidian M, Verbeke G and Molenberghs G (eds) (2009) *Longitudinal Data Analysis*. Chapman & Hall/CRC.

Fitzmaurice GM, Laird NM and Ware JH (2004) *Applied Longitudinal Analysis*. John Wiley.

Fitzmaurice GM, Laird NM and Ware JH (2011) *Applied Longitudinal Analysis*, 2nd edn. John Wiley.

Food and Drug Administration (1999) Guidance for Industry : Population Pharmacokinetics. U. S. Department of Health and Human Services. Food and Drug Administration, Center for Drug Evaluation and Research (CDER) and Center for Biologics Evaluation and Research (CBER).

Freiman JA, Chalmers TC, Smith H Jr and Kuebler RR (1978) The importance of beta, the type II error and sample size in the design and interpretation of the randomized control trial. Survey of 71 "negative" trials. *The New England Journal of Medicine* **299**, 690-694.

Frees EW (2004) *Longitudinal and Panel Data. Analysis and Applications in the Social Sciences*. Cambridge University Press.

Friedman LM, Furberg CD and DeMets DL (2010) *Fundamentals of Clinical Trials*, 4th edn. Springer.

藤越康祝（2009）シリーズ〈多変量データの統計科学〉6 経時データ解析の数理．朝倉

書店.

藤越康祝, 菅　民郎, 土方裕子（2008）経時データ分析. オーム社.

Fukaya K, Okuda T, Nakaoka M and Noda T（2014）Effects of spatial structure of population size on the population dynamics of barnacles across their elevational range. *The Journal of Animal Ecology* **83**, 1334-1343.

Funatogawa I（2013）The first generation in which many women began smoking. *Lancet*（Letter）**381**：1455.

船渡川伊久子（2014a）近年の日本における肺癌発生の推移と関連因子. 健康管理 **61**, 19-25.

船渡川伊久子（2014b）小児・思春期の発育についての疫学的検討. 思春期学 **32**, 145-149.

Funatogawa I and Funatogawa T（2011）Analysis of covariance with pre-treatment measurements in randomized trials：Comparison of equal and unequal slopes. *Biometrical Journal* **53**, 810-821.

Funatogawa I and Funatogawa T（2012a）An autoregressive linear mixed effects model for the analysis of unequally spaced longitudinal data with dose-modification. *Statistics in Medicine* **31**, 589-599.

Funatogawa I and Funatogawa T（2012b）Dose-response relationship from longitudinal data with response-dependent dose-modification using likelihood methods. *Biometrical Journal* **54**, 494-506.

船渡川伊久子, 船渡川　隆（2015）母集団薬物動態解析の基礎：線形混合効果モデル・非線形混合効果モデルの数理. 計量生物学 **36**, S33-S48.

Funatogawa I, Funatogawa T, Nakao M, Karita K and Yano E（2009）Changes in body mass index by birth cohort in Japanese adults：Results from the National Nutrition Survey of Japan 1955-2004. *International Journal of Epidemiology* **38**, 83-92.

Funatogawa I, Funatogawa T and Ohashi Y（2007a）An autoregressive linear mixed effects model for the analysis of longitudinal data which show profiles approaching asymptotes. *Statistics in Medicine* **26**, 2113-2130.

Funatogawa I, Funatogawa T and Ohashi Y（2008a）A bivariate autoregressive linear mixed effects model for the analysis of longitudinal data. *Statistics in Medicine* **27**, 6367-6378.

Funatogawa I, Funatogawa T and Yano E（2008b）Do overweight children necessarily make overweight adults?：repeated cross-sectional annual nationwide survey of Japanese girls and women over nearly six decades. *BMJ* **337**, a802. 1-5.

Funatogawa I, Funatogawa T and Yano E（2012）Impact of early smoking initiation：repeated cross-sectional survey in Great Britain. *BMJ Open*. doi：10. 1136/bmjopen-2012-001676.

Funatogawa I, Funatogawa T and Yano E (2013) Trends in smoking and lung cancer mortality in Japan, by birth cohort, 1949-2010. *Bulletin of the World Health Organization* **91**, 332-340.

Funatogawa T and Funatogawa I (2007) The bayesian bias correction method of the first-order approximation of nonlinear mixed-effects models for population pharmacokinetics. *Journal of Biopharmaceutical Statistics* **17**, 381-392.

Funatogawa T and Funatogawa I (2012c) An estimation method of the clearance for a one-compartment model of a single bolus intravenous injection by a single sampling. *Journal of Biopharmaceutical Statistics* **22**, 43-53.

Funatogawa T, Funatogawa I and Shyr Y (2011) Analysis of covariance with pre-treatment measurements in randomized trials under the cases that covariances and post-treatment variances differ between groups. *Biometrical Journal* **53**, 512-524.

Funatogawa T, Funatogawa I and Takeuchi M (2008c) An autoregressive linear mixed effects model for the analysis of longitudinal data which include dropouts and show profiles approaching asymptotes. *Statistics in Medicine* **27**, 6351-6366.

Funatogawa T, Funatogawa I and Yafune A (2006) Profile likelihood-based confidence intervals using Monte Carlo integration for population pharmacokinetic parameters. *Journal of Biopharmaceutical Statistics* **16**, 193-205.

Funatogawa T, Funatogawa I and Yafune A (2007b) An estimation method of the half-life for a one-compartment model of a single bolus intravenous injection by a single sampling. *Journal of Biopharmaceutical Statistics* **17**, 827-837.

Galecki AT (1994) General class of covariance structures for two or more repeated factors in longitudinal data analysis. *Communications in Statistics—Theory and Methods* **23**, 3105-3109.

Gregoire TG, Brillinger DR, Diggle PJ, Russek-Cohen E, Warren WG and Wolfinger RD (eds) (1997) *Modelling Longitudinal and Spatially Correlated Data*. Springer.

芳賀敏郎 (2010) 医薬品開発のための統計解析 第三部 非線形モデル．サイエンティスト社．

Hand D and Crowder M (1996) *Practical Longitudinal Data Analysis*. Chapman & Hall.

Harvey AC (1981) *Time Series Models*. Philip Allan.［国友直人，山本 拓（訳）(1985) 時系列モデル入門．東京大学出版会．］

Harvey AC (1993) *Time Series Models*, 2nd edn. MIT Press.

橋本敏夫，笠井英史，山田雅之，榊 秀之，半田 淳，滝沢 毅，平田篤由 (2001) 臨床薬理試験における薬物動態の線形性に関する統計学的評価．薬物動態 **16**, 244-252.

Heitjan DF (1991) Nonlinear modeling of serial immunologic data: a case study. *Journal of the American Statistical Association* **86**, 891-898.

Heitjan DF and Sharma D (1997) Modelling repeated-series longitudinal data. *Statistics in Medicine* **16**, 347-355.

樋口美雄, 太田 清, 新保一成 (2006) 入門 パネルデータによる経済分析. 日本評論社.

Hsiao C (2003) *Analysis of Panel Data*, 2nd edn. Cambridge University Press.［国友直人 (訳) (2007) ミクロ計量経済学の方法—パネルデータ分析. 東洋経済新報社.］

ICMJE (International Committee of Medical Journal Editors) (2013) Recommendations for the conduct, reporting, editing, and publication of scholarly work in medical journals. http：//www.icmje.org/

稲葉 寿 (2002) 数理人口学. 東京大学出版会.

巌佐 庸 (1998) 数理生物学入門—生物社会のダイナミックスを探る, 改装版. 共立出版.

岩崎 学 (2002)「処置前—処置後」データの解析と平均への回帰. 行動計量学 **29**, 247-273.

岩崎 学 (2006a) 統計的データ解析入門 ノンパラメトリック法. 東京図書.

岩崎 学 (2006b) 統計的データ解析入門 単回帰分析. 東京図書.

Jennrich RI and Schluchter MD (1986) Unbalanced repeated measures models with structured covariance matrices. *Biometrics* **42**, 805-820.

Jones RH (1986) Time series regression with unequally spaced data. *Journal of Applied Probability* **23A**, 89-98.

Jones RH (1993) *Longitudinal Data with Serial Correlation：A State-space Approach*. Chapman & Hall.

Jones RH and Ackerson LM (1990) Serial correlation in unequally spaced longitudinal data. *Biometrika* **77**, 721-731.

Jones RH and Boadi-Boateng F (1991) Unequally spaced longitudinal data with AR(1) serial correlation. *Biometrics* **47**, 161-175.

Kalman RE (1960) A new approach to linear filtering and prediction problems. *Journal of Basic Engineering* **82D**, 35-45.

金藤浩司 (1998) 日本人の児童・生徒の体型の変化について—文部省学校保健統計調査報告書より—. 統計数理 **46**, 175-188.

金子隆一 (2008) 第1章 人口統計の示す日本社会の歴史的転換. 国友直人, 山本 拓 (監修・編). 21世紀の統計科学 I 社会・経済の統計科学.

加藤基浩 (2004) 薬物動態解析入門 はじめての薬物速度論. パレード P. Press 出版部.

Kenward MG (1987) A method for comparing profiles of repeated measurements. *Applied Statistics* **36**, 296-308.

岸本淳司 (1996) PROC MIXED 入門. 第15回 SAS ユーザー会論文集 179-197.

北村行伸 (2005) パネルデータ分析. 岩波書店.

清見文明 (2004) ベースラインを共変量とした共分散分析に関する考察：無作為化比較

臨床試験での適用．計量生物学（フォーラム）**24**, 95-115.

後発医薬品の生物学的同等性試験ガイドラインについて（1997）平成 9 年 12 月 22 日医薬審第 487 号.

Laird NM (1983) Further comparative analyses of pretest-posttest research designs. *American Statistician* **37**, 329-330.

Laird NM (1988) Missing data in longitudinal studies. *Statistics in Medicine* **7**, 305-315.

Laird NM (2004) *Analysis of Longitudinal & Cluster-Correlated Data*. IMS.

Laird NM and Ware JH (1982) Random-effects models for longitudinal data. *Biometrics* **38**, 963-974.

Lehmann EL (1999) *Elements of Large-Sample Theory*. Springer.

Liang KY and Zeger SL (1986) Longitudinal data analysis using generalized linear models. *Biometrika* **73**, 13-22.

Lindsey JK (1993) *Models for Repeated Measurements*. Oxford University Press.

Lindsey JK (2001) *Nonlinear Models in Medical Statistics*. Oxford University Press.

Lindstrom MJ and Bates DM (1990) Nonlinear mixed effects models for repeated measures data. *Biometrics* **46**, 673-687.

Littell RC, Milliken GA, Stroup WW and Wolfinger RD (1996) *SAS System for Mixed Models*. SAS Institute.

Littell RC, Milliken GA, Stroup WW, Wolfinger RD and Schabenberger O (2006) *SAS for Mixed Models*, 2nd edn. SAS Institute.

Little RJA (1993) Pattern-mixture models for multivariate incomplete data. *Journal of the American Statistical Association* **88**, 125-134.

Little RJA (1994) A class of pattern-mixture models for normal incomplete data. *Biometrika* **81**, 471-483.

Little RJA and Rubin DB (2002) *Statistical Analysis with Missing Data*, 2nd edn. John Wiley.

Liu M, Taylor JMG and Belin TR (2000) Multiple imputation and posterior simulation for multivariate missing data in longitudinal studies. *Biometrics* **56**, 1157-1163.

Lord FM (1967) A paradox in the interpretation of group comparisons. *Psychological Bulletin* **68**, 304-305.

Mallinckrodt CH, Clark WS and David SR (2001) Accounting for dropout bias using mixed-effects models. *Journal of Biopharmaceutical Statistics* **11**, 9-21.

Mallinckrodt CH, Kaiser CJ, Watkin JG, Molenberghs G and Carroll RJ (2004) The effect of correlation structure on treatment contrasts estimated from incomplete clinical trial data with likelihood-based repeated measures compared with last observation carried forward ANOVA. *Clinical Trials* **1**, 477-489.

McCulloch CE, Searle SR and Neuhaus JM (2008) *Generalized, Linear, and Mixed*

Models, 2nd edn. Wiley.［土井正明，横道洋司，青山淑子，五百路徹也，中村竜児，吉田和生，白岩　健，松下　勲，西山　毅，井上永介，上原秀昭，山口　亨，酒井美良（訳）（2011）線形モデルとその拡張．一般化線形モデル，混合効果モデル，経時データのためのモデル．シーエーシー．］

Milliken GA and Johnson DE（2002）*Analysis of Messy Data Volume III : Analysis of Covariance*. Chapman & Hall/CRC.

宮原英夫，丹後俊郎（編）（1995）医学統計学ハンドブック．朝倉書店．

Molenberghs G and Kenward MG（2007）*Missing Data in Clinical Studies*. John Wiley.

Nakamura T（1986）Bayesian cohort models for general cohort table analyses. *Annals of the Institute of Statistical Mathematics* **38B**, 353-370.

中村　隆（1982）ベイズ型コウホート・モデル―標準コウホート表への適用―．統計数理研究所彙報 **29**, 77-97.

中村　隆（2005）コウホート分析における交互作用効果モデル再考．統計数理 **53**, 103-132.

中村　隆，土屋隆裕，前田忠彦（2015）国民性の研究 第13次全国調査．統計数理研究所調査研究リポート No. 116.

乳幼児身体発育評価マニュアル（2012）平成23年度厚生労働科学研究費補助金「乳幼児身体発育調査の統計学的解析とその手法及び利活用に関する研究」．

緒方宏泰（編），谷河賞彦，土綿慎一，小松完爾，塩見真理（2010）医薬品開発ツールとしての母集団 PK-PD 解析―入門からモデリング&シミュレーション―．朝倉書店．

沖本竜義（2010）統計ライブラリー 経済・ファイナンスデータの計量時系列分析．朝倉書店．

大橋靖雄，浜田知久馬（1995）生存時間解析―SASによる生物統計．東京大学出版会．

Pinheiro JC and Bates DM（1995）Approximations to the log likelihood function in nonlinear mixed-effects models. *Journal of Computational and Graphical Statistics* **1**, 12-35.

Pinheiro JC and Bates DM（2000）*Mixed-Effects Models in S and S-PLUS*. Springer.［緒方宏泰（監訳）（2012）S-PLUS による混合効果モデル解析．丸善出版．］

Pocock SJ（1983）*Clinical Trials*. John Wiley.［コントローラー委員会（監訳）（1989）クリニカルトライアル．篠原出版．］

Potthoff RF and Roy SW（1964）A generalized multivariate analysis of variance model useful especially for growth curve problem. *Biometrika* **51**, 313-326.

Rabe-Hesketh S and Skrondal A（2012）*Multilevel and Longitudinal Modeling Using Stata. Volume I : Continuous Responses*, 3rd edn. Stata Press.

Ratkowsky DA（1983）*Nonlinear Regression Modeling*. Marcel Dekker.

Richards FJ（1959）A flexible growth function for empirical use. *Journal of Experi-*

mental Botany **10**, 290-300.

Rose G (1994) *The Strategy of Preventive Medicine*. Oxford University Press. ［水嶋春朔，中山建夫，土田賢一，伊藤和江（訳）（1998）予防医学のストラテジー．医学書院．］

Rose G and Day S (1990) The population mean predicts the number of deviant individuals. *British Medical Journal* **301**, 1031-1034.

Rosner B and Muñoz A (1988) Autoregressive model for the analysis of longitudinal data with unequally spaced examinations. *Statistics in Medicine* **7**, 59-71.

Rosner B and Muñoz A (1992) Conditional linear models for longitudinal data. In Dwyer JM, Feinleib M, Lippert P and Hoffmeister H (eds) *Statistical Models for Longitudinal Studies of Health*. Oxford University Press, p115-131.

Rosner B, Muñoz A, Tager I, Speizer F and Weiss S (1985) The use of an autoregressive model for the analysis of longitudinal data in epidemiology. *Statistics in Medicine* **4**, 457-467.

Rubin DB (1976) Inference and missing data. *Biometrika* **63**, 581-592.

佐和隆光（1979）統計ライブラリー　回帰分析．朝倉書店．

Schmid CH (1996) An EM algorithm fitting first-order conditional autoregressive models to longitudinal data. *Journal of the American Statistical Association* **91**, 1322-1330.

Schluchter MD (1990) Estimating correlation between alternative measures of disease progression in a longitudinal study. *Statistics in Medicine* **9**, 1175-1188.

Seber GAF and Wild GJ (1989) *Nonlinear Regression*. Wiley.

Shah A, Laird N and Schoenfeld D (1997) A random-effects models for multiple characteristics with possibly missing data. *Journal of the American Statistical Association* **92**, 775-779.

Siddiqui O (2011) MMRM versus MI in dealing with missing data—a comparison based on 25 NDA data sets. *Journal of Biopharmaceutical Statistics* **21**, 423-436.

Siddiqui O, Hung HM and O'Neill R (2009) MMRM vs. LOCF : a comprehensive comparison based on simulation study and 25 NDA datasets *Journal of Biopharmaceutical Statistics* **19**, 227-246.

Singer JD and Willett JB (2003) *Applied Longitudinal Data Analysis. Modeling Change and Event Occurrence*. Oxford University Press. ［菅原ますみ（監訳）（2012）縦断データの分析 I—変化についてのマルチレベルモデリング—．朝倉書店．］

Skrondal A and Rabe-Hesketh S (2004) *Generalized Latent Variable Modeling Multilevel, Longitudinal, and Structural Equation Models*. Chapman & Hall/CRC.

Stanek EJ 3rd, Shetterley SS, Allen LH, Pelto GH and Chavez A (1989) Cautionary note on the use of autoregressive models in analysis of longitudinal data. *Statistics in*

Medicine **8**, 1523-1528.

Stata Release 9（2005）*Longitudinal/Panel Data*. Stata Press.

Sy JP, Taylor JMG and Cumberland WG（1997）A stochastic model for analysis of bivariate longitudinal AIDS data. *Biometrics* **53**, 542-555.

Szklo M and Nieto FJ（2007）*Epidemiology Beyond the Basics*. Jones and Bartlett Publishers.

高田寛治（2002）薬物動態学―基礎と応用―，改訂2版．じほう．

高橋行雄（1994）各種分割実験モデルに対するMIXEDプロシジャの活用．第13回SASユーザー会論文集 183-202.

高橋行雄（1996）各種の分割実験および経時測定データの解析．第15回SASユーザー会論文集 263-286.

高橋行雄, 大橋靖雄, 芳賀敏郎（1989）SASによる実験データの解析．東京大学出版会．

Tango T and Kurashina S（1987）Age, period and cohort analysis of trends in mortality from major diseases in Japan, 1955 to 1979：peculiarity of the cohort born in the early Showa Era. *Statistics in Medicine* **6**, 709-726.

丹後俊郎, 上坂浩之（編）（1995）臨床試験ハンドブック―デザインと統計解析―．朝倉書店．

Tanner JM, Whitehouse RH and Takaishi M（1966）Standards from birth to maturity for height, weight, height velocity, and weight velocity：British children, 1965 part I. *Archives of Disease in Childhood* **41**, 454-471.

Taylor JMG, Cumberland WG and Sy JP（1994）A stochastic model for analysis of longitudinal AIDS data. *Journal of the American Statistical Association* **89**, 727-736.

Taylor JMG and Law N（1998）Does the covariance structure matter in longitudinal modeling for the prediction of future CD4 counts? *Statistics in Medicine* **17**, 2381-2394.

土屋隆裕（2009）統計ライブラリー 概説 標本調査法．朝倉書店．

Twisk JWR（2003）*Applied Longitudinal Data Analysis for Epidemiology：A practical guide*. Cambridge University Press.

上坂浩之（1995）2群の比較．宮原英夫, 丹後俊郎（編）医学統計学ハンドブック．朝倉書店．

上坂浩之（2006）医学統計学シリーズ6 医薬開発のための臨床試験の計画と解析．朝倉書店．

Verbeke G and Molenberghs G（eds）（1997）*Linear Mixed Models in Practice ― A SAS Oriented Approach*. Springer.［松山 裕, 山口拓洋（編訳）（2001）医学統計のための線型混合モデル―SASによるアプローチ―．サイエンティスト社．］

Verbeke G and Molenberghs G（2000）*Linear Mixed Models for Longitudinal Data*. Springer.

Vonesh EF（2012）*Generalized Linear and Nonlinear Models for Correlated Data*.

Theory and Applications Using SAS. SAS Institute.

Vonesh EF and Chinchilli VM (1997) *Linear and Nonlinear Models for the Analysis of Repeated Measurements.* Marcel Dekker.

Wakefield J, Smith AFM, Racine-Poon A and Gelfand AE (1994) Bayesian analysis of linear and non-linear population models by using the Gibbs sampler. *Applied Statistics* **43**, 201-221.

Ware JH, Dockery DW, Louis TA, Xu XP, Ferris BG Jr and Speizer FE (1990) Longitudinal and cross-sectional estimates of pulmonary function decline in never-smoking adults. *American Journal of Epidemiology* **132**, 685-700.

Winter ME (2009) *Basic Clinical Pharmacokinetics*, 5th edn. Lippincott Williams & Wilkins.［樋口　駿（監訳）（2013）新訂　ウィンターの臨床薬物動態学の基礎―投与設計の考え方と臨床に役立つ実践法．じほう．］

Wolfinger RD and Lin X (1997) Two Taylor-series approximation methods for non-linear mixed models. *Computational Statistics & Data Analysis* **25**, 465-490.

Wooldridge JM (2002) *Econometric Analysis of Cross Section and Panel Data.* MIT Press.

Wu H and Zhang J-T (2006) *Nonparametric Regression Methods for Longitudinal Data Analysis. Mixed-Effects Modeling Approaches.* John Wiley.

Wu MC and Bailey KR (1988) Analysing changes in the presence of informative right censoring caused by death and withdrawal. *Statistics in Medicine* **7**, 337-346.

Wu MC and Bailey KR (1989) Estimation and comparison of changes in the presence of informative right censoring : conditional linear model. *Biometrics* **45**, 939-955.

Wu MC and Carroll RJ (1988) Estimation and comparison of changes in the presence of informative right censoring by modeling the censoring process. *Biometrics* **44**, 175-188.

Yafune A and Ishiguro M (1999) Bootstrap approach for constructing confidence intervals for population pharmacokinetic parameters. I : A use of bootstrap standard error. *Statistics in Medicine* **18**, 581-599.

矢船明史，石黒真木夫（2004）統計科学選書 6 母集団薬物データの解析，朝倉書店．

Yafune A, Takebe M and Ogata H (1998) A use of Monte Carlo integration for population pharmacokinetics with multivariate population distribution. *Journal of Pharmacokinetics and Biopharmaceutics* **26**, 103-123.

矢船明史，竹内正弘，成川　衛（2000）非線形混合効果モデルにおける線形一次近似の統計学的問題点．臨床薬理 **31**, 705-713.

Yang L and Tsiatis AA (2001) Efficiency study of estimators for a treatment effect in a pretest-posttest trial. *American Statistician* **55**, 314-321.

Yang Y and Land KC (2013) *Age-Period-Cohort Analysis : New Models, Methods, and*

Empirical Applications. CRC Press.

吉本　敦,加茂憲一,柳原宏和 (2012) シリーズ〈統計科学のプラクティス〉7　R による環境データの統計分析. 朝倉書店.

Zeger SL and Liang KY (1991) Feedback models for discrete and continuous time series. *Statistica Sinica* 1, 51-64.

Zimmerman DL and Núñez-Antón VA (2010) *Antedependence Models for Longitudinal Data.* CRC Press.

Zucker DM, Zerbe GO and Wu MC (1995) Inference for the association between coefficients in a multivariate growth curve model. *Biometrics* 51, 413-424.

索引

欧文

additive error 61
age adjusted mortality 136
age-period-cohort モデル 129, 142
AIC 33
Akaike's information criterion 33
analysis of covariance 16
analysis of variance 13
ANCOVA 16
ANOVA 13
ante-dependence 28
anti-logarithm 160
APC モデル 129, 142
AR(1) 27, 41, 78, 121
area under the concentration-time curve 63
ARH(1) 28, 40
arithmetic mean 6
Aspin-Welch test 8
asymptotic 2
asymptotic regression 51, 69
asymptote 72
attenuation 102
AUC 63, 125
autoregressive 78
autoregressive linear mixed effects model 18, 74

balanced data 21, 114
Bayesian information criterion 33
von Bertalanffy curve 56
best linear unbiased estimator 32
best linear unbiased predictor 32
between subject variance 21, 127
bias 6
BIC 33
binary 1
biochemical oxygen demand 52
birth cohort study 128
BLUE 32
BLUP 32
BMI 130
BOD 52
body mass index 130
Bonferonni 法 15
bounded in probability 162
Box-Cox 変換 26, 67

χ^2 分布 34, 159
C_{max} 125
calender year 136
canonical link 146
canonical parameter 144
carry over effect 123
case-control study 128
censoring 1
change from baseline モデル 107, 113
coefficient of variation 61, 126
cohort study 128
common logarithm 161
comparability 104
compound symmetry 27, 114
concentration 63
conditional distribution 157
conditional independence 27
confidence interval 7
confirmatory 118
confounding factor 104
consistent estimator 146, 162
CONSORT 10
continuous 1
contrast 14, 25
convergence in low 149, 162
convergence in probability 149, 162
correlation coefficient 12
count 1
covariate 16
cross-over study 123
CS 27, 40, 114
CSH 28, 41
CV 60

degree of freedom 7
design of experiments 114
determinantal equation 86

diagonal matrix 156
differential equation 18
discrete 1
dispersion パラメータ 144
dropout 115
Dunnett 法 14
dynamic panel analysis 91

effect size 10
Emax モデル 54
empirical Bays 32
empirical BLUE 32
empirical BLUP 32
empirical model 47
endogenous 119
epidemiology 128
equilibria 85
equilibrium 72
errors in variable 102
estimate 153
estimation 153
estimator 4
event 1
exchangeable 28
exogenous 119
expectation 156
exploratory 118
exponential 11
exponential error 61
exponential family 144
exponential function 49, 160
exposure 128

F 検定 9, 33
F 分布 159
factor 13
first-order 法 61
first-order autoregressive 27
first-order conditional estimation 61
fixed effect 20
FO 法 61, 69
FOCE 法 61, 69
full モデル 34

GEE 90, 146
generalized estimating equation 18, 90, 146
generalized least squares 108, 159
generalized linear mixed effects model 19, 149
generalized linear model 18, 144
generalized logistic curve 56
generalized method of moments 91
general linear model 17, 144
generation 129
geometric mean 10
GLS 108
GMM 91
Gompertz curve 54
growth curve 23, 134
growth spurt 135

half-life 51
Hodges-Lehmann estimator 10

ignorable 116
imputation 116
inflection point 52
informative censoring 116
initiation age 136
integrated Ornstein-Uhlenbeck プロセス 29, 35
interaction 12
intercept 3
inter individual variance 21
intra-class correlation coefficient 28
intra individual variance 22
inverse matrix 155
inverse probability weighted GEE 147

inverse quadratic 59
IOU プロセス 29, 36
IPW-GEE 147

joint distribution 157

Kalman filter 91

lagged-response モデル 71, 98
last observation carried forward 118
latent variable 79
level 13
likelihood ratio test 34
linearity 66
linear mixed effects model 17, 20
linear model 4
LOCF 118
logarithm 11, 160
logarithmus naturalis 160
logistic curve 52
log-normal distribution 126
longitudinal data 2, 129
longitudinal study 129
Lord's paradox 103

Mann-Whitney test 9
MANOVA 114
MAR 115, 119, 146
marginal distribution 158
marginal model 19, 71
maximum likelihood method 30, 160
MCAR 115, 146
mean structure 26
measurement error 3, 78
mechanistic model 47
Michaelis-Menten の式 55
missing 115
missing at random 115, 119, 146
missing completery at random 115, 146

missing not at random 115
Mitscherlich 曲線 51
mixed effects model 71
mixed model equation 37
ML 30
MMF 曲線 55
MMRM 118
MNAR 115
monomolecular 曲線 51, 56, 69, 90
Morgan-Mercer-Flodin 曲線 55
multicollinearity 13
multiple comparison 14
multiple dosing 68
multiple imputation 116
multiplicity 14
multivariate ANOVA 114
multivariate autoregressive linear mixed effects model 84
multivariate longitudinal data 84
multivariate longitudinal data analysis 34
multivariate normal distribution 4, 157

$N^{1/2}$ 一致推定量 148
natural logarithm 160
nested 34
nominal 1
non-ignorable 116
non-informative censoring 116
nonlinear curve 48
nonlinear mixed effects model 18, 59
nonlinear model 17
NONMEM 68
nonmonotonic 134
nonsingular 155
normal distribution 3, 157
nuisance parameter 144

$o(\ )$ 111, 162
$O(\ )$ 148, 162
obese 132
observational study 128
observation equation 92
OLS 108
ordinal 1
ordinary least squares 108, 159
Ornstein-Uhlenbeck プロセス 29
OU プロセス 29
overweight 132

p 値 8, 153
PA モデル 150
panel data analysis 91
pattern-mixture モデル 115
percent change 103
piecewise linear function 26
PK パラメータ 62
polynomial 26
population averaged model 151
population pharmacokinetics 63
power 154
PPK 63
preventive medicine 142
probit curve 54
proportional error 61
pseudo-likelihood 147
P value 8

qualitative 1
quantitative 1

random allocation 104
random effect 20
random intercept 21
randomization 104
randomized block design 114
randomized controlled trial 104
random sampling 104, 129
random slope 22
RCT 104
rectangular hyperbola 59
reduced model 34
regression analysis 11
regression to the mean 101
REML 31, 37
repeated cross-sectional survey 129
repeated measures ANOVA 114
repeated-series longitudinal data 36
residual maximum likelihood method 31
restricted maximum likelihood method 31
Richards curve 56
robustness 13, 118

S 字曲線 52
Satterthwaite approximation 8
score function 145
selection モデル 115
sensitivity analysis 116
sequence 123
serial correlation 28
shared parameter モデル 115
Sidak 法 15
sigmoidal curve 52
Slutsky's theorem 148, 162
smoking prevalence 136
SN 比 8, 123
sphericity 114
split-plot design 114
square matrix 155
SS model 151
standard deviation 6
standard error 6
state equation 92
state space representation

91
state transition matrix 92
stationary 78, 161
steady state 72
strict stationary 161
structural equation 91
Student's t-test 7
subject-specific モデル 151
summary measure 23
symmetric matrix 156

t 検定 33, 108
t 分布 6, 33, 159
TDM 67
therapeutic drug monitoring 68
time dependent covariate 119
time series data 2
Toeplitz 28
transition model 18, 71
Tukey 法 14

UN 27, 40
unbiased estimator 6
underweight 132
uniform requirement 10
unknown confounding factor 104
unstructured 27

VAR 84
VAR(1) 85
variance covariance matrix 156
vector autoregressive 84

Wald 検定 34
weak stationary 161
Weibull 曲線 58
Welch test 8
Wilcoxon rank sum test 9
within subject variance 22, 127
working correlation matrix 147

あ 行

赤池の情報量基準 33
アンバランスドデータ 21

1 次モーメント 146
位置の指標 152
位置パラメータ 144
一致推定量 110, 146, 162
一般化逆行列 30, 155
一般化最小二乗法 108, 159
一般化推定方程式 18, 90, 98, 146
一般化積率法 91
一般化線形混合効果モデル 18, 149
一般化線形モデル 18, 144
一般化ロジスティック曲線 56, 120
一般線形モデル 17, 144
イベント 1, 128

ウィルコクソン順位和検定 9
ウィルコクソン符号付順位検定 100
ウェルチの検定 8, 109
ウォッシュアウト 123
打ち切り 1

疫学 128
エコロジカル研究 128

横断研究 128
横断的加齢変化 130, 135
横断的成長曲線 135
オムニバス検定 14
思い出し法 136

か 行

回帰係数 11
回帰分析 11, 17
外性変数 119
カウントデータ 1, 18
確率収束 148, 149, 162
確率変数ベクトル 21, 156

確率密度関数 29, 157
確率有界 162
重ね合わせの原理 68
過体重 132, 135
偏り 6, 30, 104
学校保健統計調査 130
加法誤差 61, 66
カルマンフィルター 91, 99, 121
頑健性 13, 118
観察研究 128
観測方程式 92
感度分析 116

幾何平均 10, 125
棄却限界値 154
疑似尤度 147
期待値 156
喫煙開始年齢 136
喫煙開始割合 136
喫煙率 136
希薄化 102
帰無仮説 153
逆行列 155, 160
逆対数 160
95% 信頼区間 6, 33
吸収速度定数 65
級内相関係数 28
球面性 114
強定常 161
共分散定常 161
共分散分析 16-18, 103
共変量 16
行列式方程式 86
局外パラメータ 144
寄与率 13
均衡値 72, 82, 85

区分線形関数 26
クリアランス 63
繰り返し横断調査 129, 136
繰り返し測定分散分析 114
クロスオーバー試験 123
クロネッカー積 36
グローバル検定 14
群用量漸増法 120

経験的モデル　47
経験 BLUE　32
経験 BLUP　32
経験ベイズ法　32
経時研究　129
継時研究　129
経時的加齢変化　130, 135
経時データ　2, 129
系列相関　28
ケースコホート研究　128
ケースコントロール研究　128
欠測　115
欠測プロセス　115
血中薬物濃度　63
検出力　104, 153
検証的　14, 103, 118, 123
検定　153

効果の大きさ　10
交互作用　12, 15, 16, 43, 124
構造方程式　91
交絡因子　104
国民健康・栄養調査　130, 136
誤差対比　31, 34, 38
個体間分散　21, 28, 32, 81, 106, 123, 127
個体内分散　21, 28, 32, 106, 123, 127
個体内用量漸増法　120
固定効果　20, 77
コホート研究　128
コホート分析　142
暦歴　136
混合効果モデル　71, 150
混合モデル方程式　37
コントロール群　100
コンパートメントモデル　63
ゴンペルツ曲線　52, 54, 56

さ　行

最高血中濃度　125
最小二乗推定値　32
最小二乗法　108, 159

最尤推定量　30
最尤法　30, 83, 115, 119, 160
最良線形不偏推定量　32
最良線形不偏予測子　32
作業相関行列　147
サタスウェイトの自由度調整　8, 33, 109
残差　11
残差最尤法　31
残差分析　13
算術平均　6
サンドイッチ推定量　31
サンドイッチ分散　149
サンプリングポイント　63
サンプルサイズ　126, 153

時間依存性共変量　68, 76, 119
時期効果　124
識別問題　142
シグモイド曲線　52
時系列解析　91, 98, 161
時系列データ　2
自己回帰　78
自己回帰線形混合効果モデル　18, 74, 76, 98, 116, 120
自己回帰-反応モデル　71
自己回帰モデル　71, 90, 98
自己共分散　161
自己相関係数　161
指示変数　23
指数　11, 49
指数型分布族　18, 144
指数関数　49, 160
指数系列　29
指数誤差　61, 64, 66
指数残差　65
自然対数　160
シダック法　15
実験計画法　114
質的データ　1
時点平均　26, 39, 44
弱定常　161
重回帰分析　11, 12, 17
修正カルマンフィルター　93, 99

重相関係数　13
収束　111, 148
縦断研究　129
縦断的成長曲線　135
集団平均モデル　151
自由度　7, 30, 33
周辺分布　20, 30, 158
周辺モデル　19, 71, 150
主効果　15, 43
出生コホート　129
出生コホート研究　128
シュリンク　32
シュリンケージ　32, 67
シュワルツのベイズ情報量基準　33
順序　123
順序データ　1
条件付期待値　32
条件付自己回帰モデル　71, 98
条件付独立　27
条件付分布　157
条件付モデル　71, 98
消失速度定数　63
状態依存モデル　71, 98
状態空間表現　91, 92, 121
状態遷移行列　92
状態ベクトル　92
状態方程式　92
常用対数　161
症例数　153
症例対照研究　128
身体発育曲線　135
信頼区間　153

水準　13
推定　153
推定値　153
推定量　4
スケールパラメータ　144
スコア関数　145
スチューデントの t 検定　7
スパースサンプリング　65
スピアマンの相関係数　12
スルツキーの定理　149, 162

索引

正規系列　29
正規分布　3, 144, 157
制限付最尤推定値　39
制限付最尤法　31
正準パラメータ　144
正準リンク　146
成長曲線　23, 49, 134
成長スパート　135
生物化学的酸素要求量　52
生物学的同等性　125
正方行列　155
積率相関係数　12
世代　129, 136
切片　3
遷移モデル　18, 71, 98
漸近回帰　51, 69
漸近指数成長曲線　51, 69
漸近正規性　9
漸近値　49, 72
漸近的　2
漸近分散　146
線形　18
線形関係式　102
線形混合効果モデル　17, 20, 90, 98
線形性　66
線形モデル　4, 17
線形予測子　146, 150
全国喫煙者率調査　136
潜在変数　79, 92

相関行列　156
相関係数　12
測定誤差　3, 78, 85, 102, 121
測定誤差モデル　102

た 行

第1種の過誤　113, 153
対応のある検定　123
対応のあるt検定　100
対応のあるデータ　100
対角行列　156
台形法　63
対称行列　156
対照群　100
対数　11, 26, 49, 125, 160

対数正規分布　126, 159
対数尤度関数　30, 145
ダイナミックパネル分析　91
ダイナミックモデル　71, 98
第2種の過誤　153
対比　14, 25, 33, 111, 118
対立仮説　154
多項式　26
多重共線性　13
多重性　14
多重比較　14
多重補完法　116
脱落　115
ダネット法　14
多変量経時データ　84
多変量経時データ解析　34
多変量自己回帰混合効果モデル　84
多変量正規分布　4, 30, 32, 146, 157
多変量分散分析　114
ダミー変数　7, 13, 16, 23, 75
単回帰分析　11
単回投与　63
探索的　103, 118

地域相関研究　128
チューキー法　14
調整済み平均　16
直角双曲線　59
治療効果　124

対比較　14

定常　78, 85, 161
定常状態　75
低体重　132

統一投稿規定　10
動学的パネル分析　91
同時分布　32, 157
同等限界許容域　127
同等性　123
等分散　8
投与量線形性　67

独立構造　78
独立等分散　4, 27

な 行

内性変数　119

2×2のクロスオーバー　123
2項分布　144
2次定常　161
2次の逆多項式　59
2次モーメント　146
2段階法　62
2値データ　1, 18
2バンドToeplitz　79
2変量自己回帰線形混合効果モデル　84, 96
日本人の国民性調査　129
乳幼児身体発育調査　130

年齢・時代・コホートモデル　142
年齢調整死亡率　136

ノンパラメトリック検定　9

は 行

バイオアベイラビリティ　125
肺癌死亡率　136
曝露　128
パーセンタイル曲線　135
パネルデータ分析　91, 98
ばらつきの指標　152
バランスドデータ　21, 40, 114
パワー関数　58
パワーモデル　67
半減期　51, 60
反応プロセス　115, 119
反復投与　68

ピアソンの相関係数　12
比較可能性　104
非線形曲線　47
非線形混合効果モデル　18, 59

非線形成長曲線　23, 120
非線形モデル　17
非単調　134, 140, 141
非定常　78
非特異　155
微分方程式　18
肥満　132, 135
肥満割合　135
標準誤差　6
標準偏差　6
標準偏差曲線　135
比例誤差　60

符号検定　100
不等分散　8, 109
負の指数関数　51, 69
部分線形　60
不偏推定値　31
不偏推定量　6, 30
フルサンプリング　65
プロビット曲線　52, 54
分割法　114
分散関数　145
分散共分散行列　4, 20, 26, 77, 156, 157
分散共分散構造　146
分散分析　13, 17
分散分析表　14
分布関数　148
分布収束　149, 162
分布容積　63

平均構造　26, 146
平均への回帰　101
並行群間比較試験　120
べき乗関数　58
ベースライン　102
ベルタランフィ曲線　56

偏回帰係数　12
変化率　48, 103
変曲点　52
変数変換　26
偏相関係数　13
変動係数　61, 126
変量効果　20, 26, 77, 149
変量切片　21, 39

ポアソン分布　144
包含　34
補完　116
母集団パラメータ　63
母集団薬物動態解析　63
ホッジス-レーマン推定量　10
ボンフェローニ法　15

ま 行

マルコフモデル　71
マン-ホイットニー検定　9

ミカエリス-メンテンの式　55
未知の交絡因子　104

無構造　27, 40
無作為化　104
無作為化比較試験　104
無作為抽出　104, 129, 136
無作為割り付け　104

名義データ　1
メカニズムのモデル　47

持ち越し効果　123

や 行

薬物動態パラメータ　62
薬物濃度曲線下面積　63, 125
やせ　132, 135
有意水準　153
尤度　29, 146
尤度関数　30
尤度比検定　34
要因　13
要約指標　23
用量選択プロセス　119
予測値　11
予防医学　142

ら 行

乱解法　114

離散型データ　1, 17
リチャード曲線　56
量的データ　1
リンク関数　146, 150

連結関数　146
連続型データ　1, 17

ロジスティック曲線　52, 54, 56, 60
ロジット変換　53
ロードのパラドクス　103, 113
ロバスト分散　31, 149

わ 行

ワイブル曲線　58

著者略歴

船渡川伊久子（ふなとがわ いくこ）

- 1971 年　北海道に生まれる
- 1994 年　東京大学医学部保健学科卒業
- 2005 年　東京大学大学院医学系研究科保健学博士取得
- 現　在　統計数理研究所データ科学研究系准教授

船渡川　隆（ふなとがわ たかし）

- 1973 年　栃木県に生まれる
- 1996 年　慶應義塾大学理工学部卒業
- 2008 年　北里大学大学院薬学研究科臨床統計学博士取得
- 現　在　中外製薬株式会社臨床開発企画部

統計解析スタンダード
経時データ解析　　　　　　　定価はカバーに表示

2015 年 10 月 15 日　初版第 1 刷
2016 年 7 月 15 日　　　　第 2 刷

著　者	船　渡　川　伊　久　子
	船　渡　川　　　　　隆
発行者	朝　倉　誠　造
発行所	株式会社 朝　倉　書　店

東京都新宿区新小川町 6-29
郵便番号　 1 6 2 - 8 7 0 7
電話　 0 3（3 2 6 0）0 1 4 1
FAX　 0 3（3 2 6 0）0 1 8 0
http://www.asakura.co.jp

〈検印省略〉

ⓒ 2015 〈無断複写・転載を禁ず〉　　　真興社・渡辺製本

ISBN 978-4-254-12855-0　C 3341　　　Printed in Japan

JCOPY ＜(社)出版者著作権管理機構　委託出版物＞

本書の無断複写は著作権法上での例外を除き禁じられています．複写される場合は，そのつど事前に，(社)出版者著作権管理機構（電話 03-3513-6969，FAX 03-3513-6979，e-mail: info@jcopy.or.jp）の許諾を得てください．

統計解析スタンダード

国友直人・竹村彰通・岩崎 学 [編集]

理論と実践をつなぐ統計解析手法の標準的(スタンダード)テキストシリーズ

◆◆◆

- ● 応用をめざす 数理統計学　　　　　232頁　本体 3500円＋税
  国友直人 [著]　　　　　　　　　　　　　　　　　〈12851-2〉

- ● マーケティングの統計モデル　　　192頁　本体 3200円＋税
  佐藤忠彦 [著]　　　　　　　　　　　　　　　　　〈12853-6〉

- ● ノンパラメトリック法　　　　　　192頁　本体 3400円＋税
  村上秀俊 [著]　　　　　　　　　　　　　　　　　〈12852-9〉

- ● 実験計画法と分散分析　　　　　　228頁　本体 3600円＋税
  三輪哲久 [著]　　　　　　　　　　　　　　　　　〈12854-3〉

- ● 経時データ解析　　　　　　　　　196頁　　　　〈12855-0〉
  船渡川伊久子・船渡川 隆 [著]

- ● ベイズ計算統計学　　　　　　　　208頁　本体 3400円＋税
  古澄英男 [著]　　　　　　　　　　　　　　　　　〈12856-7〉

- ● 統計的因果推論　　　　　　　　　216頁　本体 3600円＋税
  岩崎 学 [著]　　　　　　　　　　　　　　　　　〈12857-4〉

- ● 経済時系列と季節調整法　　　　　192頁　本体 3400円＋税
  高岡 慎 [著]　　　　　　　　　　　　　　　　　〈12858-1〉

- ● 欠測データの統計解析　　　　　　200頁　本体 3400円＋税
  阿部貴行 [著]　　　　　　　　　　　　　　　　　〈12859-8〉

- ● 一般化線形モデル　　　　　　　　近刊　　　　　〈12860-4〉
  汪 金芳 [著]

[以下続刊]

上記価格（税別）は 2016 年 6 月現在